高职高专计算机任务驱动模式教材

数据结构与算法

——C语言和Java语言描述

唐懿芳　钟达夫　林　萍　主　编

陶　南　钟丽萍　崔晓坤　副主编

清华大学出版社

北　京

内容简介

本书系统全面地讲解了数据结构与算法的主要内容，包括线性表、栈和队列、字符串、数组与矩阵、树、图、查找以及排序。对于每一种类型的数据结构，都详细阐述了基本概念、各种不同的存储结构和不同存储结构上一些主要操作的算法，并给出完整的C语言代码和Java代码，有助于不同语言学习者的理解。C语言的指针概念虽较好地阐述了链表的结构，但目前软件设计的主流方法是面向对象思想，所以本书在附录中提供了各个算法对应的Java代码。

本书可作为应用型本科、高职高专、成人高校计算机相关专业课程的教材，也可作为各类培训、计算机从业人员和爱好者的参考用书。

图书在版编目(CIP)数据

数据结构与算法：C语言和Java语言描述/唐懿芳，钟达夫，林萍主编. —北京：清华大学出版社，2017
(2021.3重印)
(高职高专计算机任务驱动模式教材)
ISBN 978-7-302-47265-0

Ⅰ. ①数… Ⅱ. ①唐… ②钟… ③林… Ⅲ. ①数据结构－高等学校－教材 ②算法分析－高等学校－教材 ③C语言－程序设计－高等学校－教材 ④JAVA语言－程序设计－高等学校－教材 Ⅳ. ①TP311.12 ②TP312

中国版本图书馆CIP数据核字(2017)第125973号

责任编辑：张龙卿
封面设计：徐日强
责任校对：袁　芳
责任印制：丛怀宇

出版发行：清华大学出版社
　网　　址：http://www.tup.com.cn，http://www.wqbook.com
　地　　址：北京清华大学学研大厦A座　　**邮　　编**：100084
　社 总 机：010-62770175　　**邮　　购**：010-62786544
　投稿与读者服务：010-62776969，c-service@tup.tsinghua.edu.cn
　质量反馈：010-62772015，zhiliang@tup.tsinghua.edu.cn
　课件下载：http://www.tup.com.cn，010-62770175-4278
印 刷 者：北京富博印刷有限公司
装 订 者：北京市密云县京文制本装订厂
经　　销：全国新华书店
开　　本：185mm×260mm　　**印　张**：18　　**字　　数**：431千字
版　　次：2017年6月第1版　　**印　　次**：2021年3月第5次印刷
定　　价：49.00元

产品编号：068089-02

编审委员会

出版说明

我国高职高专教育经过十几年的发展,已经转向深度教学改革阶段。教育部于 2006 年 12 月发布了教高〔2006〕第 16 号文件《关于全面提高高等职业教育教学质量的若干意见》,大力推行工学结合,突出实践能力培养,全面提高高职高专教学质量。

清华大学出版社作为国内大学出版社的领跑者,为了进一步推动高职高专计算机专业教材的建设工作,适应高职高专院校计算机类人才培养的发展趋势,根据教高〔2006〕第 16 号文件的精神,2007 年秋季开始了切合新一轮教学改革的教材建设工作。该系列教材一经推出,就得到了很多高职院校的认可和选用,其中部分书籍的销售量都超过了 3 万册。现重新组织优秀作者对部分图书进行改版,并增加了一些新的图书品种。

目前国内高职高专院校计算机网络与软件专业的教材品种繁多,但符合国家计算机网络与软件技术专业领域技能型紧缺人才培养培训方案,并符合企业的实际需要,能够自成体系的教材还不多。

我们组织国内对计算机网络和软件人才培养模式有研究并且有过一段实践经验的高职高专院校,进行了较长时间的研讨和调研,遴选出一批富有工程实践经验和教学经验的双师型教师,合力编写了这套适用于高职高专计算机网络、软件专业的教材。

本套教材的编写方法是以任务驱动、案例教学为核心,以项目开发为主线。我们研究分析了国内外先进职业教育的培训模式、教学方法和教材特色,消化吸收优秀的经验和成果。以培养技术应用型人才为目标,以企业对人才的需要为依据,把软件工程和项目管理的思想完全融入教材体系,将基本技能培养和主流技术相结合,课程设置中重点突出、主辅分明、结构合理、衔接紧凑。教材侧重培养学生的实战操作能力,学、思、练相结合,旨在通过项目实践,增强学生的职业能力,使知识从书本中释放并转化为专业技能。

一、教材编写思想

本套教材以案例为中心,以技能培养为目标,围绕开发项目所用到的知识点进行讲解,对某些知识点附上相关的例题,以帮助读者理解,进而将知识转变为技能。

考虑到是以“项目设计”为核心组织教学，所以在每一学期配有相应的实训课程及项目开发手册，要求学生在教师的指导下，能整合本学期所学的知识内容，相互协作，综合应用该学期的知识进行项目开发。同时，在教材中采用了大量的案例，这些案例紧密地结合教材中的各个知识点，循序渐进，由浅入深，在整体上体现了内容主导、实例解析、以点带面的模式，配合课程后期以项目设计贯穿教学内容的教学模式。

软件开发技术具有种类繁多、更新速度快的特点。本套教材在介绍软件开发主流技术的同时，帮助学生建立软件相关技术的横向及纵向的关系，培养学生综合应用所学知识的能力。

二、丛书特色

本系列教材体现目前工学结合的教改思想，充分结合教改现状，突出项目面向教学和任务驱动模式教学改革成果，打造立体化精品教材。

(1) 参照和吸纳国内外优秀计算机网络、软件专业教材的编写思想，采用本土化的实际项目或者任务，以保证其有更强的实用性，并与理论内容有很强的关联性。

(2) 准确把握高职高专软件专业人才的培养目标和特点。

(3) 充分调查研究国内软件企业，确定了基于Java和.NET的两个主流技术路线，再将其组合成相应的课程链。

(4) 教材通过一个个的教学任务或者教学项目，在做中学，在学中做，以及边学边做，重点突出技能培养。在突出技能培养的同时，还介绍解决思路和方法，培养学生未来在就业岗位上的终身学习能力。

(5) 借鉴或采用项目驱动的教学方法和考核制度，突出计算机网络、软件人才培训的先进性、工具性、实践性和应用性。

(6) 以案例为中心，以能力培养为目标，并以实际工作的例子引入概念，符合学生的认知规律。语言简洁明了、清晰易懂，更具人性化。

(7) 符合国家计算机网络、软件人才的培养目标；采用引入知识点、讲述知识点、强化知识点、应用知识点、综合知识点的模式，由浅入深地展开对技术内容的讲述。

(8) 为了便于教师授课和学生学习，清华大学出版社正在建设本套教材的教学服务资源。在清华大学出版社网站(www.tup.com.cn)免费提供教材的电子课件、案例库等资源。

高职高专教育正处于新一轮教学深度改革时期，从专业设置、课程体系建设到教材建设，依然是新课题。希望各高职高专院校在教学实践中积极提出意见和建议，并及时反馈给我们。清华大学出版社将对已出版的教材不断地修订、完善，提高教材质量，完善教材服务体系，为我国的高职高专教育继续出版优秀的高质量的教材。

清华大学出版社

高职高专计算机任务驱动模式教材编审委员会

2016年3月

前言

本书是广东省高等职业教育一类品牌专业建设项目资助的广东省精品资源开放课程"数据结构与算法"的配套教材。全体参编教师借鉴学习了国外一些相关的专著和多所国内高职院校的高水平教材，结合多年的教学经验和实际教学条件编撰而成。

"数据结构与算法"是软件开发技术的一门重要的专业基础课程。课程主要讨论现实世界中数据之间的各种逻辑结构、在计算机中的存储结构以及各种算法的设计问题。本书讨论的内容包括：线性表、栈和队列、字符串、数组与矩阵、树、图、查找、排序。其中，线性表、栈和队列、字符串、数组与矩阵属于线性结构，树和图是非线性结构，查找和排序是应用非常广泛的两个算法。

2013年作者出版过类似书籍，使用三种语言编写，但在使用之后发现，C#代码和Java代码非常类似，没必要再单独列出。所以本书主要采用C语言讲解，目的是让学生更好地理解指针和链表的存储结构。同时，由于目前面向对象的软件分析和设计技术是软件开发的主流方法，所以用面向对象的程序设计语言描述数据结构问题也是必需的。本书在附录部分提供了详细的配套Java代码，读者可比较学习。

本书中的所有代码配合相应的示意图，帮助大家更加容易地理解算法的实质。尤其对数据结构的初学者而言，参考的代码能运行成功是非常重要的。可以改变学习中只是了解了算法，但不能写出正确程序的困境，从而真正地理解了算法。

书中大部分章节都列出了技能目标，有相应的实训、小结，课后有习题供读者思考，是一本提纲挈领、重点突出、给读者留出思考空间的教材。

本书的编写出版是本课程全体教学人员集体智慧的结晶。全书编写过程中，初稿撰写完成后，各位教师相互校阅得到第二稿，在此基础上又花了较多的时间和精力进行集体审稿，从而得到第三稿，最后统稿、审稿、交稿。本书由唐懿芳、钟达夫、林萍任主编，陶南、钟丽萍、崔晓坤任副主编，附录的所有Java代码由唐懿芳整理。

本书在编写过程中，得到了广东科学技术职业学院教务处、计算机工程技术学院领导和同事们的大力支持。同时，艾连科信息技术有限公司技术总监肖冠峰、项目经理席冯彦和珠海宇能科技有限公司项目经理李江对全书的实例和知识点的选择给出了很好的建议。在此向支持和参与本书编写工作的所有老师、同事及朋友表示衷心的感谢!

为了方便教师教学,本书配有电子课件等相关资源,请有此需要的教师或学生登录 http://61.145.231.44:8080/skills/solver/classView.do?classKey=1088675 网站,在“资源下载”相应链接处下载,或者访问清华大学出版社网站下载。

尽管课程组教师在写作过程中非常认真和努力,但书中难免有疏漏之处,敬请读者不吝指正,我们将感激不尽。

编　者

2017年1月

目　录

第1章 绪　　论

本章介绍“数据结构与算法”这门课程的相关知识，包括数据结构的概念、课程的主要内容、三种基本逻辑结构、算法的概念和算法评价的度量。通过本章的学习，应能使学生对“数据结构与算法”这门课程有一个基本的了解。

【技能目标】

- 会用数据结构的概念解释日常生活的问题。
- 掌握逻辑结构、存储结构的概念。
- 能找到现实生活中线性、树和图三种结构的实例。
- 掌握算法的五个特性准则。
- 会用算法效率的评价指标评价算法的执行效率。

1.1 学习数据结构的意义

早期人们都感觉计算机是用来计算的，用来处理数值计算非常方便快捷。随着计算机处理能力越来越强，计算机不再只是简单的数值计算工具，而是被赋予越来越多的功能。现实世界有很多非数值计算的问题，需要一些更科学更有效手段的帮助才能更好地处理这些问题。所以数据结构是一门研究非数值计算的程序设计中计算机的操作对象以及它们之间的关系和操作等相关问题的学科。

针对实际问题，要编写出高效率的处理程序，就需要解决如何合理地组织数据，建立合适的数据结构，设计较好的算法，来提高程序执行效率这样的问题。数据结构和算法就是在此背景下形成和发展起来的。

简而言之，软件开发要多动脑筋，想到好的解决办法才能更快更好地编写出效率更高的程序。“数据结构和算法”这门课程的目的正是使学生更快地编写出更高效的程序。

1.1.1 引言

计算机完成的任何操作都是在程序的控制下进行的，而程序的根本任务就是进行数据处理。随着计算机在各行各业应用的日益深入，计算机所处理的数据对象也由纯粹的数值型发展到字符、表格、图形、图像和声音等多种形式，计算机要处理这些数据，首先要将这些数据存储在计算机内存中。如何将程序中要处理的数据进行合理地存储，以及采用何种方法能够高效地进行数据处理，是程序设计的关键，也是数据结构要解决的重要问题。

即使是在广泛采用可视化程序设计的今天，借助于集成开发环境可以很快地生成程序，但要想成为一个专业的程序开发人员，至少需要具备以下三个条件。

（1）能够熟练地选择和设计各种业务逻辑的数据结构和算法。

（2）至少能够熟练地掌握一门程序设计语言。

（3）熟知所涉及的相关应用领域知识。

其中，后两个条件比较容易实现，而第一个条件则需要花很多时间和精力才能够达到，而它恰恰是区分程序设计人员水平高低的一个重要标志。数据结构贯穿程序设计的始终，缺乏数据结构和算法的功底，很难设计出高水平的具有专业水准的应用程序。著名的瑞士计算机科学家尼古拉斯·沃斯（Niklaus Wirth）提出了"算法＋数据结构＝程序"的观点，正说明了数据结构的重要性。

例如，计算机要处理一批杂乱无章的数据，需对其进行有序化处理，计算机解决问题的步骤是什么呢？

要解决这个问题，首先要考虑应如何将这批数据进行合理地存储；然后考虑应采用什么有效的方法对这些数据进行有序化；最后选择一种编程语言实现以上方法。其实用计算机解决任何数据处理的问题，都需要经过以上过程才能实现。

数据结构主要研究和讨论以下三个方面的问题。

（1）数据集合中各数据元素之间的关系。

（2）在对数据进行处理时，各数据元素在计算机的存储关系，即数据的存储结构。

（3）针对数据的存储结构进行的运算。

解决好以上问题，可以大大提高数据处理的效率。

1.1.2 数据结构研究什么

数据结构可定义为一个二元组：Data_Structure＝(D,R)，其中D表示数据元素的有限集，R表示D之间的关系。数据结构与算法具体应包括以下方面：逻辑结构、逻辑结构的延伸及基本算法、物理结构和运算集合。

1. 逻辑结构

数据的逻辑结构是指数据元素之间逻辑关系的描述。根据数据元素之间关系的特性，数据结构有三种基本的逻辑结构，如图1.1所示。

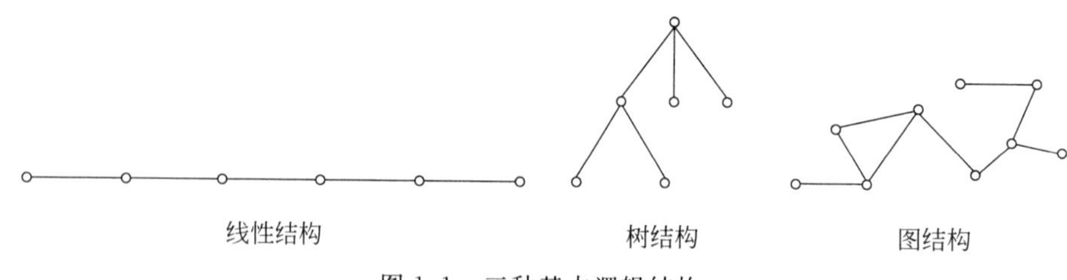

图1.1 三种基本逻辑结构

（1）线性结构。结构中的数据元素之间存在一对一的线性关系。线性结构将在第2章详细讲解。

（2）树结构。结构中的数据元素之间存在一对多的层次关系。树结构将在第6章详细讲解。

（3）图结构。结构中的数据元素之间存在多对多的任意关系。图结构将在第7章详细讲解。

2. 逻辑结构的延伸及基本算法

(1) 串。串是字符串的简称,它的每个数据元素都由一个字符组成。串是一种特殊的线性结构。串结构将在第 4 章详细讲解。

(2) 数组。数组是一种数据类型,它是一种顺序存储结构。将在第 5 章中详细讲解数组中各个元素的相对存放位置,以及用数组存放特殊矩阵,并实现矩阵的运算。

(3) 查找。数据结构要跟算法结合起来才有意义,查找算法是数据结构在各种算法中的基本应用,在现实生活中也经常用到这种算法。查找算法将在第 8 章详细讲解。

(4) 排序。排序算法将在第 9 章中详细讲解。

3. 物理结构

物理结构(又称存储结构)是逻辑结构在计算机中的存储映像,是逻辑结构在计算机中的实现(或存储表示),它包括数据元素的表示和关系的表示。有数据结构 Data_Structure=(D,R),对于 D 中的每一数据元素都对应着存储空间中的一个单元,D 中全部元素对应的存储空间必须明显或隐含地体现关系 R。逻辑结构与存储结构的关系为:存储结构是逻辑结构的映像与元素本身的映像。逻辑结构是抽象,存储结构是实现,两者综合起来建立了数据元素之间的结构关系。存储结构一般有顺序存储和链表存储两种方式。

4. 运算集合

讨论数据结构的目的是为了在计算机中实现所需的操作,施加于数据元素之上的一组操作构成了数据的运算集合,因此运算集合是数据结构很重要的组成部分。

1.2 数据结构的基本概念

数据结构有以下这些基本概念。

1. 数据

数据是描述客观事物的数值、字符以及所有其他能输入计算机中,且能被计算机处理的各种符号的集合。简言之,数据就是存储在计算机中的信息。

数据不仅仅包括整型、实型等数值类型,还包括字符、声音、图像、视频等非数值类型。比如,现在常用的搜索引擎一般会有网页、图片、音乐、视频等分类。音乐就是声音数据;图片是图像数据;网页就是全部数据的集合,包括数字、字符和图像等数据。

2. 数据元素

数据元素是组成数据的基本单位,是数据集合的个体,在计算机中通常作为一个整体进行考虑和处理。

比如,在学生这个群体中,每一个学生就是数据元素。

3. 数据项

数据项是有独立含义的不可再分割的最小单位。一个数据元素可由一个或多个数据项组成,如每一个学生的信息是一个数据元素,它包含学号、姓名等多个数据项。

4. 数据对象

数据对象是性质相同的数据元素的集合,是数据的一个子集。例如:整数数据对象是

集合 $N=\{0,\pm 1,\pm 2,\cdots\}$，字母字符数据对象是集合 $C=\{'A','B',\cdots,'Z'\}$，无论数据元素集合是无限集（如整数集）、有限集（如字符集），还是由多个数据项组成的复合数据元素，只要性质相同，都是同一个数据对象。

5. 数据类型

数据类型是一组性质相同的值集合以及定义在这个值集合上的一组操作的总称。值集合确定了该类型的取值范围，操作集合确定了该类型中允许使用的一组运算。例如高级语言中的数据类型就是已经实现的数据结构。

6. 抽象数据类型

抽象数据类型是指基于一类逻辑关系的数据类型。抽象数据类型的定义取决于客观存在的一组逻辑特性，而与其在计算机内如何表示和实现无关。

7. 数据结构

数据结构是相互之间存在一种或多种特定关系的数据元素的集合。

在计算机中，数据元素之间是具有内在联系的数据集合。数据元素之间存在的关系，就是数据的组织形式。为编写出一个高效的程序，必须分析处理对象的特性及各对象之间的关系，这就是数据结构要研究的内容。

1.3 算法及其描述

算法是解决问题的方法，是程序设计的精髓，程序设计的实质就是构造解决问题的算法。算法的设计取决于数据的逻辑结构，算法的实现取决于数据的物理存储结构。

1.3.1 算法的概念和特性

算法是对特定问题求解步骤的一种描述，它是指令的有限序列。做任何事情都必须事先想好操作的步骤，然后按部就班地进行，才不会发生错误。计算机解决问题也是如此。对于一些常用的算法应该熟记，比如求阶乘、求素数、计算是否闰年等算法，在解决实际问题时，可参考已有的类似算法，按照业务逻辑设计出符合自己的算法。

一个算法应该具有以下五个重要特性。

(1) 有穷性

一个算法应包含有限的操作步骤。即一个算法在执行若干个步骤之后应该能够结束，而且每一步都在有限时间内完成。

(2) 确定性

算法中的每一步都必须有确切的含义，不能产生二义性。

(3) 可行性

算法中的每一个步骤都应该能有效地执行，并得到确定的结果。

(4) 输入

所谓输入，是指在算法执行时，从外界取得必要的数据。计算机运行程序的目的是进行数据处理，在大多数情况下，这些数据需要通过输入得到。有些情况下，数据已经包含在算法中，算法执行时不需要任何数据，所以一个算法可以有零个或多个输入。

（5）输出

一个算法有一个或多个输出，这是算法进行数据处理后的结果。没有输出的算法是毫无意义的。

算法的这些特性可以约束程序设计人员正确地书写算法，并使之能够正确无误地执行，达到求解问题的预期效果。

本书所讨论的算法，可用不同的方式进行描述，常用的有类 Pascal、类 C、类 C++、类 Java 程序设计语言，本书同时以 C 和 Java 两种程序设计语言作为描述工具，以方便广大同学学习。

1.3.2　算法设计的要求

算法设计的好坏关乎程序的执行效率，算法的设计必须满足下列四个要求。

（1）正确性

正确性的含义是算法对于一切合法的输入数据都能够得到满足要求的结果，事实上要验证算法的正确性是极其困难的，因为通常情况下合法的输入数据量太大，用穷举法逐一验证是不现实的。所谓的算法正确性是指算法达到了测试要求。

（2）可读性

算法的可读性是指人们对算法阅读理解的难易程度，可读性高的算法便于阅读，有利于算法的理解和交流。通常在书写算法程序时，添加程序注释、采用按缩进格式书写、分模块书写等方法可增加算法的可读性。

（3）健壮性

对于非法的输入数据，算法能给出相应的响应，而不是产生不可预料的后果。

（4）效率与低存储量需求

效率指的是算法的执行时间。对于解决同一问题的多个算法，执行时间短的算法效率高。存储容量需求指算法执行过程中所需要的最大存储空间。存储容量需求越小的算法效率越高。

1.3.3　算法的分析

解决一个问题可以有多种算法，那么该怎样判断它们的优劣呢？一个算法除了正确性必须保证以外，一个主要指标就是它的执行效率。

（1）算法执行效率的度量

算法执行的时间是其对应的程序在计算机上运行所消耗的时间。程序在计算机上运行所需时间与下列因素有关。

① 算法本身选用的策略。

② 书写程序的语言。

③ 编译产生的代码质量。

④ 机器执行指令的速度。

⑤ 问题的规模。

第①条是算法好坏的根本，第②、③条要看具体的软件支持，第④条要看硬件的性能。度量一个算法的效率应抛开具体机器的软、硬件环境，而书写程序的语言、编译产生的机器代码质量、机器执行指令的速度都属于软、硬件环境。所以抛开计算机软、硬件相关的因素，一个程序的运行时间，仅依赖于算法的好坏和问题的规模。

对于一个特定算法只考虑算法本身的效率，而算法自身的执行效率是问题规模的函数。对于同一个问题，选用不同的策略就对应不同的算法，不同的算法对应着各自的问题规模函数，根据这些函数就可以比较算法的优劣。算法的效率包括时间与空间两个方面，分别称为时间复杂度和空间复杂度。

(2) 算法的时间复杂度

一个算法的执行时间大体上等于其所有语句执行时间的总和，对于语句的执行时间是指该条语句的执行次数和执行一次所需时间的乘积。语句执行一次实际所需的具体时间是与机器的速度、编译程序质量、输入数据等密切相关，与算法设计的好坏无关，所以，可用算法中语句的执行次数来度量一个算法的效率。

首先定义算法中一条语句的语句频度，语句频度是指语句在一个算法中重复执行的次数。以下给出了两个 $n \times n$ 阶矩阵相乘算法中的各条语句以及每条语句的使用频度。

```
语句                                          语句频度
for(i=0;i<n;i++)                              n+1
    for(j=0;j<n;j++)                          n^2+n
    {
        c[i][j]=0;                            n^2
        for (k=0;k<n; k++)                    n^3+n^2
            c[i][j]=c[i][j]+a[i][k] * b[k][j];    n^3
    }
```

算法中所有语句的总执行次数为 $T(n)=2n^3+3n^2+2n+1$，即语句总的执行次数是问题规模 n 的函数。进一步地简化，可用 $T(n)$ 表达式中 n 的最高次幂来度量算法执行时间的数量级，即算法的时间复杂度，记作：

$$T(n)=O(f(n)) \tag{1.1}$$

这样用大写 $O()$ 来体现算法时间复杂度的记法，称之为大 O 记法。上式表示随问题规模 n 的增大，算法的执行时间的增长率和 $f(n)$ 的增长率相同，称作算法的渐进时间复杂度，简称时间复杂度。上述算法的时间复杂度为 $T(n)=O(n^3)$。

算法中所有语句的总执行次数 $T(n)$ 是问题规模 n 的函数，即 $T(n)=f(n)$，其中 n 的最高次幂项与算法中称作原操作的语句频度对应，原操作是算法中实现基本运算的操作，在上面的算法中的原操作是 c[i][j]=c[i][j]+a[i][k] * b[k][j]。一般情况下原操作由最深层循环内的语句实现。

$T(n)$ 随 n 的增大而增大，值增长得越慢，其算法的时间复杂度越低。下列三个程序段中分别给出了原操作 count++ 的三个不同数量级的时间复杂度。

```
① count++;
```

其时间复杂度为 $O(1)$，称为常量阶时间复杂度。

```
② for (i=1; i<=n; i++)
      count++;
```

其时间复杂度为 $O(n)$，称为线性阶时间复杂度。

```
③ for (i=1; i<=n; i++)
       for (j=1;j<=n; j++)
          count++;
```

其时间复杂度为 $O(n^2)$，称为平方阶时间复杂度。

此外，算法能呈现的时间复杂度还有：对数阶 $O(\log_2 n)$、指数阶 $O(2^n)$等。

(3) 算法的空间复杂度

通常采用空间复杂度作为算法所需存储空间的量度，记作：

$$S(n)=O(f(n)) \tag{1.2}$$

其中 n 为问题的规模。

程序执行时，除了需存储本身所用的指令、常数、变量和输入数据以外，还需要一些对数据进行操作的辅助存储空间。

其中对于输入数据所占的具体存储量只取决于问题本身，与算法无关，这样只需要分析该算法在实现时所需要的辅助空间单元数就可以了。

算法的执行时间和存储空间的耗费是一对矛盾体，即算法执行的高效通常是以增加存储空间为代价的，反之亦然。不过，就一般情况而言，常常以算法执行时间作为算法优劣的主要衡量指标。

1.4　小　　结

本章主要介绍了数据结构的基本概念，学习“数据结构与算法”这门课程的意义，算法的概念和特性，以及算法效率的两个度量标准。

1.5　习　　题

1. 填空题

(1) 数据逻辑结构包括________、________和________三种类型。

(2) 线性结构中的元素之间存在________的关系，树结构的元素之间存在________的关系，图形结构的元素之间存在________的关系。

(3) 算法的设计要求包括：正确性、可读性、健壮性和________，可读性的含义是________________，健壮性是指________________。

(4) 算法的时间复杂度与空间复杂度相比，通常以________作为主要度量指标。

2. 选择题

(1) 数据结构中,从逻辑上可以把数据结构分成(　　)。

A. 动态结构和静态结构　　B. 紧凑结构和非紧凑结构

C. 线性结构和非线性结构　　D. 内部结构和外部结构

(2) 计算机算法指的是(　　)。

A. 计算机方法　　B. 排序方法

C. 解决问题的有限步骤　　D. 调度方法

3. 简答题

给出下列算法中原操作语句的语句频度及程序段的时间复杂度。

程序1:

```
i=1;k=0;
while(i<=n-1)
{
    k=k+2*i;
    i++;
}
```

程序2:

```
i=1;k=0;
do
{
    k=k+2*i;
    i++;
}while(i!=n)
```

程序3:

```
x=91;n=100;
while(n>0)
if(x>100)
{
    x=x-10;
    n=n-1;
}
else
    x++;
```

程序4:

```
x=n;y=0;
while(x>=(y+1)*(y+1))
    y++;
```

第2章 线 性 表

本章将学习数据结构中最常用和最简单的一种结构——线性表,在介绍它之前先列举生活中的例子。

我们在日常生活中遇到人多的场合都需要排队,比如到食堂买饭、到银行办业务等。排队的时候每个人都有自己的一个位置,先来的人先得到服务,后来的人排到最后,如果有些人插队到中间,必然引起插队位置后面人员位置的改变,使后面的人受到推迟服务的不公正待遇,当然会引起后面人的不满,但是如果插队的人事先声明,自己有十分着急的事情要办,希望大家通融一下,那大家也会通情达理地后移一个位置,让给这位着急的人。

这种排队的组织方式,就是本章介绍的数据结构:线性表。

【技能目标】

- 理解线性表的定义,掌握线性表的特征和基本运算。
- 会使用顺序表的存储结构解决问题。
- 能实现顺序表的各种基本运算。
- 能够使用链表的存储结构解决问题。
- 能实现链表的各种基本运算。

2.1 线性表的定义及运算

顾名思义,线性表是具有像线一样性质的表。好像用一根线把元素串联在一起,有线头,有收尾。线性表是最基本、最简单,也是最常用的一种数据结构。线性表中数据元素之间的关系是一对一的关系,即除了第一个和最后一个数据元素之外,其他数据元素都是首尾相接的。线性表的逻辑结构简单,便于实现和操作。因此,线性表在实际应用中是应用最广泛的一种数据结构。

2.1.1 线性表的定义

线性表是一个含有 $n\geqslant 0$ 节点的有限序列,可表示为:

$$(a_1, a_2, \cdots, a_n)$$

表中 a_{i-1} 领先于 a_i,称 a_{i-1} 是 a_i 的直接前驱元素,a_{i+1} 是 a_i 的直接后继元素。除了表头 a_1 和表尾 a_n 之外,每一个元素都有且仅有一个直接前驱和有且只有一个直接后继。

线性表元素的个数 $n(n\geqslant 0)$ 定义为线性表的长度。当 $n=0$ 时,称为空表。

非空线性表具有如下特征。

(1) 有且仅有一个开始节点 a_1,它没有直接前趋,而仅有一个直接后继 a_2。

(2) 有且仅有一个终端节点 a_n,它没有直接后继,而仅有一个直接前趋 a_{n-1}。

(3) 其余的内部节点 $a_i(2\leqslant i\leqslant n-1)$都有且仅有一个直接前趋 a_{i-1} 和一个直接后继 a_{i+1}。

线性表具有均匀性和有序性两大特点:对于均匀性,同一线性表的各数据元素必定具有相同的数据类型和长度。而有序性体现在各数据元素在线性表中的位置只取决于它们的序号,数据元素之前的相对位置是线性的。

现实生活中有很多线性表的例子,如 26 个英文字母构成的表(a,b,c,…,z)是一个线性表,全班同学的英语成绩表(88,99,87,56,54,70,67)是一个线性表,这些由单个数据元素组成的线性表称为简单线性表;而我们常常玩的扑克牌,其数据元素——牌,是由牌点、花色两项组成的,如图 2.1 所示,因为是复合数据类型,这种类型的线性表称为复合线性表。

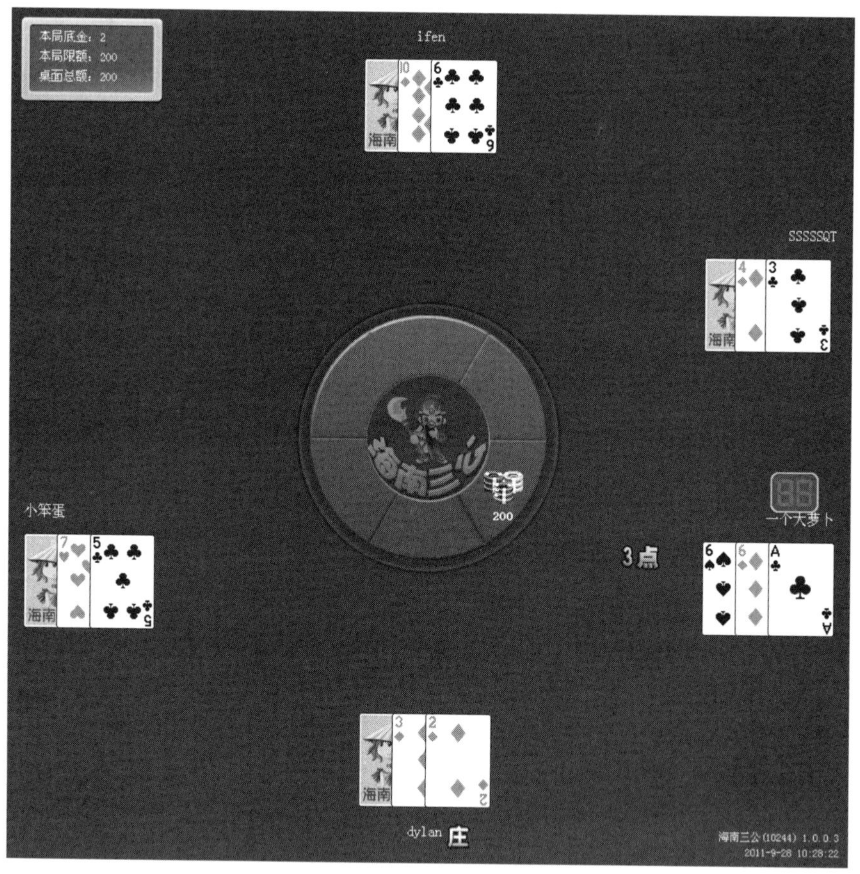

图 2.1 扑克牌线性表

2.1.2 线性表的基本运算

前面介绍了线性表的定义,那么,线性表应该有哪些基本操作呢?

还是回到刚才排队的例子。大家到银行办业务,一般到银行办业务的人都特别多,大家只好排队,这就是一个线性表创建和初始化的过程。

排好了队,我们想知道这个队伍有多少人,这就是求线性表长度的操作;我们想查找第几个人或者办基金业务的人是谁，这就是按编号查找和按特征查找；有可能某个人真的有急事想先办理业务，这就是线性表的插入；显然在办业务的过程中，银行不能强制一个人一直等在那里，他可以走开，选择不办，这就是线性表的删除操作。

概括起来，线性表的基本操作包括以下方面。

(1) 求表长——求线性表中元素的个数。

(2) 遍历——从左到右(或从右到左)扫描(或读取)表中的各个元素。

(3) 按编号查找——找出表中第 i 个元素。

(4) 按特征查找——按某个特定值查找线性表。

(5) 插入——在第 i 个位置上(即原第 i 个元素前)插入一个新元素。

(6) 删除——删除原表中的第 i 个元素。

在实际使用中线性表还可能有其他运算，如将两个或多个表组合成一个新线性表，把一个线性表拆分成若干个线性表，复制一个线性表等。

2.2 顺序线性表

抽象的线性表可以在计算机中用不同方式来实现。其中，使用最多的方法是顺序存储方式和链式存储方式，二者各有利弊。

2.2.1 顺序存储的定义

从本质上说，线性表的顺序存储就是占据地址连续的内存单元，然后把相同类型的数据元素依次存放进去，即用一维数组实现存储。而下标的增序则表达了线性表的线性关系。

具体地说，线性表的顺序存储描述如下：

```
#define MaxSize 20                    //20 为最大可能的元素数目,可根据实际情况自行修改
typedef int ElementType ;             //ElementType 类型根据实际情况而定,这里假设为 int
typedef struct
{
    ElementType elem[MaxSize];        //线性表占用的数组空间
        int listlength;               //线性表的实际长度
}SeqList;
```

注意：一维数组的下标(从 0 开始)与元素在线性表中的顺序(从 1 开始)一一对应。线性表的元素个数始终不超过 MaxSize，数组元素的类型为 object，它可以是简单类型，如 int、string 等，也可以是对象类型。

若将线性表 sl 定义为：

```
SeqList sl;              /* C 语言形式的定义 */
```

则线性表 sl 中序号为 i 的元素对应数组的下标是 i－1，即线性表 sl 的 i 元素用 sl. elem[i－1]表示，sl 的长度用 sl. listlength 表示。

2.2.2 顺序线性表的基本运算

根据线性表的运算定义,可实现顺序表的以下操作。

1. 求顺序表中元素的个数

顺序表中的元素个数实际上就是顺序表的实际长度,因此直接返回listlength字段值即可。算法实现如下:

```
int GetLength(SeqList L)                    /*求线性表L的长度*/
{
    return L.listlength;
}
```

2. 遍历一个顺序表

遍历一个顺序表就是访问表中的每一个元素,并且只访问一次。算法实现如下:

```
void Print(SeqList L)                      /*遍历线性表L中的元素*/
{
    int i;
    printf("线性表长度为:%d,元素分别为:\n",L.listlength);
    for (i=0; i<L.listlength; i++)
        printf("%d ", L.elem[i]);          //以空格隔开每个元素
    printf("\n");
}
```

3. 按编号查找

按编号查找即获取指定位置的数据元素,并返回其值。考虑到算法的简洁性,本章在讨论这些运算的实现时,一律以数组的下标值代替线性表中元素的位置(序号),即序号与下标一致。算法实现如下:

```
//查找下标为i的元素,返回给e指向的值
void GetElem(SeqList L, int i, ElementType *e)
{
    if (i<0 || i>L. listlength-1)
    {
        printf("Error!%d元素越界\n",i);
        return ;
    }
    *e=L.elem[i];
}
```

在上述代码中,i为要查找元素的下标。若下标无效,则输出查找错误等信息;否则返回该位置上的数据元素。

4. 按特征查找

对于某个特定元素e,需要查找该元素在顺序表中的位置。若在表中找到与该元素e相等的元素,则返回该元素的下标i;若找不到,则返回-1。查找过程为从第一个元素开始,

依次将表中元素与 e 比较，若相等则查找成功，若 e 与表中所有元素均不相等，则查找失败。相关算法如下：

```
/* 在线性表 L 中查找元素 e,若找到则返回元素在顺序表中的位置;若找不到,则返回-1 */
int Locate(SeqList L, ElementType e)
{
    int i=0;
    while((i<=L.listlength-1)&&(L.elem[i]!=e)
    /* 顺序扫描线性表,直到找到值为 e 的元素。或扫描到线性表尾部仍没找到值为 e 的元素 */
        i++;
    if(i<=L.listlength-1)
        return (i);
    else
        return(-1);
}
```

5. 在顺序表中插入一个元素

在顺序表的第 $i(0\leqslant i<n)$ 个元素之前插入数据元素 e，使得顺序表 $(a_0, a_1, \cdots, a_{i-1}, a_i, \cdots, a_{n-1})$ 变为 $(a_0, a_1, \cdots, a_{i-1}, e, a_i, \cdots, a_{n-1})$，同时表的长度增加 1。

由于顺序表的存储位置相邻，在插入 e 之前，必须将 $a_i, \cdots, a_{n-1}$ 依次向后移动一个单元，在原来 a_i 的位置处插入 e。插入过程如图 2.2 所示。

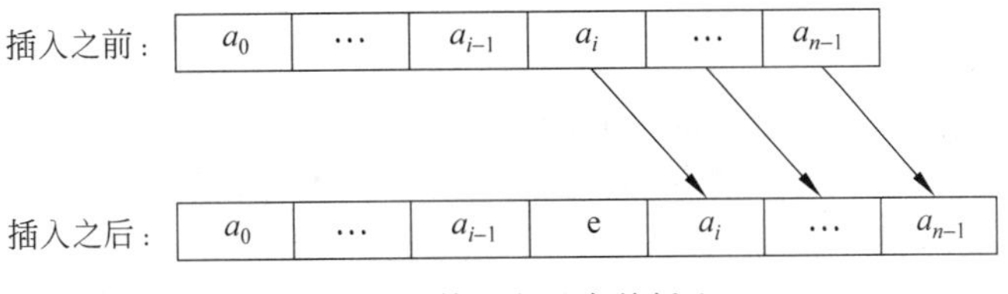

图 2.2　在第 i 个元素前插入 e

相关的算法实现如下：

```
//在顺序表 l 中第 i 个数据元素之前插入元素 e, i 为数组的下标)
void InsertList (SeqList *l, int i, ElemType e)
{
    int k;
    if((i<0) || (i>l->listlength))          /* 判断插入位置是否合法 */
        {
            printf("错误\n");
            return;
        }
    if(l->listlength==MaxSize-1)          /* 判断表是否已满 */
        {
            printf("溢出\n");
            return;
        }
```

```
    if(i<=l->listlength-1)          //若插入数据位置不在表尾
        for(k=l->listlength-1; k>=i; k--)
            l->elem[k+1]=l->elem[k];
                         /*将元素elem[listlength-1..i]依次向后移动一个单元位置*/
    l->elem[i]=e;
    l->listlength++;
} /*InsList*/
```

6. 从顺序表中删除一个元素

删除顺序表的第 i 个数据元素，使得顺序表$(a_0,a_1,\cdots,a_{i-1},a_i,\cdots,a_{n-1})$变为$(a_0,a_1,\cdots,a_{i-1},a_{i+1},\cdots,a_{n-1})$，同时表长减少1。

与插入操作相反，删除操作需要将数据元素 $a_{i+1},\cdots,a_{n-1}$ 依次向前移动一个单元，删除过程如图2.3所示。

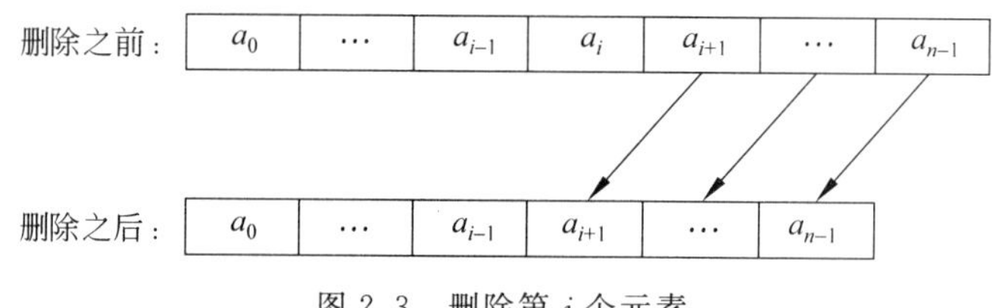

图2.3 删除第 i 个元素

相关的算法实现如下：

```
/*在顺序表l中删除第i(i应视作数组的下标)个数据元素*/
/*通过地址传递方式,用e返回删除的值,保留一个备份,顺序表l的长度减1*/
void  DelList(SeqList *l,int i, ElementType  *e)
{
    int k;
    if((i<0) || (i>l->listlength-1))     /*判断删除位置是否合法*/
    {
        printf("错误");
        return;
    }
    *e=l->elem[i];                       //备份给e指向的地址
    for(k=i+1; k<=l->listlength-1; k++)/*将第i个数据元素后面的元素依次前移*/
        l->elem[k-1]=l->elem[k];
    l->listlength--;
} /*DelList*/
```

2.3 线性表的链式存储结构

2.3.1 线性表链式存储结构的定义

前面所讲的顺序表，是采用顺序存储结构来存储的，它的一个最大缺点就是在插入和删除的时候需要移动大量的元素，运行效率较低。导致这个问题的直接原因是存储这些元素的顺序表的内存地址是连续的。能否考虑用一种任意的存储单元存储线性表的数据元素？这组存储单元可以是连续的，也可以是不连续的，这也意味着这些数据可以存放在内存未被占用的任何位置，这就是线性表链式存储结构的思路。

线性表链式存储的节点结构如图 2.4 所示，除了要存储数据元素信息外，还必须有一个指示该元素直接后继存储位置的信息，即指出后继元素的存储地址。由这两部分组成一个节点，每个节点包括两个域：一个域存储数据元素信息，称为数据域；另一个域存储后继节点的地址，称为指针域。

数据域	指针域

图 2.4 链式存储的节点结构

2.3.2 单链表的定义

n 个节点链接成一个链表，即为线性表（$a_1, a_2, \cdots, a_n$）的链式存储结构，如图 2.5 所示，此链表的每个节点只包含一个指针域，所以称为单链表。

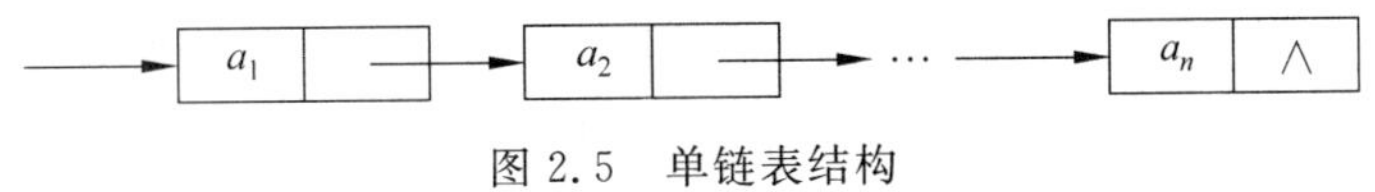

图 2.5 单链表结构

把链表中第一个节点的存储位置叫作头指针，整个链表的存取必须从头指针开始，一般用 head 表示，之后的每一个节点，其实就是上一个的后继指针指向的位置。最后一个节点没有后继，所以线性链表的最后一个节点指针为“空”，通常用 NULL 或“∧”表示。

出于对操作上方便性的考虑，在第一个节点之前附加一个“头节点”，如图 2.6 所示，令该节点中指针域的指针指向第一个节点。头节点的数据域可以不存储任何信息，也可以存储标题、表长等信息，具体的定义可以在不同的业务处理上有不同的考虑。

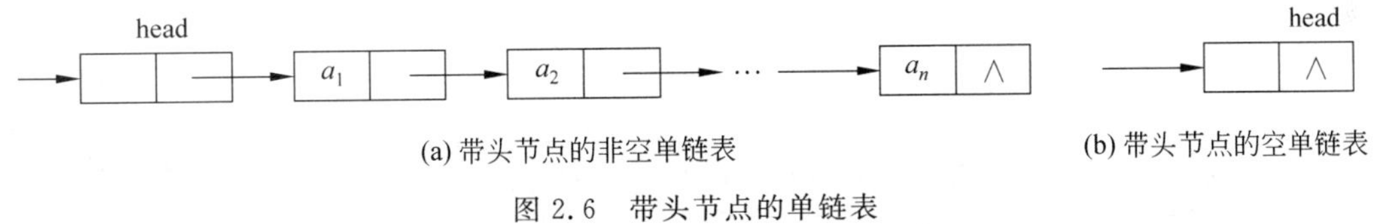

(a) 带头节点的非空单链表　　(b) 带头节点的空单链表

图 2.6 带头节点的单链表

2.3.3 线性表链式存储结构代码描述

可以用 C 语言的结构体类型表示单链表的节点。

```
/* 线性表的单链表存储结构 */
typedef int ElemType;       //ElemType 根据实际情况确定。这里为了简单，假设为 int 整型
typedef struct Node
{
    ElemType data;
    struct Node * next;
} Node;
typedef struct Node * LinkList;          //定义单链表 LinkList
```

在建立链表或向链表中插入节点时，应按节点的类型向系统申请一个节点。系统给节

点分配指定值,即该节点的首地址。向系统申请节点时,可用C语言的动态分配库函数malloc,假设有如下语句:

```
struct Node *p;                          //p定义为指向Node类型的指针
p=(Node *)malloc(sizeof(Node));          //p指针指向一个Node类型的节点
```

以上代码使得p指向一个新分配的节点,节点的数据域可以用p—>data来表示,指针域用p—>next表示,指针域指向此节点的下一节点。从链表中删除一个不需要的节点时,要把节点的内存地址归还给系统,可用C语言的库函数free(p)实现。

2.3.4 单链表的基本运算

线性表的链式存储与顺序表的存储只是改变了元素的物理存储方式,使得它们存储的顺序可以是地址连续或地址不连续的存储单元,但它们的基本运算仍与线性表的基本运算一致。

在下面针对单链表基本运算的讨论中,一般情况下单链表默认均为带表头节点的结构,这样有利于实现操作中边界条件的处理,使算法实现更加规范和简化。

1. 求单链表中元素的个数

单链表中的元素个数实际上就是除了头节点之外的节点个数,因此应返回一个整型数。单链表的结构没有定义表长,所以只能用指针循环的方式求出它的节点数,如图2.7所示。

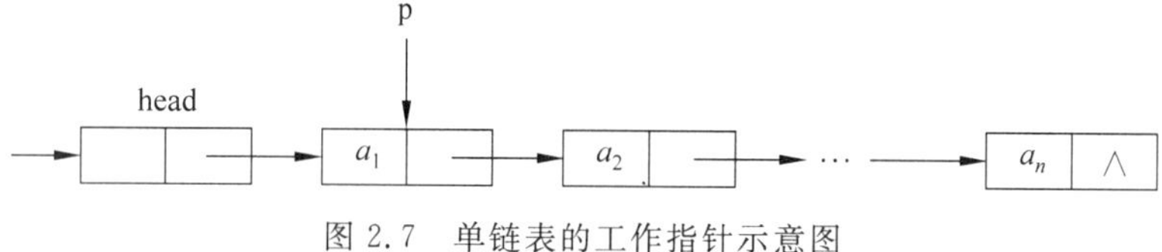

图2.7 单链表的工作指针示意图

算法的实现如下:

```
/*初始条件:以head表示单链表,假设单链表head已存在*/
/*操作结果:返回head中数据元素的个数*/
int Length(LinkListhead)
{
    int i=0;
    LinkList p=head->next;      /*p指向第一个节点*/
    while(p)
    {
        i++;
        p=p->next;
    }
    return i;
}
```

2. 遍历一个顺序表

遍历一个顺序表就是访问表中的每一个元素,也称为单链表的读取。算法仍采用图2.7中的工作指针的方法,算法的实现如下:

```
/＊初始条件:单链表 head 已存在＊/
/＊操作结果:输出 head 中的数据元素＊/
void Print(LinkListhead)
{
    LinkList p=head->next;              //p 指向第一个节点
    while(p)
    {
        printf("%d  ",p->data);         //输出单链表中的数据元素
        p=p->next;
    }
    printf("\n");
}
```

3. 按编号查找

在线性表的顺序存储结构中,要得到第 i 个元素的值是很容易的,但在单链表中,要找到第 i 个元素,只能从表头一步步查找。获得链表第 i 个数据的算法思路可分为如下步骤。

(1) 声明一个工作指针 p 指向链表的第一个节点,初始化 j 从 1 开始。

(2) 当 $j<i$ 时,就遍历链表,让 p 的指针向后移动,不断指向下一节点,j 累加 1。

(3) 若工作指针 p 为空,则说明第 i 个节点不存在。

(4) 否则查找成功,返回节点 p 的数据,即为第 i 个节点的数据。

实现算法的代码如下:

```
/＊初始条件:单链表 head 已存在,1≤i≤Length(head)＊/
/＊操作结果:用 e 返回 head 中第 i 个数据元素的值＊/
void GetElem(LinkList head,int i,ElemType ＊e)
{
    int j;
    LinkList p;                  /＊声明一节点 p＊/
    p=head->next;                /＊让 p 指向链表 head 的第一个节点＊/
    j=1;                         /＊j 为计数器＊/
    while (p && j<i)             /＊p 不为空或者计数器 j 还没有等于 i 时,循环继续＊/
    {
        p=p->next;               /＊让 p 指向下一个节点＊/
        j++;
    }
    if (!p || j>i)
        return ;                 /＊第 i 个元素不存在＊/
    ＊e=p->data;                 /＊取第 i 个元素的数据＊/
    return ;
}
```

4. 按特征查找

对于某个特定元素 e,需要查找该元素在单链表中的位置。如果查找不到,则返回 0。若在表中找到与该元素 e 相等的元素,则返回该元素所在的标号。查找过程为从第一个元素开始,依次将表中元素与 e 比较,若相等则查找成功;若 e 与表中所有元素均不相等,则查找失败。相关算法的实现代码如下:

```
/*初始条件:顺序线性表L已存在*/
/*操作结果:返回L中第1个与e满足关系的数据元素的位序*/
/*若这样的数据元素不存在,则返回值为0*/
int LocateElem(LinkList L,ElemType e)
{
    int i=0;
    LinkList p=L->next;
    while(p)
    {
        i++;
        if(p->data==e)              /*找到这样的数据元素*/
                return i;
        p=p->next;
    }

    return 0;
}
```

5. 在单链表中插入一个元素

单链表的插入可以直接修改指针域,不用移动其他元素,比线性表的顺序存储的插入简单得多。单链表在第 i 个数据插入节点的算法思路如下:

(1) 声明一个指针 pre 指向链表头节点,初始化 j 从1开始。

(2) 当 $j<i-1$ 时,就遍历链表,让 pre 的指针向后移动,目的就是让 pre 指向第 i 个元素的前一个指针,如图2.8所示。

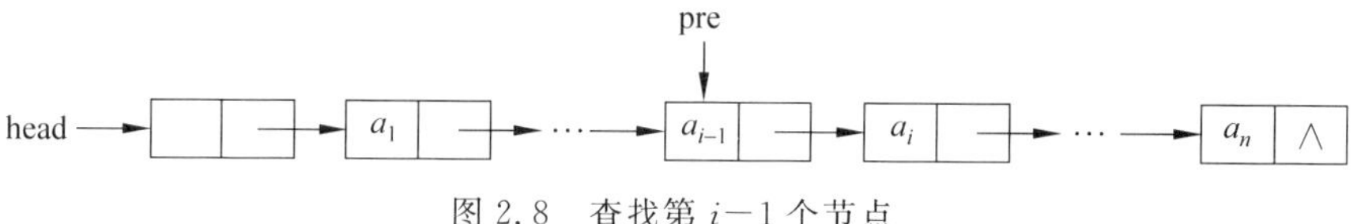

图2.8 查找第 $i-1$ 个节点

(3) 若到链表末尾时 pre 为空,则说明第 i 个节点不存在。

(4) 若查找成功,在系统中分配一个空间给新节点 s,如图2.9所示。

s → x

图2.9 申请新节点

(5) 将数据元素 x 赋值给 s−>data。

(6) 节点 s 插入单链表第 i 个位置,如图2.10所示,单链表的插入语句为

```
s->next=pre->next;pre->next=s;
```

(7) 程序结束。

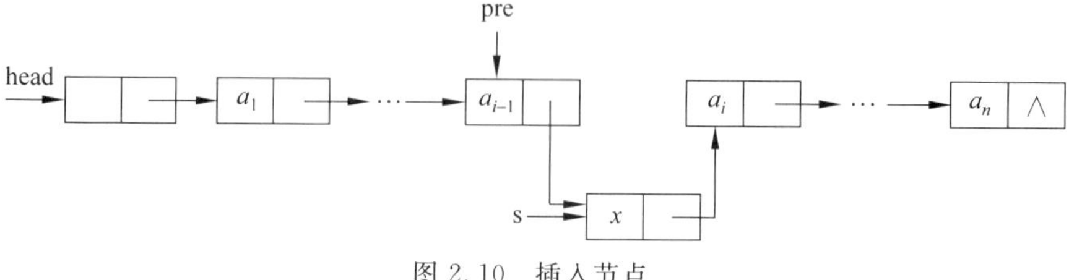

图2.10 插入节点

算法的实现代码如下：

```
/* 初始条件:顺序线性表 head 已存在,1≤i≤ListLength(head) */
/* 操作结果:在 head 中第 i 个位置之前插入新的数据元素 x,链表长度加 1 */
void Insert(LinkList *head,int i,ElemType x)
{
    int j;
    LinkList pre,s;
    pre= *head;
    j=0;
    while (pre && j <i-1)                      /* 寻找第 i 个节点 */
    {
        pre=pre->next;
        j++;
    }
    if (!pre || j !=i-1)
    {
        printf("第 i 个元素不存在\n");
        return ;                               /* 第 i 个元素不存在 */
    }
    s=(LinkList)malloc(sizeof(Node));  /* 生成新节点(C 语言标准函数) */
    s->data=x;
    s->next=pre->next;                       /* 将 p 的后继节点赋值给 s 的后继 */
    pre->next=s;                             /* 将 s 赋值给 p 的后继 */
    return ;
}
```

6. 从单链表中删除一个节点

要想从单链表中删除节点 p,只要将它的前驱节点的指针指向它的后继节点即可。实际上只要做 p－＞next＝p－＞next－＞next。

从单链表中删除第 i 个节点的算法思路如下：

(1) 声明工作指针 pre 指向链表的头指针,初始化 j 从 0 开始。

(2) 当 $j<i-1$ 时,遍历链表,让 pre 的指针不断向后移动,j 累加 1,如图 2.11 所示。

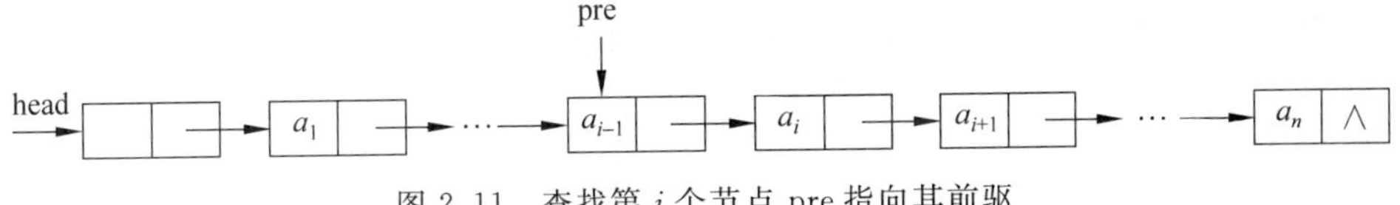

图 2.11　查找第 i 个节点 pre 指向其前驱

(3) 若到链表末尾 pre 为空,则说明第 i 个节点不存在。

(4) 若查找成功,则利用 pre 定位欲删除的节点 p,如图 2.12 所示。

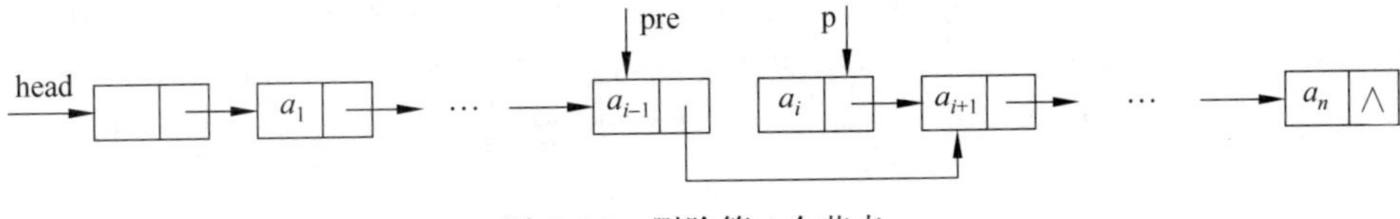

图 2.12　删除第 i 个节点 p

(5) 单链表的删除语句为 pre－>next＝p－>next。

(6) 将 p 节点的数据赋值给 e。

(7) 释放 p 节点，程序结束。

算法的实现代码如下：

```
/*初始条件:顺序线性表 head 已存在,1≤i≤ListLength(head)*/
/*操作结果:删除 head 的第 i 个数据元素,并用 e 返回其值,head 的长度减 1*/
void Delete(LinkList *head,int i,ElemType *e)
{
    int j;
    LinkListpre,p;
    pre=*head;
    j=0;
    while (pre->next && j <i-1)                /*遍历寻找第 i 个元素*/
    {
        pre=pre->next;
        j++;
    }
    if (!(pre->next) || j !=i-1)
    {
        printf("第 i 个元素不存在\n");
        return ;                               /*第 i 个元素不存在*/
    }
    p=pre->next;
    pre->next=p->next;                         /*将 p 的后继赋值给 pre 的后继*/
    *e=p->data;                                /*将 p 节点中的数据给 e*/
    free(p);                                   /*让系统回收此节点,释放内存*/
}
```

单链表的插入和删除算法由两部分组成：第一部分是遍历查找第 i 个节点的前驱；第二部分就是插入和删除节点。从整个算法中很容易得出，它们的时间复杂度都是 $O(n)$。线性表的顺序存储结构在插入和删除节点时，需要移动大量的元素，而线性表的链式存储结构在找到具体的位置后，不需要移动元素，直接把节点插入或删除即可。显然，对于需要插入和删除数据频繁的场合，单链表的效率优势就越明显。

2.3.5 单链表的创建

单链表的基本操作都是建立在单链表已经存在于内存的基础上，但事实上在程序开始时如果自己不创建，这个单链表是不存在的，需要先创建单链表。

顺序表的创建，只需要定义一个数组并赋值，但单链表是一种动态的结构，对于每个链表来说，它所占用空间的大小和位置是不需要预先分配的，可以根据实际的需求即时生成。

创建单链表的过程就是一个动态生成链表的过程，即从“空表”的初始状态开始，依次建立各元素节点，并逐个插入链表。这种方法创建链表，就是在建立头节点之后，反复地调用插入算法。

单链表创建的算法思路如下：

(1) 声明一个指针和循环变量 i。

(2) 初始化一个空链表 head。

(3) 让 head 的头节点的指针指向 NULL，即建立一个带头节点的单链表。

(4) 循环：①生成一新节点赋值给 s；②随机生成 1～100 之间的数字并赋值给 s 的数据域 s—>data；③将 s 插入头节点与前一新节点之间。

算法实现代码如下：

```
/*随机产生 n 个元素的值,建立带表头节点的单链线性表 head(头插法)*/
void CreateHead(LinkList *head, int n)
{
    LinkLists;
    int i;
    srand(time(0));                           /*初始化随机数种子*/
    *head=(LinkList)malloc(sizeof(Node));
    (*head)->next=NULL;                       /*先建立一个带头节点的单链表*/
    for (i=0; i<n; i++)
    {
        s=(LinkList)malloc(sizeof(Node));     /*生成新节点*/
        s->data=rand()%100+1;                 /*随机生成 100 以内的数字*/
        s->next=(*head)->next;
        (*head)->next=s;                      /*插入到表头*/
    }
}
```

在这段代码里，其实用的是插队的方法，就是始终让新节点排在第一的位置，这个方法一般称为头插法，如图 2.13 所示。

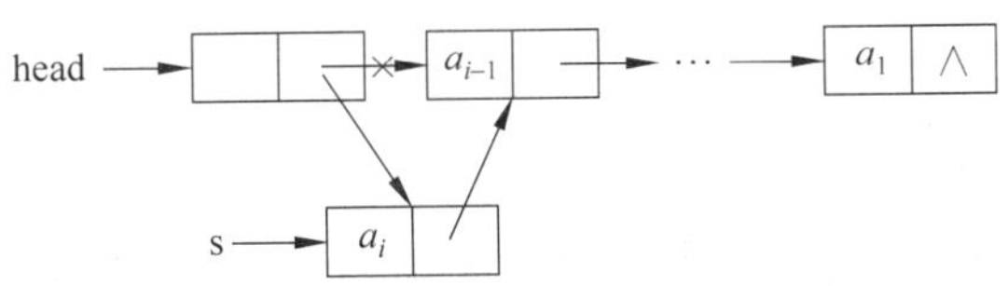

图 2.13　在链表第一个节点前插入节点

但事实上一般把新节点排到最后，这比较符合排队的正常思维，即所谓的先来后到。把每次产生的新节点都插在终端节点的后面，如图 2.14 所示，这种创建链表的方法称为尾插法。

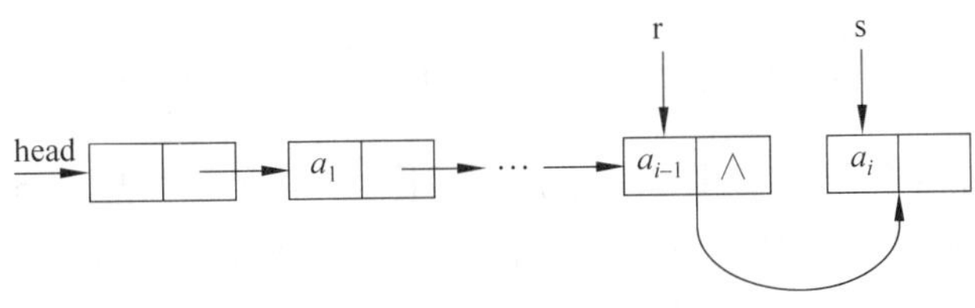

图 2.14　在链表最后插入节点

实现代码如下：

```
/*随机产生n个元素的值,建立带表头节点的单链线性表head(尾插法)*/
void CreateTail(LinkList *head, int n)
{
    LinkLists,r;
    int i;
    srand(time(0));                              /*初始化随机数种子*/
    *head=(LinkList)malloc(sizeof(Node));        /*head为整个线性表*/
    r=*head;                                     /*r为指向尾部的节点*/
    for (i=0; i<n; i++)
    {
        s=(Node *)malloc(sizeof(Node));          /*生成新节点*/
        s->data=rand()%100+1;                    /*随机生成100以内的数字*/
        r->next=s;                               /*将表尾终端节点的指针指向新节点*/
        r=s;                                     /*将当前的新节点定义为表尾终端节点*/
    }
    r->next=NULL;                                /*表示当前链表结束*/
}
```

在上面的代码中,head是整个单链表的代名词,而r是指向尾节点的指针,s是新插入的节点,“r－＞next＝s”表示把原来的表尾节点r指向新节点,而增加新节点之后,则通过“r＝s”更新表尾节点r,让r总是指向链表的最后一个节点,循环结束后,应该让链表的最后一个节点r指针域置为空,所以必须加上“r－＞next＝NULL”的语句,以便确认r是链表的尾部。

2.4 循环链表和双向链表

2.4.1 循环链表

循环链表是另一种形式的链式存储结构,图2.15所示为单向循环链表,其特点是表中最后一个节点的指针不再是空,而是指向头节点(带头节点的单链表)或第一个节点(不带头节点的单链表),整个链表形成一个环,这样从表中任一节点出发都可找到其他的节点。考虑到各种操作实现的方便性,循环单链表一般均指带头节点的循环单链表。

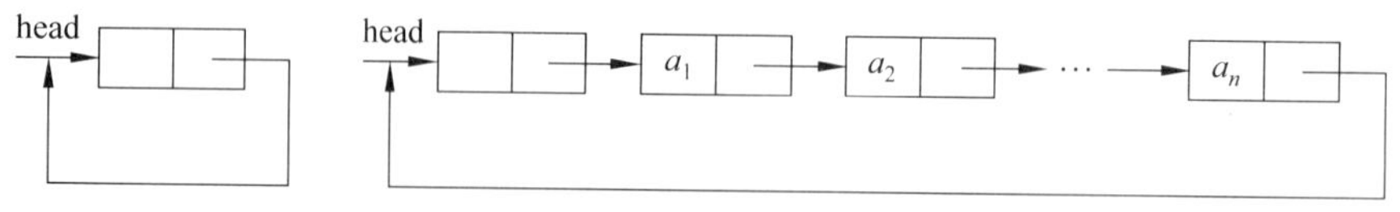

图2.15 带头节点的空循环链表和非空循环链表

循环链表的基本操作类似于普通单链表,区别仅在于算法中循环条件判别链表中最后一个节点的条件不再是“后继是否为空”(即p!＝NULL或p－＞next!＝NULL),而是“后继是否为头节点”(即p!＝head或p－＞next!＝head)。

如果在循环链表中设一尾指针而不设头指针,那么无论是访问第一个节点还是最后一个节点都很方便。尾指针既起到了指头又指尾的功能,所以在实际应用中,通常使用尾指针代替头指针进行某些操作。如图2.16所示,两个循环链表首尾相接时采用循环链表结构，合并后的操作过程如图 2.17 所示。整个操作过程只修改两个指针，其运算时间复杂度为 $O(1)$，代码操作如下所示。

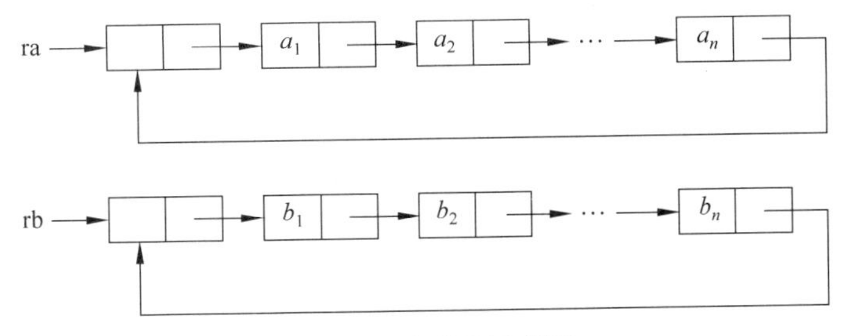

图 2.16　合并前示意图

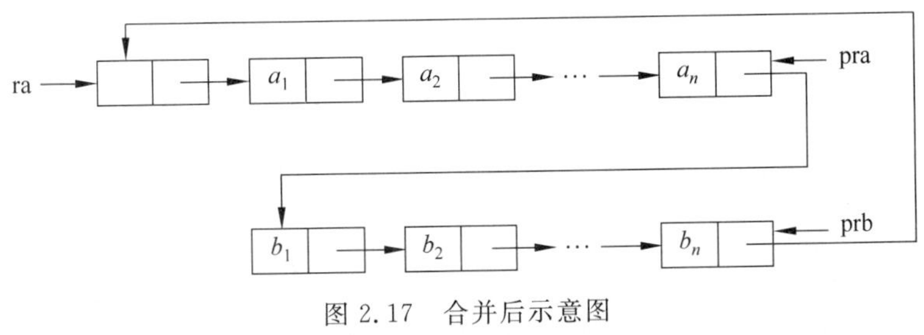

图 2.17　合并后示意图

```
/* 初始条件:循环链表 ra 和 rb 已存在 */
/* 操作结果:将 ra 和 rb 合并,合并后 ra 在前,rb 在后 */
void Merge(LinkList ra, LinkList rb)
{
    LinkList pra,prb;
    pra=ra->next;
    while (pra->next!=ra)              /* 移动 pra 使其指向 ra 表的尾节点 */
    pra=pra->next;
    prb=rb->next;
    while (prb->next!=rb)              /* 移动 prb 使其指向 rb 表的尾节点 */
        prb=prb->next;
    prb->next=ra;
    pra->next=rb->next;
    free(rb);
}
```

2.4.2　双向链表

在单链表中，从任何一个节点都能通过指针域找到它的后继节点。但要寻找它的前驱节点，则需从表头出发顺链表查找。

双向链表克服了这个缺点。双向链表的每一个节点除了数据域，还包含两个指针域，一个指向该节点的后继节点；另一个指针指向前驱节点。节点结构如图 2.18 所示。

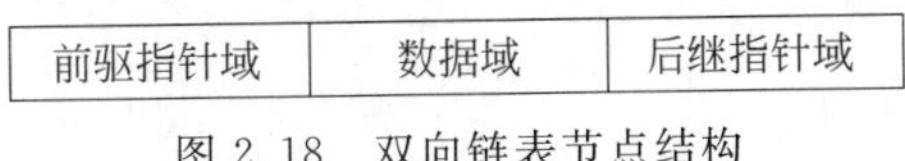

图 2.18　双向链表节点结构

2.5 实　训

实训1　随机生成5个数放入顺序表中，实现插入和删除操作

实训目的

掌握顺序表的插入和删除。

实训环境

(1) 硬件：普通个人计算机。

(2) 软件：Visual Studio 6.0系列/Eclipse/Visual Studio 2005系列。

C语言程序实现如下：

```
#include "stdio.h"
#include "stdlib.h"
#include "io.h"
#include "math.h"
#include "time.h"
#define MAXSIZE 20                    /* 为存储空间初始分配量 */
#define N 5
typedef int ElemType;                 /* ElemType类型根据实际情况而定,这里假设为int */
typedef struct
{
    ElemType data[MAXSIZE];           /* 将数组作为存储数据的元素 */
    int length;                       /* 线性表的当前长度 */
}SqList;

/* 初始化顺序线性表 */
void Init(SqList *L)
{
    L->length=0;
}

/* 初始条件:顺序线性表L已存在。操作结果:若L为空表,则返回TRUE;否则返回FALSE */
int Empty(SqList L)
{
    if(L.length==0)
        return 1;
    else
        return 0;
}

int Length(SqList L)
{
    return L.length;
}
```

```
/* 初始条件:顺序线性表 L 已存在,1≤i≤ListLength(L) */
/* 操作结果:用 e 返回 L 中第 i 个数据元素的值。注意 i 指位置,第 1 个位置的数组是从 0 开始 */
void GetElem(SqList L,int i,ElemType *e)
{
    if(L.length==0 || i<1 || i>L.length)
    {
        printf("线性表为空或 i 不合法,无法取出元素\n");
        return ;
    }
    *e=L.data[i-1];
}

/* 初始条件:顺序线性表 L 已存在 */
/* 操作结果:返回 L 中第 1 个与 e 满足关系的数据元素的位序 */
/* 若这样的数据元素不存在,则返回值为 0 */
int Locate(SqList L,ElemType e)
{
    int i;
    if (L.length==0)
            return 0;
    for(i=0;i<L.length;i++)
    {
            if (L.data[i]==e)
                    break;
    }
    if(i>=L.length)
            return 0;

    return i;
}
/* 初始条件:顺序线性表 L 已存在。1≤i≤ListLength(L) */
/* 操作结果:在 L 中第 i 个位置之前插入新的数据元素 e。L 的长度加 1 */
void ListInsert(SqList *L,int i,ElemType e)
{
    int k;
    if (L->length==MAXSIZE)                /* 顺序线性表已满 */
    {
        printf("线性表已满,无法插入元素\n");
        return ;
    }
    if (i<1 || i>L->length+1)          /* 当 i 比第一位置小或者比最后一位置还要大时 */
    {
        printf("插入位置 i 不合法\n");
        return ;
    }

    if (i<=L->length)                      /* 若插入数据位置不在表尾 */
    {
        for(k=L->length-1;k>=i-1;k--)
                                      /* 将要插入位置之后的数据元素向后移动一位 */
```

```
            L->data[k+1]=L->data[k];
        }
        L->data[i-1]=e;                              /*将新元素插入*/
        L->length++;

}

/*初始条件:顺序线性表L已存在。1≤i≤ListLength(L)*/
/*操作结果:删除L的第i个数据元素,并用e返回其值。L的长度减1*/
void ListDelete(SqList *L,int i,ElemType *e)
{
    int k;
    if (L->length==0)                                /*线性表为空*/
    {
        printf("线性表为空,无法删除元素\n");
        return ;
    }
    if (i<1 || i>L->length)                          /*删除位置不正确*/
    {
        printf("删除位置i不合法\n");
        return ;
    }

    *e=L->data[i-1];
    if (i<L->length)                                 /*如果删除的不是最后的位置*/
    {
        for(k=i;k<L->length;k++)                     /*将删除位置后继元素前移*/
            L->data[k-1]=L->data[k];
    }
    L->length--;

}

/*初始条件:顺序线性表L已存在*/
/*操作结果:依次对L的每个数据元素输出*/
void Print(SqList L)
{
    int i;
    for(i=0;i<L.length;i++)
            printf("%d ",L.data[i]);
    printf("\n");
}
void main()
{

    SqList L;
    ElemType e;
    int i,j,k;
    Init(&L);
```

```
    printf("初始化 L 后:L.length=%d\n",L.length);
    srand(time(0));
    //循环加入 1~100 之间的随机数
    for(i=1;i<=5;i++)
            ListInsert(&L,i,rand()%100+1);
    printf("添加%d个 1~100 的随机数后:\n",N);
    Print(L);
    printf("L.length=%d \n",L.length);
    GetElem(L,5,&e);
    printf("第 5 个元素的值为:%d\n",e);
    for(j=3;j<=4;j++)
    {
        k=Locate(L,j);
        if(k)
            printf("第%d个元素的值为%d\n",k,j);
        else
            printf("查找值为%d 的元素,但查找失败\n",j);
    }
    k=Length(L);                    /* k 为表长 */
    ListDelete(&L,3,&e);            /* 删除第 3 个数据 */
    printf("删除第 3 个的元素值为:%d\n",e);
    printf("删除后,依次输出 L 的元素:");
    Print(L);
}
```

运行结果如图 2.19 所示。

```
初始化L后：L.length=0
添加5个1-100的随机数后：
53 98 28 97 95
L.length=5
第5个元素的值为：95
查找值为3的元素，但查找失败
查找值为4的元素，但查找失败
删除第3个的元素值为：28
删除后，依次输出L的元素：53 98 97 95
Press any key to continue
```

图 2.19　顺序表中插入及删除操作的结果

实训 2　创建 5 个节点的单链表,随机生成 5 个数并放入单链表中,实现插入和删除操作

实训目的

掌握单链表的插入和删除。

实训环境

(1) 硬件:普通个人计算机。

(2) 软件:Visual Studio 6.0 系列。

C 语言程序实现如下:

```
#include "stdio.h"
#include "string.h"
#include "ctype.h"
#include "stdlib.h"
#include "io.h"
#include "math.h"
#include "time.h"

#define N 5
#define MAXSIZE 20                    /*存储空间的初始分配量*/
typedef int ElemType;                 /*ElemType 类型根据实际情况而定,这里假设为 int*/
typedef struct Node
{
    ElemType data;
    struct Node *next;
}Node;
typedef struct Node *LinkList; /*定义 LinkList*/

/*初始化顺序线性表*/
void Init(LinkList *head)
{
    *head=(LinkList)malloc(sizeof(Node));    /*产生头节点,并使 L 指向此头节点*/
    if(!(*head))                             /*存储分配失败*/
    {
        printf("存储分配失败\n");
        return ;
    }
    (*head)->next=NULL;                      /*指针域为空*/
}

/*初始条件:顺序线性表 L 已存在。操作结果:若 L 为空表,则返回 TRUE;否则返回 FALSE*/
int Empty(LinkList L)
{
    if(L->next)
        return 0;
    else
        return 1;
}
/*初始条件:顺序线性表 L 已存在。操作结果:返回 L 中数据元素的个数*/
int Length(LinkList head)
{
    int i=0;
    LinkList p=head->next;                   /*p 指向第一个节点*/
    while(p)
    {
        i++;
        p=p->next;
    }
    return i;
}
```

```
/*初始条件:顺序线性表 L 已存在。操作结果:将 L 重置为空表*/
void Clear(LinkList *L)
{
    LinkList p,q;
    p=(*L)->next;                  /*p 指向第一个节点*/
    while(p)                       /*没到表尾*/
    {
        q=p->next;
        free(p);
        p=q;
    }
    (*L)->next=NULL;               /*头节点指针域为空*/
    return ;
}
//初始条件:单链表 head 已存在。1≤i≤Length(head)
//操作结果:用 e 返回 head 中第 i 个数据元素的值
void GetElem(LinkList head,int i,ElemType *e)
{
    int j;
    LinkList p;                    /*声明一节点 p*/
    p=head->next;                  /*让 p 指向链表 head 的第一个节点*/
    j=1;                           /*j 为计数器*/
    while (p && j<i)               /*p 不为空或者计数器 j 还没有等于 i 时,循环继续*/
    {
        p=p->next;                 /*让 p 指向下一个节点*/
        j++;
    }
    if (!p || j>i)
        return ;                   /*第 i 个元素不存在*/
    *e=p->data;                    /*取第 i 个元素的数据*/
    return ;
}
//初始条件:单链表 head 已存在,查找值为 x 的节点
//操作结果:若找到则返回指向该节点的指针 p,否则返回 NULL
/*初始条件:顺序线性表 L 已存在*/
/*操作结果:返回 L 中第 1 个与 e 满足关系的数据元素的位序*/
/*若这样的数据元素不存在,则返回值为 0*/
int Locate(LinkList L,ElemType e)
{
    int i=0;
    LinkList p=L->next;
    while(p)
    {
        i++;
        if(p->data==e)             /*找到这样的数据元素*/
                return i;
        p=p->next;
    }
    return 0;
}
```

```
/*初始条件:顺序线性表 head 已存在。1≤i≤ListLength(head) */
/*操作结果:在 head 中第 i 个位置之前插入新的数据元素 x,链表长度加 1 */
void Insert(LinkList *head,int i,ElemType x)
{
    int j;
    LinkList pre,s;
    pre=*head;
    j=0;
    while (pre && j <i-1)                   /*寻找第 i 个节点*/
    {
        pre=pre->next;
        j++;
    }
    if (!pre || j !=i-1)
    {
        printf("第 i 个元素不存在\n");
        return ;                            /*第 i 个元素不存在*/
    }
    s=(LinkList)malloc(sizeof(Node));  /*生成新节点(C 语言标准函数)*/
    s->data=x;
    s->next=pre->next;                      /*将 p 的后继节点赋值给 s 的后继*/
    pre->next=s;                            /*将 s 赋值给 p 的后继*/
    return ;
}
/*初始条件:顺序线性表 head 已存在。1≤i≤ListLength(head) */
/*操作结果:删除 head 的第 i 个数据元素,并用 e 返回其值,head 的长度减 1 */
void Delete(LinkList *head,int i,ElemType *e)
{
    int j;
    LinkList pre,p;
    pre=*head;
    j=0;
    while (pre->next && j <i-1)             /*遍历寻找第 i 个元素*/
    {
        pre=pre->next;
        j++;
    }
    if (!(pre->next) || j !=i-1)
    {
        printf("第%d个元素不存在\n",i);
        return ;                            /*第 i 个元素不存在*/
    }
    p=pre->next;
    pre->next=p->next;                      /*将 p 的后继赋值给 pre 的后继*/
    *e=p->data;                             /*将 p 节点中的数据给 e*/
    free(p);                                /*让系统回收此节点,释放内存*/
}

/*初始条件:顺序线性表 L 已存在*/
```

```
/*操作结果:依次对 L 的每个数据元素输出*/
void Print(LinkList head)
{
    LinkList p=head->next;                          /*p指向第一个节点*/
    while(p)
    {
        printf("%d  ",p->data);                     /*输出单链表中的数据元素*/
        p=p->next;
    }
    printf("\n");
}

/*随机产生 n 个元素的值,建立带表头节点的单链线性表 head(头插法)*/
void CreateHead(LinkList *head, int n)
{
    LinkList s;
    int i;
    srand(time(0));                                 /*初始化随机数种子*/
    *head=(LinkList)malloc(sizeof(Node));
    (*head)->next=NULL;                             /*先建立一个带头节点的单链表*/
    for (i=0; i<n; i++)
    {
        s=(LinkList)malloc(sizeof(Node));           /*生成新节点*/
        s->data=rand()%100+1;                       /*随机生成 100 以内的数字*/
        s->next=(*head)->next;
        (*head)->next=s;                            /*插入到表头*/
    }
}

/*随机产生 n 个元素的值,建立带表头节点的单链线性表 head(尾插法)*/
void CreateTail(LinkList *head, int n)
{
    LinkList s,r;
    int i;
    srand(time(0));                                 /*初始化随机数种子*/
    *head=(LinkList)malloc(sizeof(Node));           /*head 为整个线性表*/
    r=*head;                                        /*r 为指向尾部的节点*/
    for (i=0; i<n; i++)
    {
        s=(Node *)malloc(sizeof(Node));             /*生成新节点*/
        s->data=rand()%100+1;                       /*随机生成 100 以内的数字*/
        r->next=s;                                  /*将表尾终端节点的指针指向新节点*/
        r=s;                                        /*将当前的新节点定义为表尾终端节点*/
    }
    r->next=NULL;                                   /*表示当前链表结束*/
}

void main()
{
    LinkList L;
```

```
    ElemType e;
    int i,k;
    //初始化
    Init(&L);
    printf("初始化 L 后:ListLength(L)=%d\n",Length(L));
    //创建链表
    CreateHead(&L,N);
    printf("整体创建 L 的元素(头插法):");
    Print(L);
    for(i=3;i<=4;i++)
    {
        k=Locate(L,i);
        if(k)
            printf("第%d 个元素的值为%d\n",k,i);
        else
            printf("表中查找不到值为%d 的元素\n",i);
    }
    Clear(&L);
    printf("删除 L 后:ListLength(L)=%d\n",Length(L));
    CreateTail(&L,N);
    printf("整体创建 L 的元素(尾插法):\n");
    Print(L);
    Insert(&L,2,999);
    printf("在 L 的第 2 个位置插入 999 后\n");
    Print(L);
    printf("999 在第%d 个位置\n",Locate(L,999));
    GetElem(L,3,&e);
    printf("找到第 3 个元素为:%d\n",e);
    Delete(&L,5,&e);
    printf("删除第 5 个位置元素为:%d\n",e);
    printf("删除后元素为:");
    Print(L);
}
```

程序的运行结果如图 2.20 所示。

```
初始化L后：ListLength(L)=0
整体创建L的元素(头插法)：28  52  35  85  22
表中查找不到值为3的元素
表中查找不到值为4的元素
删除L后：ListLength(L)=0
整体创建L的元素(尾插法)：
22  85  35  52  28
在L的第2个位置插入999后
22  999  85  35  52  28
999在第2个位置
找到第3个元素为：85
删除第5个位置元素为:52
删除后元素为:22  999  85  35  28
Press any key to continue
```

图 2.20 单链表中插入及删除节点的结果

2.6 小 结

本章介绍了线性表的定义和基本运算，详细阐述了顺序线性表的存储结构及其实现方式，并用 C 语言实现了相关的运算。链表是线性表的另一种存储方式，可以放在地址不连续的存储空间中，而且在需要的时候才动态定义，比较节省内存，本章同样用链表的存储方式实现了节点的插入和删除。最后，在实训环节把所有的代码写成一个完整的程序，加深了对顺序线性表和链表存储的理解。

2.7 习 题

1. 填空题

(1) 线性表是最简单的一种数据结构，它有________和________两种表示方式。

(2) 已知一个顺序线性，设每个节点需占 m 个单元，若第 0 个元素的地址为 addr，则第 i 个节点的地址为________。

(3) 在一个长度为 n 的顺序表中，在 i 个元素($0 \leqslant i \leqslant n-1$)之前插入一个新元素时须向后移动________个元素。

(4) 假设顺序表 a、b、c 的长度均为 n，在顺序表 a 的 i 个元素之前插入一个新元素，则有效的 i 值范围为________；在顺序表 b 的 j 个元素之后插入一个新元素，则有效的 j 值范围为________；要删除顺序表 c 的第 k 个元素，则有效的 k 值范围为________。

2. 选择题

(1) 线性表是一个(　　)。

A. 有限序列，不能为空　　B. 有限序列，可以为空

C. 无限序列，不能为空　　D. 无限序列，可以为空

(2) 线性表的(　　)元素没有直接前驱，(　　)元素没有直接后继。

A. 第一个　　B. 第二个　　C. 最后一个　　D. 所有

(3) 假设线性表中有 n 个元素，如果在第 i 个位置插入一个新的元素，需向后移动(　　)个元素。

A. $n-i$　　B. $n-i+1$　　C. n　　D. i

3. 算法设计题

(1) 随机生成 5 个数并放入顺序表中，实现插入和删除操作。

(2) 创建 5 个节点的单链表，随机生成 5 个数放入单链表中，实现插入和删除操作。

第3章 栈和队列

栈和队列都是特殊形式的线性表，由于它们的应用十分广泛，人们早已把它们单列为新的数据结构。栈和队列在数据的插入和删除等操作上有所不同，把它们放在一起对比学习，有助于学生掌握这两种数据结构的不同特点，从而更好地在实践中加以应用。

本章将介绍栈和队列的基本概念、运算以及常见的实现方法，并通过一个有趣的案例介绍栈和队列的应用。

【技能目标】

- 理解栈和队列的定义，掌握栈和队列的特征和基本运算。
- 会使用栈和队列的顺序存储结构解决问题。
- 能实现栈和队列的各种基本运算。
- 会使用栈和队列的链式存储结构解决问题。
- 能实现链表的各种基本运算。

3.1 栈的定义和基本运算

让我们观察一下餐饮店里盘子的堆放和取用操作，可以发现以下一些特点：盘子一个个地叠放成一摞，可以看成是一个由盘子组成的线性表。每次将洗净的盘子放入盘叠，总是放在最顶部，而每次用盘子时，也总是先取用盘叠最上方的那个盘子。

当我们交考试试卷时，也可以发现这种情况的存在：第一个交卷的同学卷子放在最底下，而最后一个交卷的同学卷子放在最上面。当老师改卷时，总是先从最上面的试卷开始批阅。

从上述两个例子可以看出，在对事物的组织和管理上，采用的是同一机制，即使用一个线性表，且仅在表的一端允许插入和删除，这就是栈的概念。

3.1.1 栈的定义

栈是一种特殊的线性表，它仅允许在表的一端进行运算。在表中，允许插入和删除的一端称为“栈顶”，另一端称为“栈底”，将元素插入栈顶的操作成为“进栈”，称删除栈顶元素的操作为“出栈”，如图 3.1 所示。因为出栈操作时后进栈的元素先出，所以栈也被称为是一种“后进先出”表，简称为 LIFO(Last In First Out)。

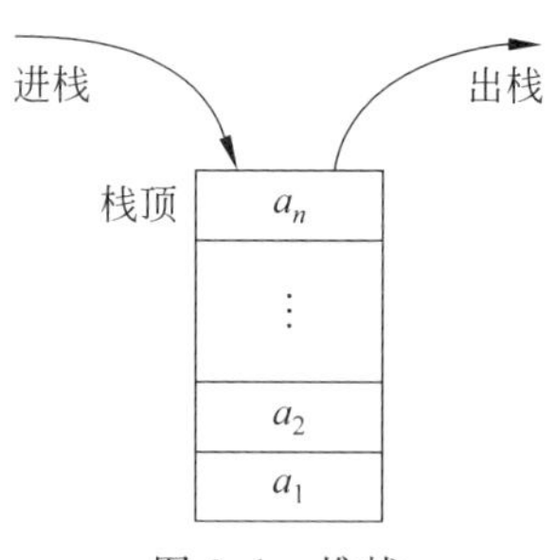

图 3.1 堆栈

3.1.2　栈的基本运算

根据实际应用，通常认为，栈应该包含了以下一些基本运算。

(1) 栈初始化——置栈为空栈。

(2) 判断栈是否为空——若栈为空，则返回 true，否则返回 false。

(3) 求栈的长度——返回栈的元素个数。

(4) 进栈——将一个元素下推进栈。

(5) 出栈——将栈顶元素托出栈。

(6) 读栈顶——返回栈顶元素。

3.2　顺　序　栈

与线性表类似，栈的存储结构也分为顺序存储结构和链式存储结构。顺序存储结构的栈简称为顺序栈，链式存储结构的栈称为链栈。

3.2.1　顺序栈存储的定义

与顺序线性表类似，顺序栈也需要通过一个一维数组存储元素，同时设置栈顶元素的位置下标，即：

顺序栈＝一维数组＋栈顶指示

顺序栈的存储结构如图 3.2 所示。

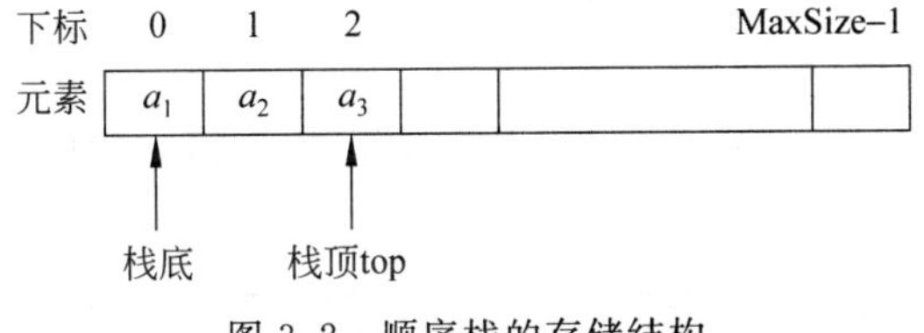

图 3.2　顺序栈的存储结构

具体地说，顺序栈的数据类型描述如下：

```
#define MAX_SIZE100                       /* 设置最大元素个数 */
typedef int Elemtype;
typedef struct
{
    Elemtype stack[MAX_SIZE];             /* 堆栈的元素个数 */
    int top;                              /* 栈顶位置 */
}sqstack;
```

若将顺序栈 st 定义为

```
SeqStack st=new SeqStack();
```

顺序栈 st 中序号为 i 的元素对应数组的下标是 $i-1$，即用 st.elem$[i-1]$表示，st 的栈顶用 st. top 表示。

此外,在栈的上述存储表示下,不难得到以下栈空及栈满条件。

栈空条件:

```
st.top=-1
```

栈满条件:

```
st.top=MaxSize-1
```

3.2.2 顺序栈的基本运算

根据顺序栈的运算定义,可实现顺序栈的以下操作。

1. 栈初始化

栈的初始化实现比较简单,即将栈顶 top 的值设置为－1 即可。算法实现如下:

```
sqstack* StackInit()
{
    sqstack *s=(sqstack*)malloc(sizeof(sqstack));
    if (NULL==s)
        return NULL;
    s->top=-1;
    return s;
}
```

2. 判断栈是否为空

在判断栈是否为空时,只需将栈顶指示 top 值与－1 相比即可,若 top 值为－1,则表示顺序栈中不包含任何元素。算法实现如下:

```
intStackEmpty(sqstack *s)
{
    if(s->top<0)
        return 1;
    return 0;
}
```

3. 求栈的长度

栈的长度即为栈中数组的元素个数,因为 top 值总是指向最后一个元素,考虑到当 top 值为 0 时,已经有一个元素存在,则元素的个数为 top＋1。算法实现如下:

```
int StackLength(sqstack *q)
{
    if (NULL==q)
        return 0;
    return (q->top+1);
}
```

4. 进栈操作

假设顺序栈中包含元素(a_1,a_2,a_3),当将元素 e 入栈时,实际就是要在栈顶位置插入该元素。相关算法如图 3.3 所示,具体描述为:

(1) 栈顶指示 top 朝栈的增长方向前进一步(即 top 值增 1)。

(2) 将元素放入栈中由当前栈顶 top 指向的位置上。

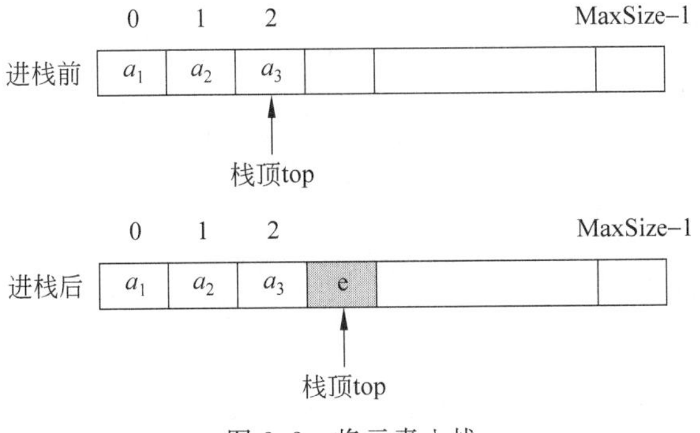

图 3.3　将元素入栈

应该注意的是,在栈的这种静态实现中,进行进栈运算时,必须先进行栈满检查,以避免错误。

```
//插入元素 x 为新的栈顶元素
int Push(sqstack * s, Elemtype x)
{
    if(s->top >= (MAX_SIZE -1))          /* 栈满 */
    {
        printf("溢出\n");
        return 0 ;
    }
    s->top++;                            /* 栈顶指针加 1 */
    s->stack[s->top]=x ;                 /* 将新元素 x 赋值给栈顶空间 */
    return 1 ;
}
```

5. 出栈操作

同样假设顺序栈中包含元素(a_1,a_2,a_3),现将 a_3 元素出栈,只需将栈顶指示 top 后退一步(即 top 值减 1)即可,如图 3.4 所示。同时若需要在出栈的同时返回该出栈元素,还需通

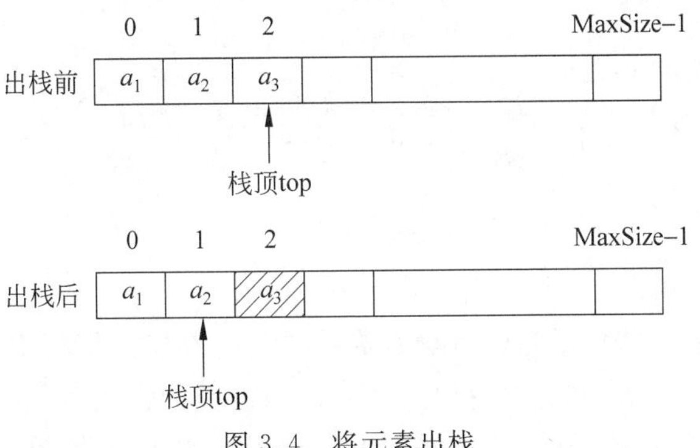

图 3.4　将元素出栈

过一个临时变量获取 a_3 并返回。应该注意的是，出栈前应进行栈空检查。

相关的算法实现如下：

```
//若栈不空,则删除 s 栈顶元素,返回其值,修改栈顶指针
Elemtype Pop(sqstack * s)
{
    Elemtype x ;
    if (s->top <0)                  /* 检查堆栈是否为空 */
        return NULL ;
    x=s->stack[s->top];             /* 将要删除的栈顶元素返回 */
    s->top--;                       /* 栈顶指针减 1 */
    return x;
}
```

6. 获取栈顶元素

根据栈顶指示 top，可以直接获取最后入栈的元素。应该注意的是，在进行读取之前，也要进行栈空检查。

相关的算法实现如下：

```
Elemtype GetTop(sqstack * s)
{
    if(s->top<0)return NULL ;
        return (s->stack[s->top]);
}
```

要测试上述这些方法，可以使用如下语句。

```
int _tmain(int argc, _TCHAR* argv[])
{
    sqstack* myStack=StackInit();
    if (NULL==myStack)
        return -1;
    printf("IsEmpty: %d, Length: %d\n", StackEmpty(myStack), StackLength(myStack));
    Push(myStack, 100);
    Push(myStack, 200);
    Push(myStack, 300);
    printf("IsEmpty: %d, Length: %d\n", StackEmpty(myStack), StackLength(myStack));
    int val=Pop(myStack);
    printf("IsEmpty: %d, Length: %d\n", StackEmpty(myStack), StackLength(myStack));
    return 0;
}
```

程序运行的结果如图 3.5 所示。

大家可能注意到，这些栈的运算都极其简单，因此，在实际编程中，有时并不将这些操作设计为方法，而是直接以语句的方式操作。不过，当涉及的栈较多，或栈的元素较为复杂，或要在多个地方进行栈的操作，还是应该采用方法调用的方式，这既符合结构化程序设计的要

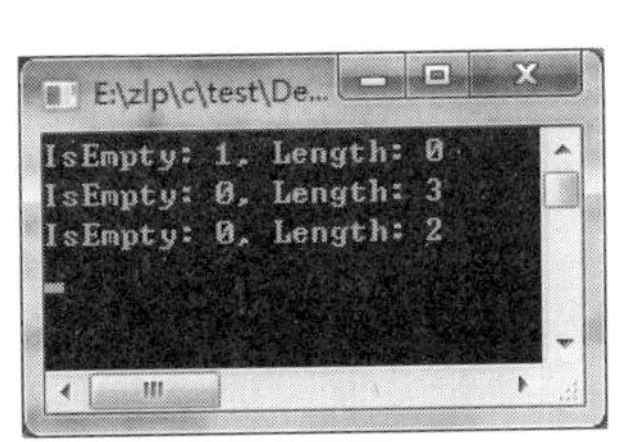

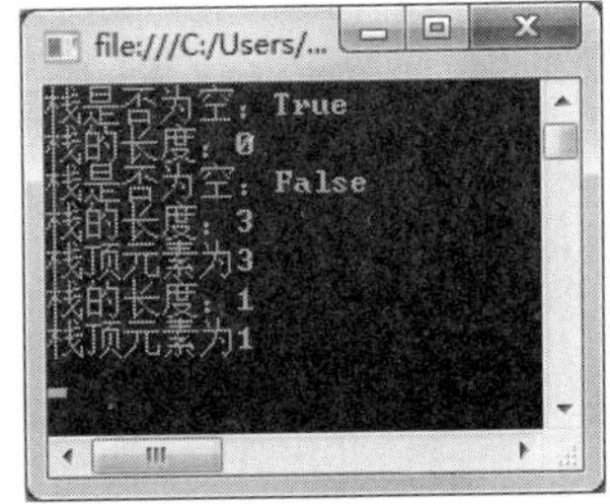

图 3.5　程序运行的结果

求，也利于阅读。

3.3　链　　栈

前面已经讨论了栈的顺序存储实现。通常，在顺序存储实现下，每个栈都需要按最大需求留足存储空间，这必将造成存储空间的大量浪费。解决此问题的方法之一就是采取栈的链式存储实现。

3.3.1　链栈的定义

栈的链式存储表示也称为链栈，它实际上是一个单链表，并以其链头指针作为栈顶指针。图 3.6 给出了链栈的结构示意图。因此，进出栈的运算都只能在链头进行。即：

链栈＝单链表＋栈顶指针

s　a_n　栈顶
a_{n-1}
a_1　∧　栈底

图 3.6　链栈结构示意图

C 语言表示的链式存储结构定义如下：

```
#define MAX_SIZE100                    /* 设置最大元素个数 */
typedef int Elemtype;
typedef struct snode
{
    ElementType data;
    struct snode *next;
}StackNode;
typedef StackNode *LinkStack;       /* LinkStack 为指向 StackNode 的指针类型 */
```

此外，在链栈的上述存储表示下，不难得到以下栈空条件。

```
s->next=null;
```

3.3.2　链栈的基本运算

根据链栈的运算定义，可实现链栈的以下操作。

1. 栈初始化

栈的初始化实现比较简单，算法实现如下：

```
LinkStack StackInit()
{
    LinkStacks=(LinkStack)malloc(sizeof(StackNode));
    s->next=0;
    return (s);
}/* StackInit */
```

2. 判断栈是否为空

判断栈是否为空,只需将栈顶指针 s－>next 值与空值 null 相比相等则为空栈即可,算法实现如下:

```
int StackEmpty(LinkStack s)
{
    return(s->next==NULL);
}/* StackEmpty */
```

3. 求栈的长度

算法实现如下:

```
int StackLength(LinkStack s)
{
    LinkStack p=s->next;
    int length=0;
    while (p)
    {  length++; p=p->next; }
    return(length);
}/* StackLength */
```

4. 进栈操作

假设元素 e 要进栈 s,相关的操作可按以下步骤进行。

(1) 形成元素 e 对应的节点 p。

(2) 原栈顶节点链到 p 节点上。

(3) 栈顶指针指向 p 节点。

进栈过程如图 3.7 所示。

```
//插入元素 e 为新的栈顶元素
void Push(LinkStack s, int e)
{
    LinkStack p=(StackNode *)malloc(sizeof(StackNode));
    p->data=e;
    p->next=s->next;     //如图 3.7 中的②把当前的栈顶元素赋值给新节点的直接后继
    s->next=p;           //如图 3.7 中的③将新的节点 p 赋值给栈顶指针
} /* Push */
```

5. 出栈操作

出栈操作只需知道栈顶指针 s,可按照以下步骤进行。

栈顶节点地址送入某指针变量 p 中。

栈顶指针沿链指向下一节点。

释放 p 所指节点占用的存储空间。

出栈过程如图 3.8 所示。

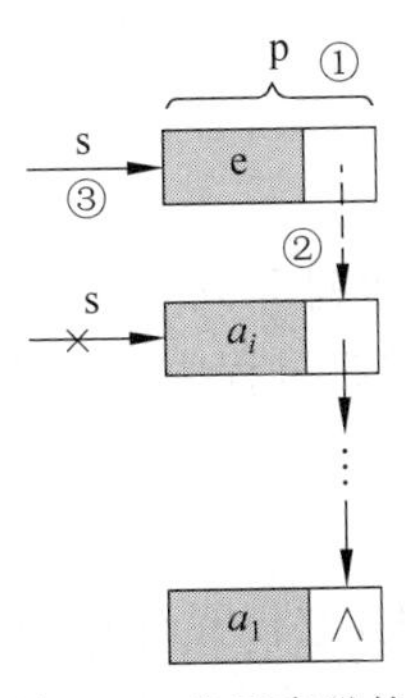

图 3.7　将元素进栈

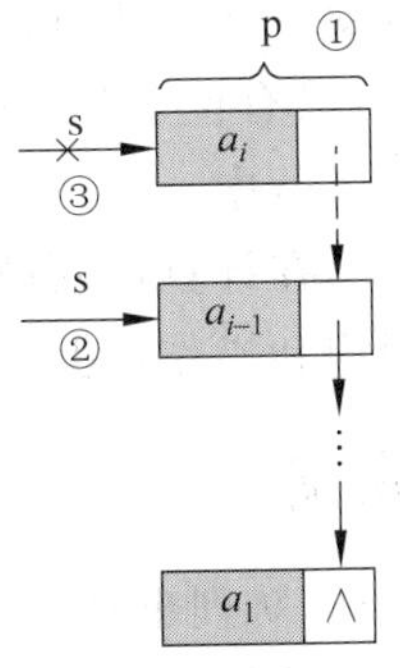

图 3.8　将元素出栈

相关的算法实现如下：

```
//若栈不空,则删除栈顶元素,用 e 返回值
int Pop(LinkStack s)
{
    if (StackEmpty(s))              /* 栈空 */
        return(nil);                /* 返回空值 */
    else{
        LinkStack  p=s->next;       /* 如图 3.8 中的①将栈顶节点赋值给 p */
        int e=0;
        s->next=p->next;            /* 如图 3.8 中的②使得栈顶指针下移 1 位,指向后一节点 */
        e=p->data;
        free(p);                    /* 释放节点 p */
        return(e);
    }
} /* Pop */
```

6. 获取栈顶元素

根据栈顶指针 s，可以直接获取最后入栈的元素。应该注意的是，在进行读取之前，也要进行栈空检查。

相关的算法实现如下：

```
int GetTop(LinkStack s)
{
    if (StackEmpty(s))
        return(nil);
    return(s->next->data);
}/* GetTop */
```

3.4 队列的定义和基本运算

午饭时，到食堂观察一下排队打饭的场面，可以发现以下一些特点：打饭者整齐地排成一队，组成一个线性表；只有位于队首的同学才能开始打饭，且打完饭即出队；队外的任何人欲打饭，必须从队尾加入队中。

不光在日常生活中，在计算机领域，也常常听到“消息队列”“打印队列”等术语。实践证明，以队列的方式来组织和操作数据，在许多问题的求解过程中是非常有效的。

3.4.1 队列的定义

严格地说，与栈一样，队列也是一种特殊的线性表，它仅允许在表的一端(即队首)进行出队(即删除)运算，在表的另一端(即队尾)进行入队(即插入)操作，如图3.9所示。因为出队时先入队的元素先出，所以队列又被称为是一种“先进先出”表，简称为FIFO(First In First Out)。

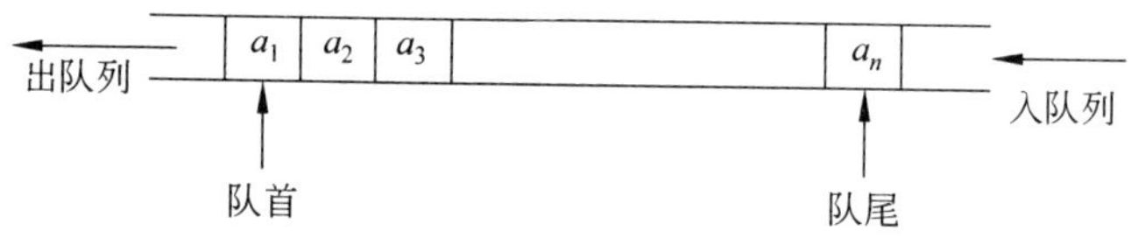

图3.9 队列示意图

3.4.2 队列的基本运算

根据实际应用，通常认为，队列应该包含了以下一些基本运算。

(1) 队列初始化——置队列为空队。

(2) 判断队列是否为空——若队列为空，则返回true；否则返回false。

(3) 求队列的长度——返回队列的元素个数。

(4) 读队首——返回队首元素之值。

(5) 入队——将一个元素插入队尾。

(6) 出队——将队首元素从队列中删除。

3.5 顺序队列

与顺序栈类似，队列的顺序存储结构简称为顺序队列。

3.5.1 顺序队列的存储结构

顺序队列是由一个一维数组和用于指示队首位置与队尾位置的两个变量组成，即：

$$顺序队列=一维数组+队首指示+队尾指示$$

具体地说，顺序队列的数据类型描述如下：

```
#define MAX_SIZE 20
typedef struct
{
    int queue[MAX_SIZE];
    int front ;         /* 队首指示 */
    int rear ;          /* 队尾指示 */
}SeqList;
```

若将顺序队列 sl 定义为：

```
SeqList sl=new SeqList();
```

则顺序队列 sl 中序号为 i 的元素对应数组的下标是 $i-1$，即用 sl. elem[$i-1$]表示，sl 的队首变量用 sl. front 表示，sl 的队尾变量用 sl. rear 表示。为了表示方便，通常约定 rear 指向队尾元素在一维数组中的当前位置，front 指向队首元素在一维数组中当前位置的前一个位置。

图 3.10 所示是一个 MaxSize 为 5 的队列的动态变化图。图中(a)表示初始的空队列；(b)表示入队 1 个元素后队列的状态；(c)表示入队 4 个元素后队列的状态；(d)表示队首元素出队 1 次后队列的状态；(e)是队首元素出队 4 次后队列的状态。

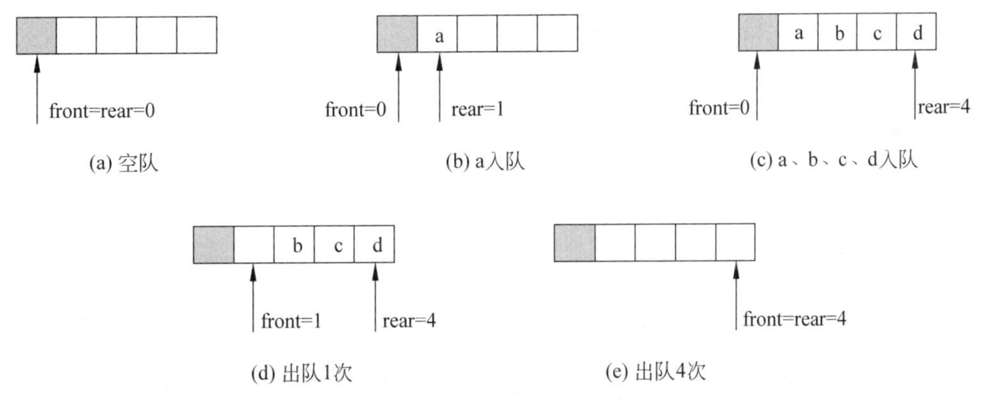

图 3.10 顺序队列的操作

从图中不难看出，队列为空的条件为 front==rear 成立，那么队满条件是不是为 rear==MaxSize-1 呢？显然不是。图中(d)也满足这个条件，但却是个空队列。因为无论添加还是删除元素，队首变量和队尾变量始终是向着队列的尾端移动的，这就会使顺序队列产生溢出问题。

(1) 当队列已满再进行入队操作时，就会产生“上溢出”。

(2) 当队列为空再进行出队操作时，就会产生“下溢出”。

此外，对图中(c)或(d)进行入队操作时，明明队列还能存放元素，但由于 rear 值已经指示到最大值，因此出现插入异常，这种溢出称为“假溢出”。

为了解决这个问题，充分地利用数组空间，可以将数组的首尾相接，形成一个环状结构，称这种改进的顺序队列为循环队列(Circular Queue)，如图 3.11 所示。

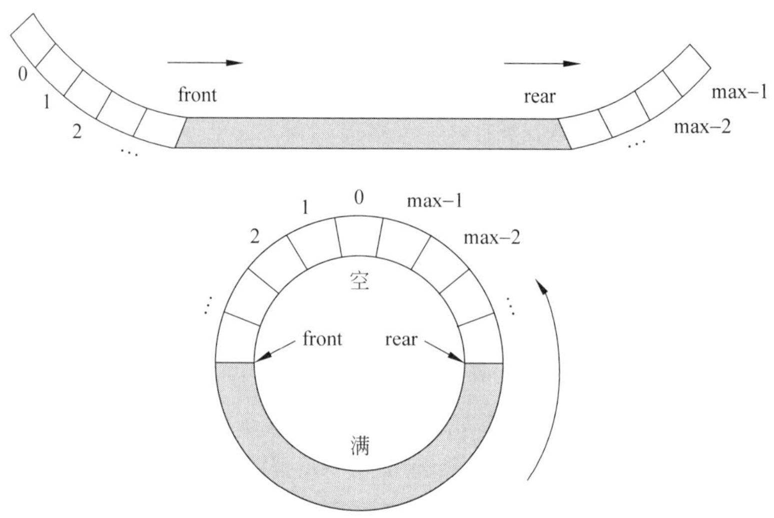

图 3.11　循环队列的逻辑结构

图 3.11 中,将顺序队列的首尾相连,形成一个环。当队尾指示 rear 值为 MaxSize－1 时,若仍然对该队列进行入队操作,则 rear 直接跳到 0。这种变化规律可以用求模运算来实现。

入队操作时,rear 指向下一个位置。

```
rear=(rear+1)%MaxSize
```

出队操作时,front 指向下一个位置。

```
front=(front+1)%MaxSize
```

其实,上述算式也可以用下面的伪代码来解释。

```
if (f+1)<MaxSize                //f 表示 front
    f=f+1;
else
    f=0;
```

从图 3.11 中可知,初始化时,front 和 rear 的值均为 0。那么队列为空和为满的条件各是什么呢？不难发现,队空的条件是 front＝＝rear,而队满的判断就比较复杂：若入队的速度快于出队的速度,则 rear 的值增加得比 front 快,这样 rear 就有可能赶上 front 的值,此时 front 和 rear 也相等,这样就无法区分队空还是队满。为了解决这个问题,我们常采用这样的办法,空出一个存储空间,让 front 指向队首元素的前一个位置(即 front 指向的位置不存放元素)。

进行如此约定后,就有如下规则。

初始化时：

```
front=rear=0
```

循环队列为空的条件：

```
front==rear
```

循环队列为满的条件：

```
front==(rear+1)%MaxSize
```

对于该队满条件，也可以用如下伪代码解释：

```
if(rear+1)<MaxSize
    判断 front 是否等于 rear+1,是则队满
else
    判断 front 是否等于 0,是则队满
```

对于循环队列的入队和出队操作，可以用图 3.12 表示。

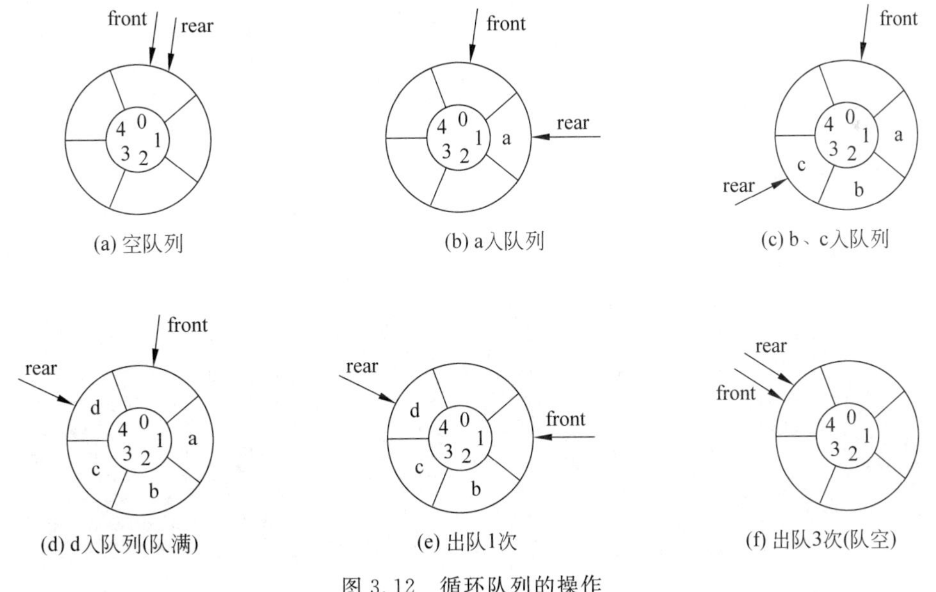

图 3.12　循环队列的操作

以下所讲的顺序队列，本书均采用循环队列的模式进行存储，从本质上说，循环队列也是顺序队列的一个实现途径。

3.5.2　顺序队列的基本运算

将前面定义的 SeqList 类名稍作修改，可得到循环队列 CirQueue 的定义如下：

```
typedef struct
{
    int queue[MAX_SIZE];
    int front ;          //队头指针
    int rear ;           //队尾指针
    int s ;
}CirQueue;
```

根据循环顺序队列的运算定义，可实现以下操作。

（1）队列初始化

队列的初始化实现起来比较简单，即将队首指示 front 和队尾指示 rear 的值设置为 0 即可。算法实现如下：

```
CirQueue * InitQueue()
{
    CirQueue * q= (CirQueue * )malloc(sizeof(CirQueue));
    if(q==NULL)
        return NULL ;
    q->front=0;
    q->rear=0;
    q->s=0 ;
    return q ;
}
```

（2）判断队列是否为空

在判断队列是否为空时，只需比较队首指示 front 和队尾指示 rear 是否相等即可，若相等，则表示队列中不包含任何元素。算法实现如下：

```
int QueueEmpty(CirQueue * q)
{
    if(q->rear==q->front)
        return 1 ;
    else
        return 0 ;
}
```

（3）求队列的长度

队列的长度即为队列中数组元素的个数。长度的计算按两种情形：rear 值大于 front 值和 rear 值小于 front 值。如图 3.13 所示，左边的图即为第一种情形，右边的图即为第二种情形。对于第一种情形，队列的长度 length＝rear－front；而对于第二种情形，队列的长度 length＝rear＋MaxSize－front。

算法实现如下：

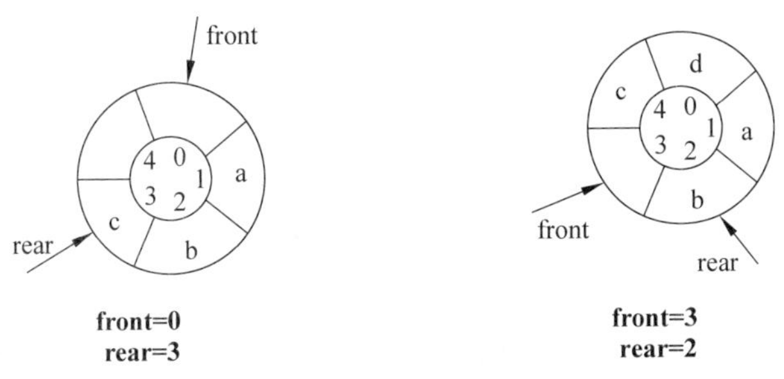

图 3.13 对队列长度的判断

```
int QueueLength(CirQueue * q)
{
    int len=(q->rear -q->front+MAX_SIZE)%MAX_SIZE;
    return len;
}
```

(4) 读队首元素

根据队首指示 front,可以获取对应的元素。这里分成三类情况,如图 3.14 所示。图 3.14(a)表示进行队空判断,若队空则返回空;图 3.14(b)表示,若 front+1 小于 MaxSize,则直接返回 front+1 对应的元素,否则,返回 0 对应的元素(求模运算)。

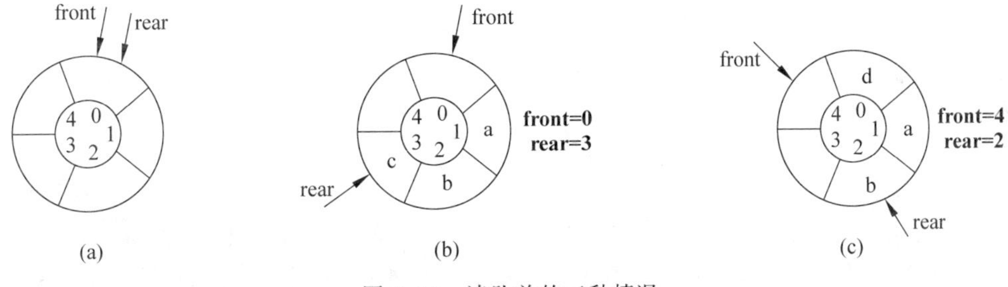

图 3.14 读队首的三种情况

相关的算法实现如下:

```
int GetHead(CirQueue * q)
{
    if(q->front==q->rear)
    return NULL;
    else
    {
        int val=q->queue[(q->front)%MAX_SIZE];
        return val;
    }
}
```

（5）入队操作

入队过程包含以下步骤。

① 队尾指示 rear 增值 1。

② 将元素放入队列中由 rear 所指向的位置上。

应该注意的是，进行入队运算时，必须先进行队满检查，以避免错误，同时也应该考虑到当 rear 值达到 MaxSize-1 时，继续增加将使 rear 变为 0，故用到前面所讲的求模运算。相关代码如下：

```
int AddQueue(CirQueue * q, int x)
{
    if((q->rear +1) %MAX_SIZE==q->front)     /* 检查队列是否为满 */
        return 0;
    q->queue[q->rear]=x ;                    /* 将元素 x 赋值给队尾 */
    q->rear=(q->rear+1) %MAX_SIZE;           /* rear 指针后移 1 个位置 */
                                   /* 如 rear 指针已到最后,则循环到数组头部 */
    return 1;
}
```

（6）出队操作

将元素出队就是删除队首指示所对应的元素，其步骤如下：

① 获取队首指示的元素。

② 将队首指示 front 增值 1。

此外也应注意对队列是否为空进行判断，相关的算法实现如下：

```
int DeleteQueue(CirQueue * q, int *x)
{
    if(q->front==q->rear)                    /* 队列为空的判断 */
        return 0 ;
    *x=q->queue[q->front];                   /* 将队头元素赋值给 x */
    q->front=(q->front+1) %MAX_SIZE;         /* front 指针后移一个位置 */
                                  /* 如 front 指针已到最后,则循环到数组头部 */
    return1 ;
}
```

要测试上述这些方法，可以使用如下语句，相关的运行结果如图 3.15 所示。

```
int _tmain(int argc, _TCHAR* argv[])
{
    CirQueue *cq=InitQueue();
    if (NULL==cq)
        return -1;
    printf("Is Empty: %d, Len: %d\n", QueueEmpty(cq), QueueLength(cq));
    AddQueue(cq, 100);
    AddQueue(cq, 200);
    AddQueue(cq, 300);
    printf("Is Empty: %d, Len: %d\n", QueueEmpty(cq), QueueLength(cq));
```

```
    int val=0;
    DeleteQueue(cq, &val);
    printf("Is Empty: %d, Len: %d\n", QueueEmpty(cq), QueueLength(cq));
    return 0;
}
```

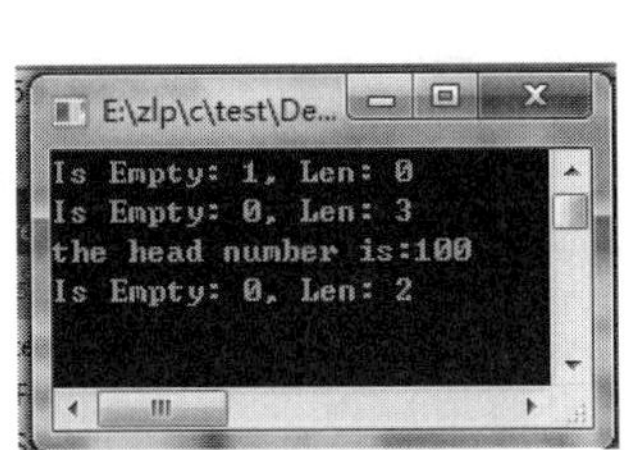

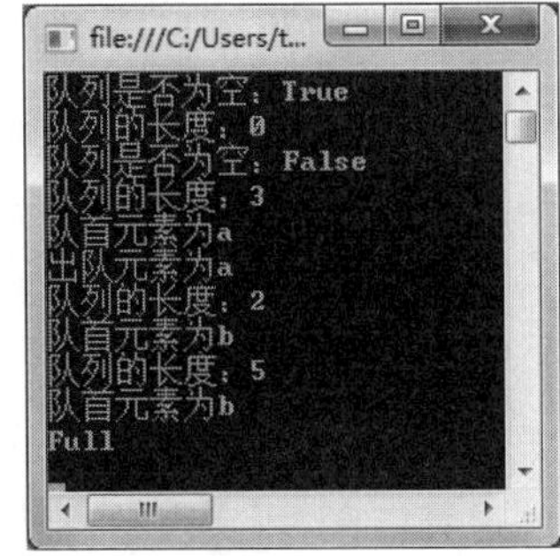

图 3.15　程序运行的结果

3.6　链式队列

由于顺序队列的实现需要按最大需求留足存储空间，这将导致存储空间使用的低效率。解决此问题的方法之一是采用队列的链式存储实现。

3.6.1　链式队列的存储结构

队列的链式存储结构也称为链式队列，它实际上就是一个既带链头指针(队首指针)，又带链尾指针(队尾指针)的单链表，使插入运算(进队)在队尾进行，删除运算(出队)在队首进行，即：

链式队列＝单链表＋队首指针＋队尾指针

具体地说，链式队列的数据类型描述如下：

```
typedef struct Qnode
{  ElementType data;            //节点数据域
   struct Qnode * next;         //节点指针域
}QueueNode;

typedef struct
{  QueueNode * front, * rear;  //队首和队尾指针
}LinkQueue;
```

图 3.16 形象地显示了链式队列的存储结构。

出于对操作上方便性的考虑，在第一个节点之前附加一个“头节点”，令该节点中指针域的指针指向第一个节点，并令队首指针 front 指向头节点，队尾指针 rear 指向尾节点。

空队列时，front 和 rear 都指向头节点，如图 3.17 所示。

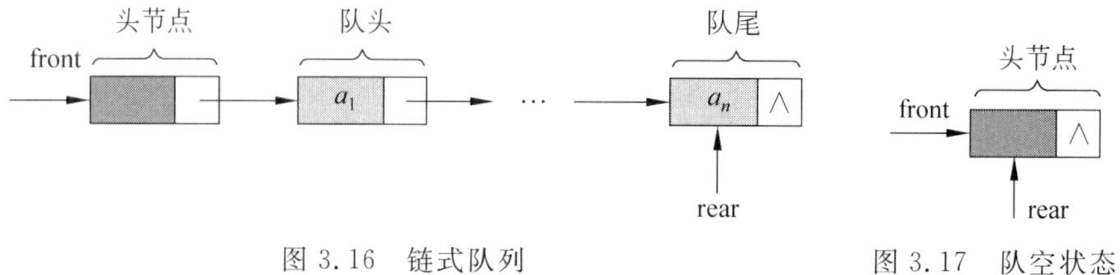

图 3.16　链式队列　　　图 3.17　队空状态

在链式队列的上述存储表示下，不难得到以下队空条件。

```
font==rear;
```

3.6.2 链式队列的基本运算

根据链式队列的运算定义，可实现链式队列的以下操作。

1. 队列初始化

队列的初始化实现比较简单，算法实现如下：

```
LinkQueue InitQueue()
{
    QueueNode *p;
    LinkQueue q;
    p=(QueueNode *)malloc(sizeof(QueueNode));
    p->next=NULL;
    q.front=q.rear=p;
    return (q);
}
```

2. 判断队列是否为空

在判断队列是否为空时，只需将 font 和 rear 相比即可，算法实现如下：

```
int QueueEmpty(LinkQueue q)
{
    return (q.front==q.rear);
}
```

3. 获取队首元素

根据队首指针 front，可以直接获取。应该注意的是，在进行读取之前，也要进行队空检查。相关的算法实现如下：

```
ElementType GetHead(LinkQueue q)
{
    if(QueueEmpty(q))
        return (nil);
    return (q.front->next ->data);
}
```

4. 入队操作

假设元素 e 要入队，相关的操作可按以下步骤进行。

(1) 形成元素 e 对应的节点 p。

(2) 将 p 节点链到队尾节点上。

(3) 队尾指针 rear 改而指向 p 节点。

进栈过程如图 3.18 所示。

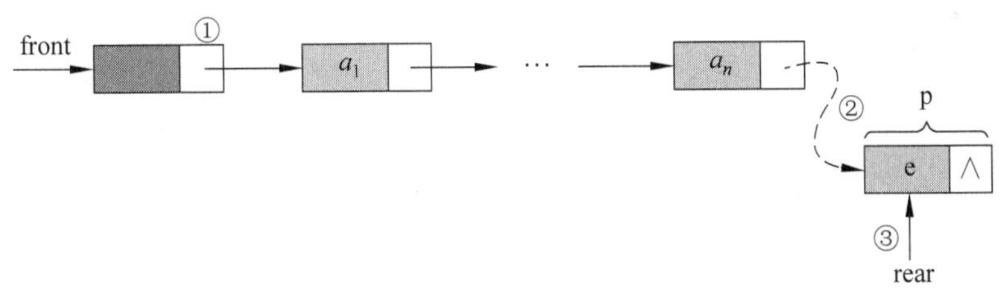

图 3.18　将元素进栈

```
//插入元素 e 为 q 的新的队尾元素
void AddQueue(LinkQueue *q,ElementType e)
{
    QueueNode *p;
    p=(QueueNode *)malloc(sizeof(QueueNode));
    if(!p)
        {printf("存储分配失败!\n");return;}
    p->data=e;
    p->next=NULL;
    q->rear->next=p; //把拥有元素 e 的新节点 p 赋值给原队尾节点的后继,如图 3.18 中②
                       所示
    q->rear=p;         //把当前的 p 设置为队尾节点,rear 指向 p,如图 3.18 中③所示
}
```

5. 出队操作

出队操作可按照以下步骤进行。

(1) 将队首节点地址送入指针变量 p 中。

(2) 队首指针 front 沿链指向下一节点。

(3) 释放 p 所指节点占用的存储空间。

应该注意的是，出队时应作队空检查。出队过程如图 3.19 所示。

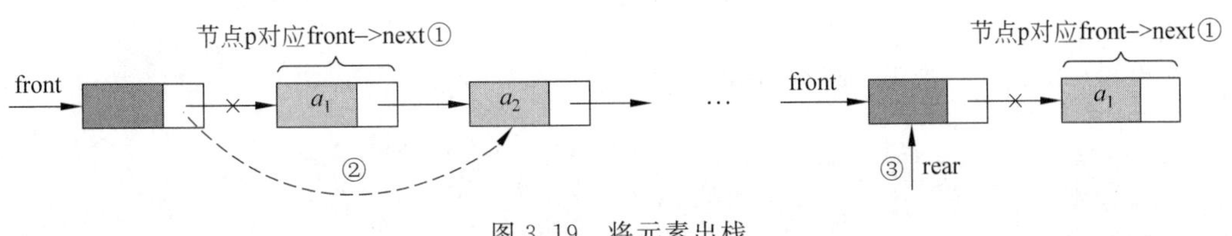

图 3.19　将元素出栈

相关的算法实现如下：

```
//若队列不空,删除 q 的队头元素,用 e 返回其值
ElementType DeleteQueue(LinkQueue * q)
{
    if(QueueEmpty(* q))
        return (-1);
    else
    {
        ElementType e;
        QueueNode *p;
        p=q->front->next;     //将欲删除的队头节点暂存给 p,如图 3.19 中①所示
        q->front->next=p->next ; //图 3.19 中②表示将原队头节点后继赋值给头节点
                                   后继
        e=p->data ;           //将欲删除的队头节点的值赋值给 e
        if(p==q->rear)
            q->rear=q->front ;
        free(p);
        return(e);
    }
}
```

3.7 实　　训

实训 1　顺序共享栈的简单实现

实训目的

假设有两个顺序栈共享一个一维数组空间[0,MaxSize－1],其中一个栈用数组的第 0 单元(元素)作为栈底,另一栈用数组的第“MaxSize－1”号单元(元素)作为栈底(即两个堆栈从两端向中间延伸),如图 3.20 所示。

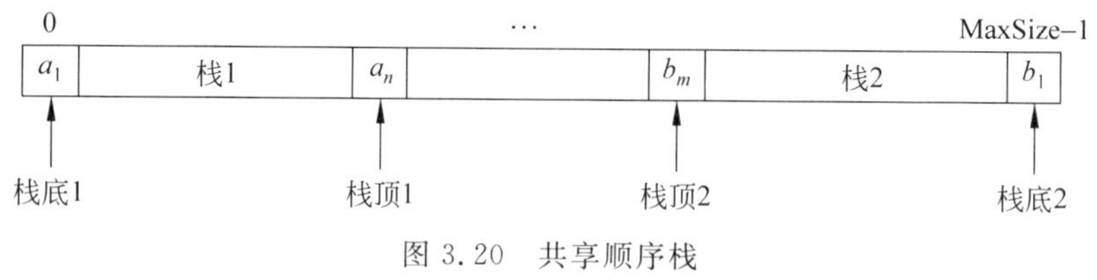

图 3.20　共享顺序栈

其对应的类型描述如下:

```
#define MaxSize 堆栈可能达到的最大长度
typedef struct
{    ElementType elem[MaxSize];
     int top1, top2;          /* 栈顶位置 */
} ShareStack;
```

请上机实现这个共享顺序栈的进栈和出栈操作。

实训环境

(1) 硬件：普通个人计算机。

(2) 软件：Visual Studio 6.0 系列/Eclipse/Visual Studio 2005 系列。

C 语言程序实现如下：

```
#include <stdio.h>
#include <stdlib.h>
#define MaxSize 100                                    //堆栈可能达到的最大长度
#define nil -1                                         //栈空时返回的值

typedef int ElementType;
typedef struct
{
    ElementType elem[MaxSize];                         //栈内元素
    int top1;                                          //左起栈顶位置
    int top2;                                          //右起栈顶位置
} ShareStack;

void printStack(ShareStack s)
{
    int i,j;
    for(i=0;i<=s.top1 ;i++)
    {
        printf("%d ",s.elem[i]);
    }
    for(j=MaxSize-1;j>=s.top2  ;j--)
    {
        printf("%d ",s.elem[j]);
    }
    printf("\n");
}

void Push(ShareStack * s, ElementType e, int i)  /* 将元素 e 压入栈 i(i=1,2) */
{
    if (s->top1+1==s->top2)
        printf("Full");
    else
        { if (i==1)
            {   s->top1++;
                s->elem[s->top1]=e ;
            }
            else
            {   s->top2--;
                s->elem[s->top2]=e ;
            }
        }
}
```

```
ElementType Pop(ShareStack *s, int i)              /*栈 i(i=1,2)出栈*/
{
    ElementType e;
    if (i==1)
        if (s->top1==-1)                           /*栈1空*/
            return(nil);
        else
            {    e=s->elem[s->top1];    s->top1--;    return(e);
            }
    if (i==2)
        if (s->top2==MaxSize)                      /*栈2空*/
            return(nil);
        else
            { e=s->elem[s->top2]; s->top2++; return(e); }
}

void main()
{
    ShareStack s;                                  //创建并初始化共享栈
    s.top1=-1;
    s.top2=MaxSize;
    //以下函数中,第三个参数1表示左边入栈,2表示右边入栈
    Push(&s,5,1);
    Push(&s,6,1);
    Push(&s,3,2);
    Push(&s,4,2);
    printStack(s);
    //以下函数中,第三个参数1表示左边入栈,2表示右边入栈
    Pop(&s,1);
    Pop(&s,2);
    printStack(s);
}
```

程序的运行结果如图3.21所示。

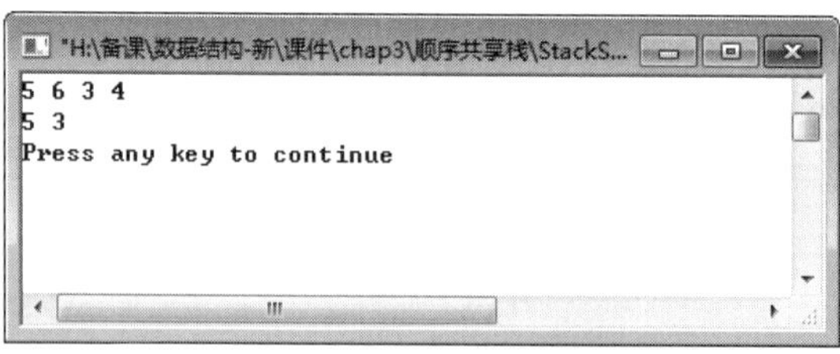

图3.21　实训1的运行结果

实训2　链式队列分队的简单实现

实训目的

链式队列q中存放有一批整数,写一算法,试将该队列中的正整数、零及负整数分别存

放在两条不同的链队列 q1、q2 中，并且 q1、q2 中的值要求保持原来的相对顺序。

实训环境

(1) 硬件：普通个人计算机。

(2) 软件：Visual Studio 6.0 系列/Eclipse/Visual Studio 2005 系列。

C 语言程序实现如下：

```
#include <stdio.h>
#include <stdlib.h>

#define nil -1
typedef int ElementType;

typedef struct Qnode
{  ElementType  data;                //节点数据域
   struct Qnode *next;               //节点指针域
}QueueNode;

typedef  struct
{  QueueNode *front,*rear;           //队首和队尾指针
}LinkQueue;

LinkQueue InitQueue()
{
    QueueNode *p;
    LinkQueue q;
    p=(QueueNode *)malloc(sizeof(QueueNode));
    p->next=NULL;
    q.front=q.rear=p;
    return (q);
}

void AddQueue(LinkQueue *q,ElementType e)
{
    QueueNode *p;
    p=(QueueNode *)malloc(sizeof(QueueNode));
    p->data=e;
    p->next=NULL;
    q->rear->next=p;
    q->rear=p;
}

void PrintAll(LinkQueue q)
{
    QueueNode *p;
    p=q.front->next;
```

```
    while(p!=NULL)
    {
        printf("%d\t",p->data);
        p=p->next;
    }
    printf("\n");
}

void Splitting(LinkQueue q,LinkQueue * q1,LinkQueue * q2)
{
    /* 将存放整数的链队列 q 拆分为两条队列 q1(存放正整数)与 q2(零及负整数),
       且 q1、q2 中的值要保持原来的相对顺序 */
    ElementType x;
    while(!QueueEmpty(q))
    {
        x=DeleteQueue(&q);
        if (x>0)
            AddQueue(q1, x);
        else
            AddQueue(q2, x);
    }
} /* Splitting */

void main()
{
    LinkQueue q=InitQueue();
    LinkQueue q1=InitQueue();
    LinkQueue q2=InitQueue();

    AddQueue(&q,1);
    AddQueue(&q,-1);
    AddQueue(&q,2);
    AddQueue(&q,3);
    AddQueue(&q,-2);
    AddQueue(&q,5);
    AddQueue(&q,-6);
    AddQueue(&q,-7);
    AddQueue(&q,6);
    printf("原始队列为:\n");
    PrintAll(q);

    Splitting(q,&q1,&q2);

    printf("拆分后队列分别为:\n");
    PrintAll(q1);
    PrintAll(q2);
}
```

程序的运行结果如图 3.22 所示。

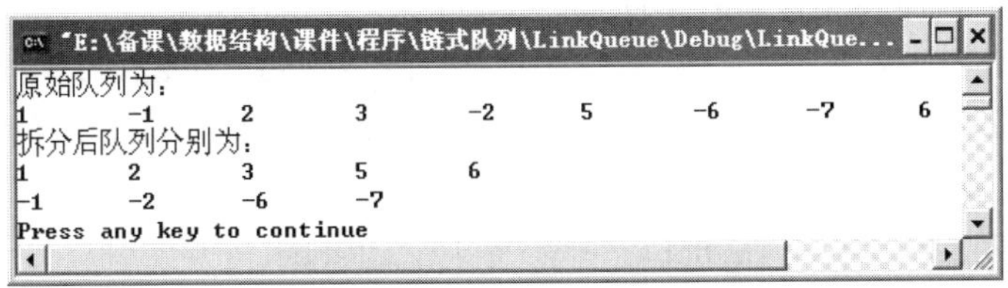

图 3.22　实训 2 的运行结果

3.8 小　　结

本章首先简要介绍了栈的定义,然后分别介绍了顺序栈和链栈的存储结构和运算。接着介绍了队列的定义,并介绍了顺序队列、循环队列和链式队列的存储结构和相应的运算。最后,本章给出了相关的应用案例,加深了学生对栈和队列概念的理解。

3.9 习　　题

1. 填空题

(1) 设有一个空栈,现有输入序列为"1,2,3,4,5",经过操作序列 push、pop、push、pop、push、push、pop 后,现在已出栈的序列为________。

(2) 设有栈 s,若线性表元素入栈顺序为"1,2,3,4",得到的出栈序列为"1,3,4,2",则用栈的基本运算 push、pop 描述的操作序列为________。

(3) 在顺序栈中,当栈顶指示 top=-1 时,表示________;当 top=MaxSize-1 时,表示________。

(4) 在顺序栈中,出栈操作要执行的语句序列中有 s.top ________;进栈操作时要执行的语句序列中有 s.top ________。

(5) 在队列中,入队操作在________端进行,出队操作在________端进行。

(6) 在一个循环队列 q 中,判断队空的条件为________,判断队满的条件为________。

(7) 设队列空间 n=40,队尾指示 rear=6,队头指示 front=25,则此循环队列中当前元素的数目是________。

2. 选择题

(1) 元素 a、b、c、d 依次进栈后,则栈顶元素为(　　)。

A. a　　B. b　　C. c　　D. d

(2) 一个栈的进栈序列为 abcd,则栈的输出序列不可能为(　　)。

A. dcba　　B. abcd　　C. cabd　　D. cbad

(3) 判断一个顺序栈 s 为空的条件是(　　)。

A. s.top=-1　　B. s.top=MaxSize-1

C. s.top!=-1　　D. s.top!=MaxSize

(4) 判断一个顺序栈s为满的条件是(　　)。

A. s.top=-1　　B. s.top=MaxSize-1

C. s.top!=-1　　D. s.top!=MaxSize

(5) 一个队列的入队顺序为abcd,则出队顺序为(　　)。

A. abcd　　B. dcba　　C. abdc　　D. dbac

(6) 经过下列队列操作后,队头元素是(　　),队尾元素是(　　)。

AddQueue(a); AddQueue(b); DeleteQueue(); AddQueue(c); DeleteQueue(); AddQueue(d);

A. a　　B. b　　C. c　　D. d

(7) 假设循环队列q的队首指示为front,队尾指示为rear,则判断队空的条件为(　　)。

A. q.front+1==q.rear　　B. q.rear+1==q.front

C. q.front==q.rear　　D. q.front==0

(8) 假设循环队列q的队首指示为front,队尾指示为rear,则判断队满的条件为(　　)。

A. (q.rear+1)%MaxSize==q.front+1

B. (q.rear)%MaxSize==q.front

C. (q.rear+1)%MaxSize==q.front

D. q.rear==q.front

3. 算法设计题

(1) 请利用两个栈s1和s2来模拟一个队列。已知栈的3个运算定义如下:

① push(st,x)元素入st栈。

② pop(st,x)栈顶元素出栈并赋值给变量x。

③ empty(st)判断栈st是否为空。

(2) 使用队列求解约瑟夫环问题。约瑟夫环是一个数学的应用问题:已知n个人(以编号"1,2,3,…,n"分别表示)围坐在一张圆桌周围。从编号为k的人开始报数,数到m的那个人出列;他的下一个人又从1开始报数,数到m的那个人又出列;依此规律重复下去,直到圆桌周围的人全部出列。

例如:$n=9,k=1,m=5$,出局人的顺序为"5,1,7,4,3,6,9,2,8"。

第 4 章　字　符　串

字符串是一种特殊的线性表。计算机除了处理数值问题之外，还需要处理很多非数值的问题。随着计算机在各行各业应用的日益深入，计算机所处理的数据对象也由纯粹的数值型发展到字符、表格、图形、图像和声音等多种形式。计算机需要处理字符，于是就有了字符串的概念。

【技能目标】

- 理解主串、子串、空串的定义。
- 会使用字符串的线性存储结构解决问题。
- 能熟练运用串的基本算法。
- 理解串的模式匹配算法，并可以运用于实践中。

4.1　字符串的定义和基本运算

字符串简称串。在数据结构中，串是一种在数据元素的组成上具有一定约束条件的线性表，即要求组成线性表的所有数据元素都是字符，所以说串是一个有穷的字符序列。

4.1.1　字符串的定义

串是由零个或多个字符组成的有限序列，记作 $s="s_0s_1\cdots s_{n-1}"(n\geqslant 0)$，其中 s 是串名，字符个数 n 称作串的长度，双撇号括起来的字符序列"$s_0s_1\cdots s_{n-1}$"是串的值。每个字符可以是字母、数字或任何其他的符号。零个字符的串（即：""）称为空串，空串不包含任何字符。值得注意的是：

(1) 长度为 1 的空格串" "不等同于空串""。

(2) 值为单个字符的字符串不等同于单个字符，如"a"与'a'。

(3) 串值不包含双撇号，双撇号是串的定界符。

串中任意个连续的字符组成的子序列称为该串的子串。包含子串的串则称为主串。通常将字符在串中的序号称为该字符在串中的位置。子串在主串中的位置则以该子串在主串中的第一个字符位置来表示。为了让大家更好地理解子串，举个简单的例子说明。例如：

```
s="I am from Canada.";
s1="am.";
s2="am";
s3="I am";
s4="I am ";
s5="I am";
```

s2、s3、s4、s5都是s的子串，或者说s是s2、s3、s4、s5的主串，而s1不是s的子串。s3等于s5，s2不等于s4。s的长度是17，s3的长度是4，s4的长度是5。

4.1.2 字符串的基本运算

串的基本运算在串的应用中广泛使用，这些基本运算不仅加深了对串的理解，也简化了对串的应用。下面举例介绍串的常用基本运算。

假设有以下串：s1="I am a student"，s2="teacher"，s3="student"。常用的字符串的基本运算有下列几种。

(1) Assign(s,t)函数，将t的值赋给s。如：应用Assign(s4,s3)或Assign(s4,"student")函数后，则s4="student"。

(2) Length(s)函数用于求s的长度。如：Length(s1)=14，Length(s3)=7。

(3) Equal(s,t)函数用于判断s与t是否相等。如：Equal(s2,s3)=false，Equal("student",s3)=true。

(4) Concat(s,t)函数可将t连接到s的末尾。如：Concat(s3，" number")="student number"。

(5) Substr(s,i,len)函数用于求子串。如：Substr(s1,7,7)="student"，Substr(s1,10,0)=""，Substr(s1,0,14)="I am a student"。

(6) Insert(s,i,t)函数用于在s的第i个位置之前插入串t。应用Insert(s3,0,"good_")函数后，s3="good_student"。

(7) Delete(s,i,len)函数用于删除子串。ss="good_student"，应用Delete (ss,0,5)函数后，ss="student"。其中i参数从0开始。

(8) Replace(s,u,v)函数用于进行子串替换，即将s中的子串u替换为串v。应用Replace(s1,s3,s2)函数后，s1="I am a teacher"，应用Replace(s1,"worker",s2)函数后s1的值不变。若ss="abcbcbc"，则应用Replace(ss,"cbc","x")函数后，ss="abxbc"，Replace(ss,"cb","z")后，ss="abzzc"。

(9) index(s,t)函数用于子串定位，即求子串t在主串s中的位置。index(s1,s3)=7，index(s1,s2)=-1，index(s1，"I")=0。

4.2 串的线性存储结构和基本运算的实现

串及其基本运算在程序中是如何实现的呢？串是在程序中比较常见的线性存储结构，也就是用一个连续的存储空间把串的每一个字符按照一定顺序存储起来。所以，在定义一个串之前，得先申请一个足够可以容纳字符串的空间。

串的线性存储代码如下：

```
#define MaxSize 100      /*字符串可能达到的最大长度*/
typedef struct
{   char ch[MaxSize];
```

```
    int  StrLength;
}SeqString;
```

4.2.1 串的赋值运算

空间定义好了,接着就要往空间里存储具体的字符串了,也就是给串赋值。在程序中是这样编写的。

```
/*将存放在字符数组 t 中的串常量赋给 s*/
void Assign(SeqString *s, char t[])
{
    int j=0;        //数组下标从 0 开始
    for(; t[j] !='\0'; j++)
    {
        s->ch[j]=t[j];
    }
    s->ch[j]=t[j];
    s->StrLength=j;
    printf("%s\n", s->ch);
}/*Assign*/
```

4.2.2 求串的长度

每个串都有它的长度,Length 函数可以方便地求出串的长度。

```
int Length(SeqString s)
{
    return(s. StrLength);
}/*Length*/
```

4.2.3 判断两个串是否相等

判断两个串是否相等,要求串的长度以及串的每个字符所在的位置都要相等。算法如下:

```
int Equal (SeqString s,SeqString t)
{
    if (s.StrLength !=t.StrLength) return(0);
        for (i=0; i<s.StrLength; i++)
            if (s.ch[i] !=t.ch[i]) return(0);
    return(1);
}/*Equal*/
```

4.2.4 求子串

求子串的实现思路是,在已知的串里寻找串的第 i 个位置之后长度为 len 的字符串。算法实现如下：

```
SeqString Substr(SeqString s,int i, int len)
{
    SeqString t ;
    int k ;
    if (i<0 || len <0 || i+len-1 >=s.StrLength)
    {
        t.ch[0]='\0';
        t.StrLength=0;
        return(t);
    }
    for (k=i; k<i+len; k++)
    {
        t.ch[k-i]=s.ch[k];
    }
    t.ch[len]='\0';
    t.StrLength=len;
    return(t);
}/* Substr*/
```

4.2.5 串值的连接

下面以两个串的连接为例进行说明。已知 s 串和 t 串，串的连接就是将 s 串和 t 串的首尾相连，变成一个长度为 s.StrLength＋t.StrLength 的新串。算法实现如下：

```
SeqString Concat(SeqString s, SeqString t)
/*将 t 的串值连接到 s 的末尾*/
{
    for(i=0; i <t.StrLength; i++)
        s.ch[s.StrLength+i]=t.ch[i];
    s.ch[s.StrLength+t.StrLength]='\0';
    s.StrLength=s.StrLength+t.StrLength;
    return(s);
} /* Concat*/
```

4.2.6 插入子串

插入子串的实现思路是找到插入的位置 i，把第 i 个以后的字符分别往后移动 t.StrLength 的位置，修改串的长度。算法实现如下：

```
void  Insert (SeqString* s, int i, SeqString t)
{
    if (i<0 || i >s->StrLength|| s->StrLength+t. StrLength>MaxSize-1)
    {
        printf("error!\n");
        return;
    }
```

```
    for (k=s.StrLength-1; k>=i; k--)
        s->ch[k+t.StrLength]=s->ch[k];
    for (k=i; k<i+t.StrLength; k++)
        s->ch[k]=t.ch[k-i];
    s->ch[s->StrLength+t.StrLength]='\0';
    s->StrLength=s->StrLength+t.StrLength;
}/*Insert*/
```

4.2.7 删除子串

删除子串的实现思路是在已知串 s 中,从第 i 个字符以后开始用第 i+len 个字符覆盖第 i+1 个字符,用第 i+len+1 个覆盖第 i+2 个,以此类推,一直到'\0'结束,最后修改串的长度。

```
void Delete (SeqString*s, int i, int len)
{
    if (i<0 || i+len-1 >=s->StrLength)
    {
        printf("Error");
        return;
    }
    else
    {
        for (k=i+len; k<s->StrLength; k++)
            s->ch[k-len]=s->ch[k];
        s->ch[s->StrLength -len]='\0';
        s->StrLength=s->StrLength-len;
    }
}/*Delete*/
```

4.3 串的模式匹配算法

4.3.1 Brute-Force 算法的设计思路

将主串 S 的第 1 个字符和模式 T 的第 1 个字符比较,若相等,继续逐个比较后续字符;若不相等,从主串 S 的下一字符起,重新与 T 的第 1 个字符比较,直到主串 S 的一个连续子串字符序列与模式 T 相等。返回子串 T 在主串 S 中第 pos 个字符之后的位置,即匹配成功。

下面用图 4.1 来说明 Brute-Force 算法匹配的过程。

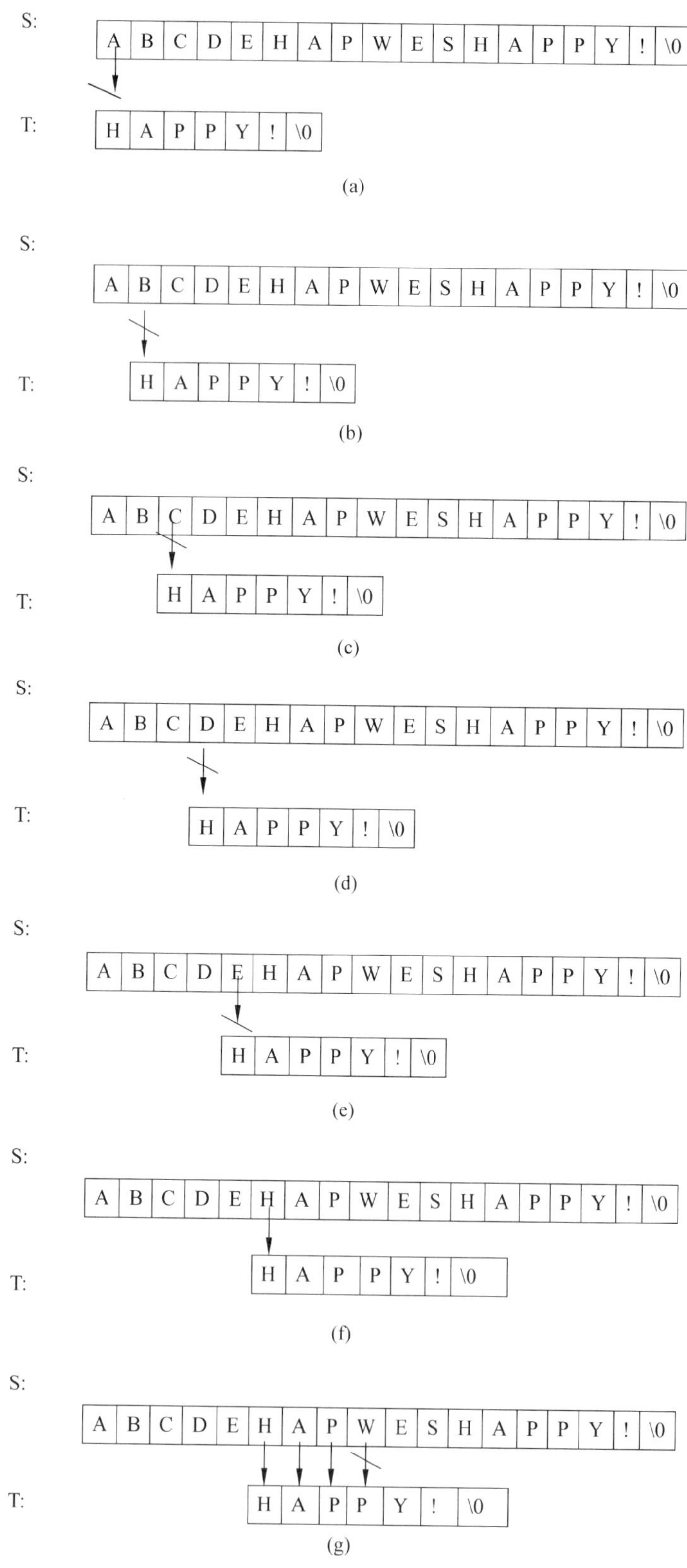

图 4.1　Brute-Force 算法匹配过程

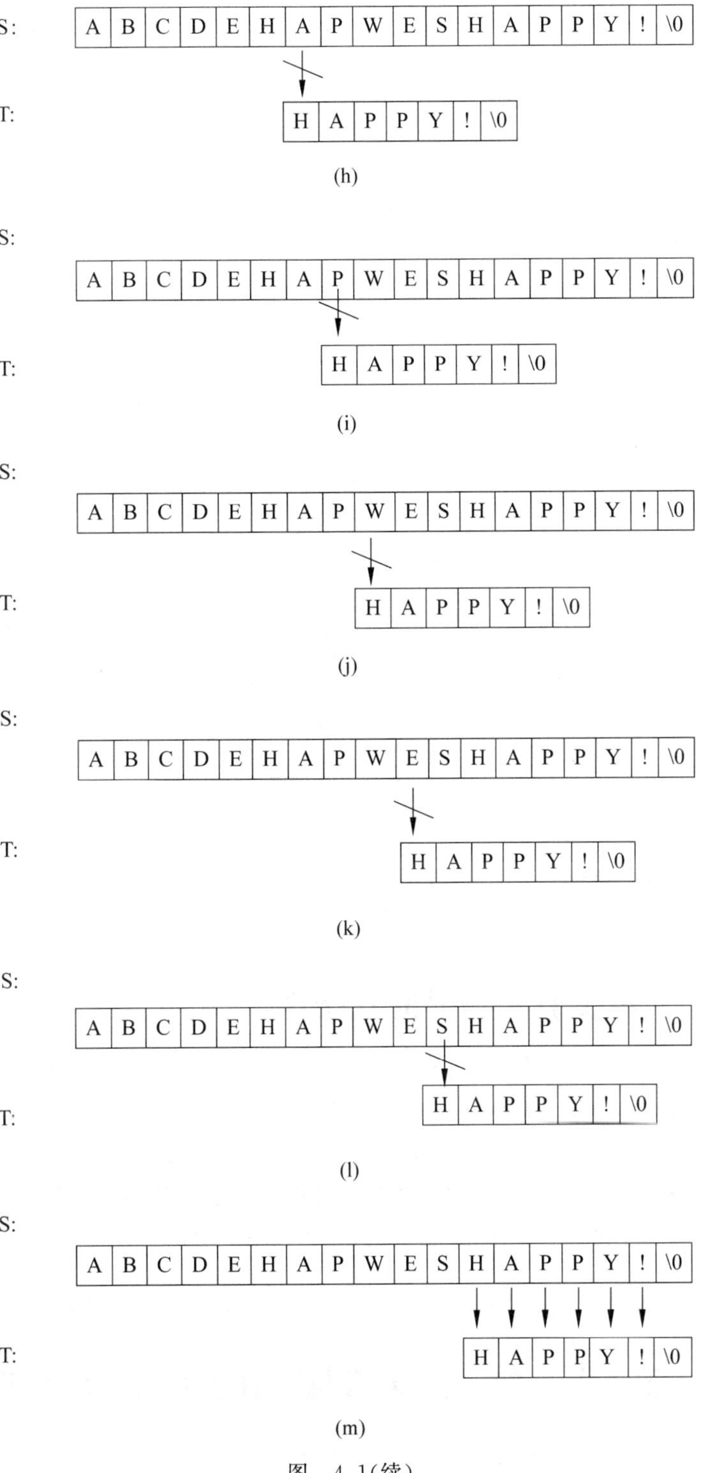

图 4.1(续)

4.3.2 Brute-Force 算法的实现过程

算法实现如下：

```
int BFIndex(SeqString S, SeqString T, int pos)
{
//返回子串 T 在主串 S 中第 pos 个字符之后的位置。若不存在,则函数值为-1
//其中,strKey 为非空,1≤pos≤StrLength(S)
    int i=pos;
    int j=1;
    while (i <=S.StrLength && j <=S.StrLength)
    {
        if (S.ch[i]==T.ch[j])
        {
            //继续比较后继字符
            ++i;
            ++j;
        }
        else
        {
            i=i-j+2;      /* i 退回到上次匹配首位的下一位 */
            j=1;
        }
    }
    if (j >T.StrLength)
        return i -T.StrLength;
    else
        return 0;
}
```

4.3.3 Brute-Force 算法的时间复杂度

若 n 为主串长度，m 为子串长度，则串的 Brute-Force 匹配算法最坏的情况下需要比较字符的总次数为 $(n-m+1)*m=O(n*m)$。

最好的情况是：一比较就匹配成功，只比较了 m 次。

最坏的情况是：主串前面 $n-m$ 个位置都部分匹配到子串的最后一位，即这 $n-m$ 位比较了 m 次，最后 m 位也各比较了一次，还要加上 m。所以总次数为：$(n-m)*m+m=(n-m+1)*m$。

4.4 实训 练习和掌握 Brute-Force 算法

运用 Brute-Force 算法从第 pos 个字符开始查找，返回子串 T 在主串 S 中的位置。

实训目的

练习和掌握 Brute-Force 算法。

实训环境

(1) 硬件：普通个人计算机。

(2) 软件：Windows 系统平台；VC++ 6.0。

实训内容

(1) 主串 S 的内容如下：

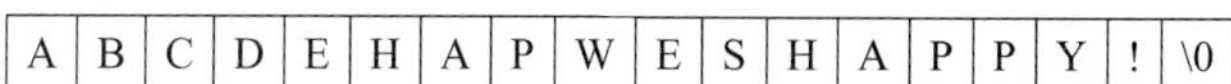

A	B	C	D	E	H	A	P	W	E	S	H	A	P	P	Y	!	\0

(2) 子串 T 的内容如下：

H	A	P	P	Y	!	\0

要求返回子串 T 在主串 S 中第 pos 个字符之后的位置。

C 语言的具体实现如下：

```
#include <stdio.h>
#include <tchar.h>
#define MaxSize  100     //字符串可能达到的最大长度
char S_String[50]="ABCDEHAPWESHAPPY!";
char T_String[50]="HAPPY!";
typedef struct
{
    charch[MaxSize];
    intStrLength;
}SeqString;

////////////////////////////////////////////////////////////////////////////////

SeqString Assign(SeqString strOld, char chNew[])
{
    int j=0;
    for(; chNew[j] !='\0'; j++)
    {
        strOld.ch[j]=chNew[j];
    }
    strOld.ch[j]=chNew[j];
    strOld.StrLength=j;
    return strOld;
}

int BFIndex(SeqString S, SeqString T, int pos)
{
    //返回子串 T 在主串 S 中第 pos 个字符之后的位置。若不存在,则函数值为-1
    //其中,strKey 为非空值,1≤pos≤StrLength(S)
    int i=pos;
    int j=0;
    while (i <=S.StrLength && j <S.StrLength)
```

```
    {
        if (S.ch[i]==T.ch[j])
        {
            //继续比较后继字符
            ++i;
            ++j;
        }
        else
        {
            //指针后退重新开始匹配
            i=i-j+1;
            j=1;
        }
    }

    if (j >T.StrLength)
        return i -T.StrLength;
    else
        return -1;
}
voidmain()
{
    SeqString ssObj1={0};
    SeqString ssObj2={0};
    int x ;
    ssObj1=Assign(ssObj1, S_String);
    ssObj2=Assign(ssObj2, T_String);
    x=BFIndex(ssObj1,ssObj2,2);
    printf("%s\n", ssObj1.ch);
    printf("%s\n", ssObj2.ch);
    printf("%d\n",x);
}
```

实现程序的最终效果如图 4.2 所示。

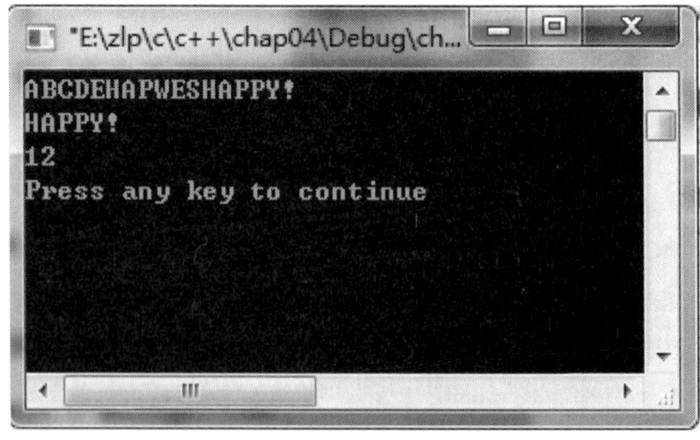

图 4.2　程序的运行结果

4.5 小　　结

本章主要介绍了以下基本概念。

字符串：简称串，是有零个或多个字符组成的有限序列。

子串：串中任意个连续的字符组成的子序列称为该串的子串。

主串：包含子串的串则称为主串。

串的顺序存储结构：用一组地址连续的存储单元存储串值的字符序列的存储方式。

除此之外，还介绍了串的基本运算、字符串的赋值、连接、求串的长度、子串查询，字符串比较、串的顺序存储结构的表示。

4.6 习　　题

1. 填空题

(1) 一个字符串相等的充要条件是________和________。

(2) 串是指________________。

(3) 空串是指________________。

(4) 空格串是指________________。

(5) 在计算机软件系统中，有两种处理字符串长度的方法：一种是采用________；另一种是采用________。

2. 选择题

(1) 串是一种特殊的线性表，其特征体现在(　　)。

A. 可以顺序存储　　B. 数据元素是一个字符

C. 数据元素可以是多个字符　　D. 以上都不对

(2) 有两个串 P 和 Q，求 P 在 Q 中首次出现的位置的运算称为(　　)。

A. 链接　　B. 模式匹配

C. 求串长　　D. 求子串

(3) 设字符串 S1="ABCDEFG"，S2="PQRST"，则进行：S=Concat(Substr(S1，1，LEN(S2))及 Substr(S1，LEN(S2)，2))运算后的串值为(　　)。

A. BCDEF　　B. BCDEFG　　C. BCDPQRST　　D. BCDEFFG

3. 简答题

(1) 空串和空格串有何区别？字符串中的空格符有何意义？空串在串处理中有何作用？

(2) 设 s="I AM A STUDENT"，t="GOOD"，q="WORKER"。分别求 StrLength(s)、StrLength(t)、SubString(s，8，7)、SubString(t，2，1)、Index(s，'A')、Index(s，t)的结果。

4. 算法设计题

输入一个字符串，内有数字和非数字字符，如 a123b4c。连续的数字为一个整体，依次放入数字 a 中，如 a[0]=1，a[1]=25，…，编写程序统计其共有多少个整数，并输出结果。

程序的运行结果举例如图 4.3 所示。

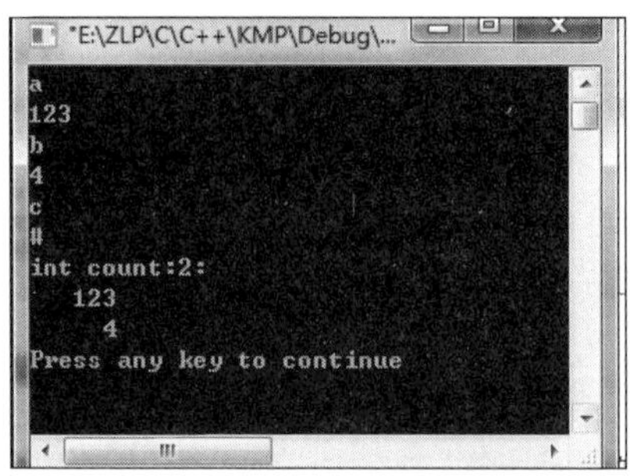

图 4.3　算法设计题程序的运行结果示例

第 5 章　数组与矩阵

数组是数据结构中最常用的类型，是存储同一类数据的数据结构。本章介绍一维数组、二维数组、多维数组的定义，以及数组的存储结构和运用三元组实现稀疏矩阵的压缩存储。

【技能目标】

- 理解一维数组、二维数组、多维数组的定义。
- 理解上三角矩阵、下三角矩阵、对角矩阵、稀疏矩阵的定义。
- 会使用数组的顺序存储结构解决问题。
- 会使用三元组的表示方式和三元组的顺序存储。
- 会使用三元组压缩存储稀疏矩阵。

5.1　数组的基本概念

数组其实可以看成是一种扩展的线性数据结构，其特殊性不像栈和队列那样在对数据元素的操作中受到限制，也不像字符串那样对数据元素的类型有限制，而是反映在数据的构成上。在线性表中，每个数据元素都是不可再分的原子类型，而数组中的数据元素可以推广到具有特定结构的数据。

5.1.1　数组的定义

数组中的每一个元素都属于同一个数据类型，用一个统一的数组名和下标来唯一地确定数组中的元素。从逻辑结构上来说，数组是采用顺序存储结构的定长线性表。

二维数组可以看成是由多个一维数组组成的线性表，二维数组中的每个数据元素都是相同类型的一维数组。对于 m 行 n 列的二维数组，记为 $A_{m\times n}$，图 5.1 所示为二维数组 $A_{m\times n}$。

$$
\begin{bmatrix}
a_{00} & a_{01} & a_{02} & \cdots & a_{0j} & \cdots & a_{0,n-1} \\
a_{10} & a_{11} & a_{12} & \cdots & a_{1j} & \cdots & a_{1,n-1} \\
\vdots & \vdots & \vdots & \cdots & \vdots & \cdots & \vdots \\
a_{i0} & a_{i1} & a_{i2} & \cdots & a_{ij} & \cdots & a_{i,n-1} \\
\vdots & \vdots & \vdots & \cdots & \vdots & \cdots & \vdots \\
a_{m-1,0} & a_{m-1,1} & a_{m-1,2} & \cdots & a_{m-1,j} & \cdots & a_{m-1,n-1}
\end{bmatrix}
$$

图 5.1　二维数组

把二维数组 $A_{m\times n}$ 中的每一行 $a_i(0\leqslant i<m)$ 作为一个元素，可以把数组看成是 m 个元素 $(a_0,a_1,a_2,\cdots,a_i,\cdots,a_{m-1})$ 组成的线性表。其中 $a_i(0\leqslant i<m)$ 本身也是一个线性表，$a_i=$

$(a_{i0}, a_{i1}, a_{i2}, \cdots, a_{ij}, \cdots, a_{i,(n-1)})$是一维数组。同理,把二维数组中的每一列 $\beta_j(0 \leqslant j < n)$作为一个元素,可以把数组看成是 n 个元素$(\beta_0, \beta_1, \beta_2, \cdots, \beta_j, \cdots, \beta_{n-1})$组成的线性表,其中 $\beta_j(0 \leqslant j < n)$本身也是一个线性表,$\beta_j = (\beta_{0j}, \beta_{1j}, \beta_{2j}, \cdots, \beta_{ij}, \cdots, \beta_{(m-1),j})$是一个一维数组。如图 5.2 所示。

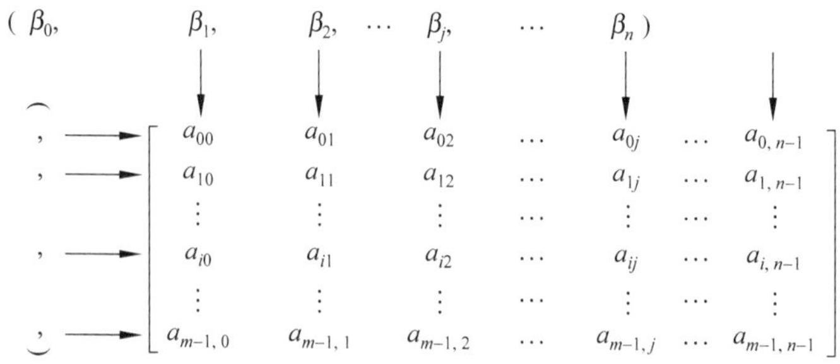

图 5.2 行列向量表示的数组

因此,数组结构可以简单定义为:若线性表中的每个数据元素都是非结构的简单元素,则称为一维数组。若一维数组中的元素又是一维数组,则称为二维数组;若二维数组中的元素又是一个一维数组结构,则称为三维数组,以此类推。

数组是一个具有固定格式和数量的数据有序集,每一个数据元素用唯一的下标来表示。二维数组中的数据元素可以表示成 a[下标表达式 1] [下标表达式 2],如 a[i][j]。

5.1.2 一维数组

相同类型的数据按照线性次序顺序地排列,所组成的集合称为一维数组。一维数组记为 $A[n]$或 $A=(a_0, a_1, \cdots, a_i, \cdots, a_{n-1})$。例如:

```
int a[3];
```

一维数组的定义格式:

```
类型说明符 数组名[常量表达式]
```

例如:int a[10]表示数组名为 a,此数组有 10 个元素。系统会在内存中分配连续的 10 个 int 空间给此数组。

若有数组$(a_0, a_1, a_2, \cdots, a_{n-2}, a_{n-1})$,假设 a_0 在内存的地址是 $\mathrm{LOC}(a_0)$,并假设每一元素占用 c 个单元,那么任一元素 a_i 的地址为:

$$\mathrm{LOC}(a_i) = \mathrm{LOC}(a_0) + i \times c \quad (0 \leqslant i \leqslant n-1) \tag{5.1}$$

5.1.3 二维数组

当数组中的每个元素带有两个下标时,称这样的数组为二维数组,其中存放的是按行、列有规律地排列的同一类型数据。所以二维数组中有两个下标,一个是行下标,一个是列下标。二维数组的定义格式如下:

```
类型说明符 数组名[常量表达式][常量表达式];
```

例如：

```
float a[3][4],b[5][10];
```

定义 a 为 3×4(3 行 4 列)的数组，b 为 5×10(5 行 10 列)的数组。

若有二维数组 a_{mn}，假设 a_{00} 在内存的地址是 LOC(a_{00})，并假设每一元素占用 c 个单元，那么任一元素 a_{ij} 的地址如下。

按行存储时为：

$$LOC(a_{ij})=LOC(a_{00})+(i\times n+j)\times c \quad (0\leqslant i\leqslant m-1,\ 0\leqslant j\leqslant n-1) \tag{5.2}$$

按列存储时为：

$$LOC(a_{ij})=LOC(a_{00})+(j\times m+i)\times c \quad (0\leqslant i\leqslant m-1,\ 0\leqslant j\leqslant n-1) \tag{5.3}$$

【例】 对 C 语言的二维数组 float a[5][4]，计算如下内容。

(1) 数组 a 中的元素数目。

(2) 若数组 a 的起始地址为 2000，且每个数据元素的长度是 32 位(4 字节)，求数据 a[3][2]的地址。

数组 a 是一个 5 行 4 列的二维数组，所以其元素数目是：5×4=20。由于 C 语言数组使用按行存储方式，由式(5.1)得到 a_{32} 的地址按如下公式计算：

$$LOC(a_{32})=LOC(a_{00})+(i\times n+j)c=2000+(3\times 4+2)\times 4=2056$$

5.1.4 多维数组

多维数组的定义格式如下：

```
存储类型 数据类型 数组名 1[长度 1][长度 2]...[长度 k],...
```

以三维数组为例，任一元素 a_{ijk} 的地址(按行存储时或低下标优先存储时)为

$$LOC(a_{ijk})=LOC(a_{000})+(i\times n\times p+j\times p+k)\times c$$
$$(0\leqslant i\leqslant m-1,\ 0\leqslant j\leqslant n-1,\ 0\leqslant k\leqslant p-1) \tag{5.4}$$

5.1.5 数组的顺序存储结构

数组一旦建立，则结构中的数据元素个数和元素间的关系就不再发生变动，因此对数组一般不做插入或删除操作，所以采用顺序存储结构存储数组是很合适的。

在数据存储中，由于内存的结构是一维的，当我们用一维表示多维时，就必须按照某种次序将数组元素排成一个线性序列，然后再存入存储器中。比如二维数组的顺序存储可以有两种，一种是按行存储；另一种是按列存储。以下设计的数组存储均采用按行存储。

假设有二维数组 a_{nm}，每个元素占 c 个存储单元，以按行存储，元素 a_{ij} 的地址技术公式为

$$LOC(a_{ij})=LOC(a_{00})+(i\times n+j)\times c \quad (0\leqslant i\leqslant m-1,\ 0\leqslant j\leqslant n-1) \tag{5.5}$$

图 5.3 和图 5.4 分别为二维数组按行存储和按列存储的两种存储方式。

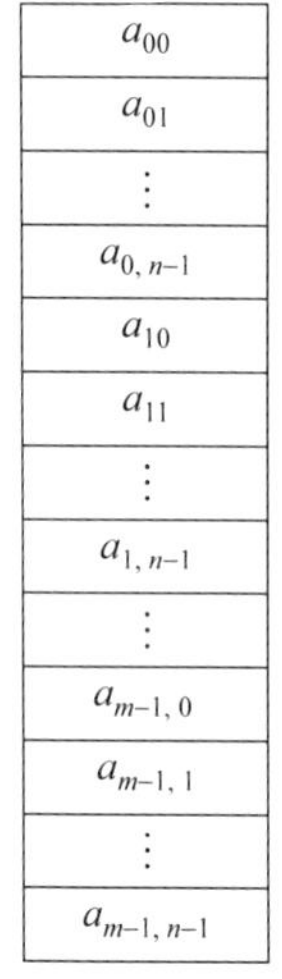

图 5.3　按行存储

a_{00}
a_{10}
⋮
$a_{m-1,0}$
a_{01}
a_{11}
⋮
$a_{m-1,1}$
⋮
$a_{0,n-1}$
$a_{1,n-1}$
⋮
$a_{m-1,n-1}$

图 5.4　按列存储

5.2　特殊矩阵的压缩存储

在用高级语言编程中，通常用二维数组来表示矩阵。然而在实际应用中会遇到一些特殊矩阵，所谓特殊矩阵是指矩阵中值相同的元素或者零元素的分布有一定规律。如：对称矩阵、三角矩阵和对角矩阵等。

5.2.1　对称矩阵

对于一个 n 阶矩阵 A 中的元素满足：$a_{ij}=a_{ji}(0\leqslant i<n,0\leqslant j<n)$，则称 A 为对称矩阵，如图 5.5 所示。

$$\begin{bmatrix} a_{00} & a_{01} & a_{02} & \cdots & a_{0j} & \cdots & a_{0,n-1} \\ a_{10} & a_{11} & a_{12} & \cdots & a_{1j} & \cdots & a_{1,n-1} \\ \vdots & \vdots & \vdots & \cdots & \vdots & \cdots & \vdots \\ a_{i0} & a_{i1} & a_{i2} & \cdots & a_{ij} & \cdots & a_{i,n-1} \\ \vdots & \vdots & \vdots & \cdots & \vdots & \cdots & \vdots \\ a_{n-1,0} & a_{n-1,1} & a_{n-1,2} & \cdots & a_{n-1,j} & \cdots & a_{n-1,n-1} \end{bmatrix} \quad a_{ij}=a_{ji}(0\leqslant i<n,\ 0\leqslant j<n)$$

图 5.5　对称矩阵

因为对称矩阵中有大量相同的元素，如果给矩阵中每一个元素都分配存储空间，显然浪费了存储空间。根据对称矩阵的特点，可为对称矩阵中的每一对元素分配存储空间，这样，对于 n 阶方阵的 n^2 个元素，可以压缩到 $n\times(n+1)/2$ 个元素存储空间中。假设用一个一维数组 $B[n(n+1)/2]$ 来存储 n 阶对称矩阵 A 的压缩存储结构，其存储对应关系如表 5.1 所示。

表 5.1　对称矩阵的压缩存储结构

下标	0	1	2	3	4	…	$n(n-1)/2$	…	$n(n+1)/2-1$
$B[k]$	a_{00}	a_{01}	a_{11}	a_{20}	a_{21}	…	$a_{n-1,0}$	…	$a_{n-1,n-1}$
隐含的元素		a_{10}		a_{02}	a_{12}		$a_{0,n-1}$		

假设，我们按行存储对称矩阵 A 中的元素 a_{ij} 到一维数组 $B[k]$中，A 中的元素 a_{ij} 与数组 B 的下标 k 存在某种对应关系，具体关系如下：

$$k=\begin{cases}\dfrac{i(i+1)}{2}+j & (i\geqslant j;i,j=0,1,2,\cdots,n-1)\\[2ex] \dfrac{j(j+1)}{2}+i & (i<j;i,j=0,1,2,\cdots,n-1)\end{cases} \tag{5.6}$$

5.2.2　三角矩阵

当一个方阵 $A_{n\times n}$ 的主对角线以上或以下的所有元素皆为常数时，该矩阵称为三角矩阵。三角矩阵有上三角矩阵和下三角矩阵两种。上三角矩阵的特点是对角线下方（不包括主对角线）的元素均为常数 C，如图 5.6 所示。下三角矩阵的特点是对角线上方（不包括主对角线）的元素均为常数 C，如图 5.7 所示。

$$\begin{bmatrix} a_{00} & a_{01} & \cdots & a_{0,n-1}\\ C & a_{11} & \cdots & a_{1,n-1}\\ \vdots & \vdots & \ddots & \vdots\\ C & C & \cdots & a_{n-1,n-1}\end{bmatrix}$$

图 5.6　上三角矩阵

$$\begin{bmatrix} a_{00} & C & \cdots & C\\ a_{10} & a_{11} & \cdots & C\\ \vdots & \vdots & \ddots & \vdots\\ a_{n-1,0} & a_{n-1,1} & \cdots & C\end{bmatrix}$$

图 5.7　下三角矩阵

三角矩阵与对称矩阵的压缩存储类似，根据三角矩阵的特点，对于上三角矩阵而言，应先存储完对角线上方的元素后，再存储对角线下方常量。因为是同一个常量，只需划分一个存储空间。如把上三角矩阵 $A_{n\times n}$ 存储在一维数组 B 中，其存储结构如表 5.2 所示。

表 5.2　三角矩阵的存储结构

下标	0	1	…	n	$n+1$	$n+2$	…	$n(n+1)/2-1$	$n(n+1)/2$
$B[k]$	a_{00}	a_{01}	…	$a_{0,n-1}$	a_{11}	a_{12}	…	$a_{n-1,n-1}$	C

数组 $B[k]$与上三角矩阵的元素下标对应的关系如下：

$$k=\begin{cases}\dfrac{i(2n-i)}{2}+j-i & (i\leqslant j;i,j=0,1,2,\cdots,n-1)\\[2ex] \dfrac{n(n+1)}{2} & (i>j;i,j=0,1,2,\cdots,n-1)\end{cases} \tag{5.7}$$

同理，下三角矩阵 $A_{n\times n}$ 存储在一维数组 B 中，其存储结构如表 5.3 所示。

表 5.3　下三角矩阵的存储结构

下标	0	1	2	3	4	…	$n(n-1)/2$	…	$n(n+1)/2-1$	$n(n+1)/2$
$B[k]$	a_{00}	a_{10}	a_{11}	a_{20}	a_{21}	…	$a_{n-1,0}$	…	$a_{n-1,n-1}$	C

数组 $B[k]$ 与下三角矩阵的元素下标对应的关系如下：

$$k=\begin{cases}\dfrac{i(i+1)}{2}+j & (i\geqslant j;i,j=0,1,2,\cdots,n-1)\\ \dfrac{n(n+1)}{2} & (i<j;i,j=0,1,2,\cdots,n-1)\end{cases} \tag{5.8}$$

5.2.3 对角矩阵

还有一类矩阵是对角矩阵，在这种矩阵中所有非零元素集中在主对角线为中心的带状区域中，图5.8是一个三对角矩阵。

$$\begin{bmatrix} a_{00} & a_{01} & 0 & 0 & 0 & \cdots & 0 & 0 \\ a_{10} & a_{11} & a_{12} & 0 & 0 & \cdots & 0 & 0 \\ 0 & a_{21} & a_{22} & a_{23} & 0 & \cdots & 0 & 0 \\ 0 & 0 & a_{32} & a_{33} & a_{34} & \cdots & 0 & 0 \\ & \vdots & \vdots & \vdots & \vdots & \ddots & \vdots & \vdots \\ 0 & 0 & 0 & 0 & 0 & \cdots & a_{n-1,n-2} & a_{n-1,n-1} \end{bmatrix}$$

图5.8　三对角矩阵

以三对角矩阵为例，按行存储，除第0行和第 $n-1$ 行是两个元素外，其他每行均为3个非零元素，因此需要存储的元素个数为 $2+2+3(n-2)=3n-2$。将其压缩存储在 B 数组中，存储结构如表5.4所示。

表5.4　存储结构

下标	0	1	2	3	…	$2i+j$	…	…	$3n-3$
$B[k]$	a_{00}	a_{01}	a_{10}	a_{11}	…	a_{ij}	…	…	$a_{n-1,n-1}$

数组 $B[k]$ 与三对角矩阵的元素下标对应的关系如下：

$$k=2+3\times(i-1)+j+(i-1)=2i+j \tag{5.9}$$

由于这些特殊的矩阵元素有着一定的规律，在存储的时候为了节省存储空间，可以对这些矩阵进行压缩存储。所谓压缩存储就是为多个值相同的元素分配一个存储空间，对零元素不分配存储空间。

5.3 稀疏矩阵

当一个 $m\times n$ 的矩阵 A 中有 k 个非零元素，若 $k\ll m\times n$，即 k 远小于 $m\times n$ 时，且这些非零元素在矩阵中的分布又没有一定的规律，则称这种矩阵为稀疏矩阵。图5.9所示为6×5阶的稀疏矩阵，在矩阵中只有7个非零元素。

$$M=\begin{pmatrix} 4 & 0 & 0 & 11 & 0 & 0 \\ 0 & 0 & 15 & 0 & 0 & 0 \\ 7 & 0 & 10 & 0 & 26 & 0 \\ 0 & 0 & 0 & 0 & 0 & 0 \\ 0 & 0 & 3 & 0 & 0 & 0 \end{pmatrix}$$

图5.9　稀疏矩阵

按照压缩存储的概念，只需存储稀疏矩阵的非零元素。但为了实现矩阵的各种运算，除了存储非零元素外，还要记录该非零元素所在的行和列。这样，我们需要一个三元组 (i,j,a_{ij}) 来唯一确定矩阵中的一个非零元素，其中 i、j 分别表示非零元素的行号和列号，a_{ij} 表示非零元素的值。用三元组表示 M 矩阵则为：(0,0,4)(0,3,11)(1,2,15)(2,0,7)(2,2,10)(2,4,26)(4,2,3)。再加上一个表示矩阵 M 的行数、列数及非零元素个数的特殊三元组(5,6,7)，则所形成的表就能唯一确定稀疏矩阵 M。

5.3.1　三元组顺序存储表

假设以顺序存储结构来表示三元组表，则可得到稀疏矩阵的一种压缩存储方式，即三元组顺序表，简称三元组表。三元组顺序表的类型描述如下：

```
#define  MaxSize 非零元素的最大个数
typedef struct
{
    int r,c;                                   /* 非零元素的行、列下标 */
    ElemType d;                                /* 非零元素的值 */
}Triple;
typedef struct
{
    int rows,cols,nums;                        /* 矩阵的行数、列数和非零元素的个数 */
    Triple data[MaxSize];
}TSMatrix;
```

5.3.2　稀疏矩阵的赋值运算

在三元组中将指定位置元素的值赋给变量，假设有三元组表 t，在 t 中找到指定位置，将该处元素的值赋给变量 x。算法如下：

```
int Get(TSMatrix t, ElemType *x, int rr, int cc)
{
    k=0;
    if (rr>=t.rows||cc>=t.cols) return (0);
        while(k<t.nums && rr<t.data[k].r) k++;
    if(rr==t.data[k].r)
    {
        while(k<t.nums && cc<t.data[k].c)
            k++;
        if(t.data[k].c==cc)
        {
            x=t.data[k].d;
            return(1);
        }
    }
    return(0);
}/* Get */
```

在三元组中将指定位置元素的值赋给变量，假设有三元组表 t，在 t 中找到指定位置，将该处元素的值赋给变量 x。算法如下：

```
int Assign(TSMatrix *t, ElemType x, int rr, int cc)
{
    k=0;
    if (rr>=t->rows||cc>=t->cols)
        return (0);
    while(k<t->nums && rr<t->data[k].r)
        k++;
    if(rr==t->data[k].r)
    {
        while(k<t->nums && cc<t->data[k].c)
            k++;
        if(t->data[k].c==cc)                /*存在该元素,重新赋值*/
        {
            t->data[k].d=x;
            return(1);
        }
    }
    for(i=t->nums-1;i>=k;i--)               /*不存在该元素,插入值*/
        t->data[i+1]=t->data[i];
    t->data[k].d=x;
    t->data[k].r=rr;
    t->data[k].c=cc;
    t->num++;
    return(1);
}/*Assign*/
```

5.3.3 稀疏矩阵的转置运算

稀疏矩阵的转置运算就是变换元素位置,即把位于(i,j)的元素换到(j,i)位置上。对于一个 $m\times n$ 的矩阵 M,它的转置矩阵是一个 $n\times m$ 的矩阵 N,且 $N[i][j]=M[j][i]$,其中 $0\leqslant i\leqslant n,0\leqslant j\leqslant m$。具体算法如下:

```
void Reverse(TSMatrix t, TSMatrix *rt)
{
    rtindex=0;
    rt->rows=t.cols;
    rt->cols=t.rows;
    rt->nums=t.num;
    if(t.num!=0)
        for(c=0;c<t.cols;c++)
            for(tindex=0; tindex<t.nums; tindex++)
                if(t.data[tindex].c==c)
                {
                    rt->data[rtindex].r=t.data[tindex].c;
                    rt->data[rtindex].c=t.data[tindex].r;
                    rt->data[rtindex].d=t.data[tindex].d;
                    rtindex++;
                }
}/*Reverse*/
```

5.3.4　稀疏矩阵的加法运算

稀疏矩阵的加法运算是采用三元组顺序表存储，两个矩阵按照对应的位置，把数值相加。

三元组数据结构的实现代码如下：

```
typedef struct
{
    int r,c;
    float d;
}Triple;
typedef struct
{
    int rows,cols,nums;
    Triple data[MaxSize];
}TSMatrix;
```

建立矩阵的三元组顺序表的实现代码如下：

```
TSMatrix Create()
{
    TSMatrix t={0};
    int m,n,i,j;
    float x;
    printf("Please enter the row number and colum number: ");
    scanf("%d,%d",&m,&n);
    t.rows=m; t.cols=n; t.nums=0;
    printf("Please enter the triple: ");
    scanf("%d,%d,%f",&i,&j,&x);
    printf("Please enter the triples: ");
    while(x!=-9999.0)
    {
        t.data[t.nums].r=i; t.data[t.nums].c=j;
        t.data[t.nums].d=x; t.nums++;
        scanf("%d,%d,%f, ",&i,&j,&x);
    }
    return t;
}/*Create*/
```

三元组表示的稀疏矩阵加法运算的算法实现代码如下：

```
TSMatrix Add(TSMatrix ma,TSMatrix mb)
{
    TSMatrix mc={0};
    int pa,pb,pc;
    float val;
    pa=0; pb=0; pc=0;
```

```
mc.rows=ma.rows; mc.cols=ma.cols; mc.nums=0;
while(pa<ma.nums && pb<mb.nums)
if(ma.data[pa].r==mb.data[pb].r)              //行值相等
if(ma.data[pa].c==mb.data[pb].c)              //行、列值相等
{
    val=ma.data[pa].d+mb.data[pb].d;
    if(val)
    {
        mc.data[pc].r=ma.data[pa].r;
        mc.data[pc].c=ma.data[pa].c;
        mc.data[pc].d=val; pa++;pb++;pc++;
    }
    else
    {
        pa++;
        pb++;
    }
}
else if(ma.data[pa].c<mb.data[pb].c)
{
    mc.data[pc].r=ma.data[pa].r;
    mc.data[pc].c=ma.data[pa].c;
    mc.data[pc].d=ma.data[pa].d;
    pa++;
    pc++;
}
else
{
    mc.data[pc].r=mb.data[pb].r;
    mc.data[pc].c=mb.data[pb].c;
    mc.data[pc].d=mb.data[pb].d;
    pb++;
    pc++;
}
else if(ma.data[pa].r<mb.data[pb].r)
{
    mc.data[pc].r=ma.data[pa].r;
    mc.data[pc].c=ma.data[pa].c;
    mc.data[pc].d=ma.data[pa].d;
    pa++;
    pc++;
}
else
{
    mc.data[pc].r=mb.data[pb].r;
    mc.data[pc].c=mb.data[pb].c;
    mc.data[pc].d=mb.data[pb].d; pb++;pc++;
}
while(pa<ma.nums)                              //插入 ma 中剩余的元素
```

```
    {
        mc.data[pc]=ma.data[pa]; pa++; pc++;
    }
    while(pb<mb.nums)            //插入 mb 中剩余的元素
    {
        mc.data[pc]=mb.data[pb];
        pb++; pc++;
    }
    mc.nums=pc;
    return mc;
}
```

程序的最终运行结果如图 5.10 所示。

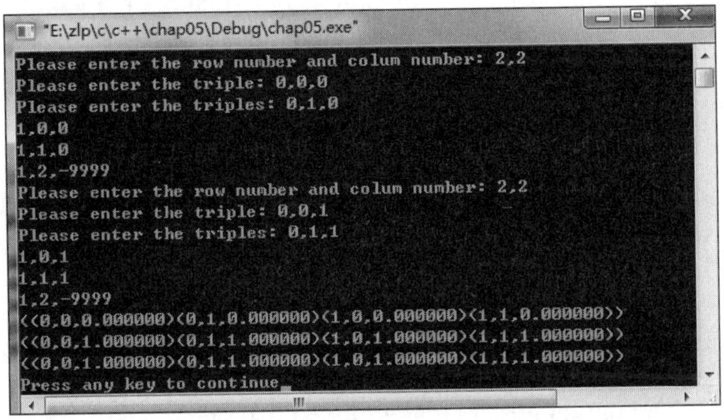

```
"E:\zlp\c\c++\chap05\Debug\chap05.exe"
Please enter the row number and colum number: 2,2
Please enter the triple: 0,0,0
Please enter the triples: 0,1,0
1,0,0
1,1,0
1,2,-9999
Please enter the row number and colum number: 2,2
Please enter the triple: 0,0,1
Please enter the triples: 0,1,1
1,0,1
1,1,1
1,2,-9999
<<0,0,0.000000><0,1,0.000000><1,0,0.000000><1,1,0.000000>>
<<0,0,1.000000><0,1,1.000000><1,0,1.000000><1,1,1.000000>>
<<0,0,1.000000><0,1,1.000000><1,0,1.000000><1,1,1.000000>>
Press any key to continue
```

图 5.10　程序的最终运行结果

5.4　实训　二维数组的相加

实训目的

利用三元组实现压缩存储，并完成二维数组的相加。

实训环境

(1) 硬件：两台 PC 分别由两位用户 Alice 和 Bob 操作（以下将对应计算机标为 PC_Alice 和 PC_Bob）。

(2) 软件：Windows 2000/2003/XP 系统平台；PGPfreeware_6.5.3 应用软件。

实训内容

(1) 建立稀疏矩阵的三元组顺序表 Create，依行序为主序、依列序为辅序输入稀疏矩阵的非零元素（三元组格式），创建稀疏矩阵的三元组顺序表。

(2) 矩阵相加(Add)，和矩阵中每个元素的值是两个稀疏矩阵相应位置的元素相加得到的。

(3) 输出三元组顺序表的值 Print。

(4) 主函数 main 依次调用上述三个函数 Create、Add、Print 即可。

实现代码如下：

```
#include <stdio.h>
#include <tchar.h>
#include <stdlib.h>

#define MaxSize 100
typedef struct
{
    int r,c;
    float d;
}Triple;

typedef struct
{
    int rows,cols,nums;
    Triple data[MaxSize];
}TSMatrix;
TSMatrix Create()              /*建立矩阵的三元组顺序表*/
{
    TSMatrix t={0};
    int m,n,i,j;
    float x;
    printf("Please enter the row number and colum number: ");
    scanf("%d,%d",&m,&n);
    t.rows=m; t.cols=n; t.nums=0;
    printf("Please enter the triple: ");
    scanf("%d,%d,%f",&i,&j,&x);
    printf("Please enter the triples: ");
    while(x!=-9999.0)
    {
        t.data[t.nums].r=i; t.data[t.nums].c=j;
        t.data[t.nums].d=x; t.nums++;
        scanf("%d,%d,%f, ",&i,&j,&x);
    }
    return t;
}/*Create*/
//三元组表示的稀疏矩阵加法运算
TSMatrix Add(TSMatrix ma,TSMatrix mb)
{
    TSMatrix mc={0};
    int pa,pb,pc;
    float val;
    pa=0; pb=0; pc=0;
    mc.rows=ma.rows; mc.cols=ma.cols; mc.nums=0;
    while(pa<ma.nums && pb<mb.nums)
```

```
if(ma.data[pa].r==mb.data[pb].r)            //行值相等
if(ma.data[pa].c==mb.data[pb].c)            //行、列值相等
{
    val=ma.data[pa].d+mb.data[pb].d;
    if(val)
    {
        mc.data[pc].r=ma.data[pa].r;
        mc.data[pc].c=ma.data[pa].c;
        mc.data[pc].d=val; pa++;pb++;pc++;
    }
    else
    {
        pa++;
        pb++;
    }
}
else if(ma.data[pa].c<mb.data[pb].c)
{
    mc.data[pc].r=ma.data[pa].r;
    mc.data[pc].c=ma.data[pa].c;
    mc.data[pc].d=ma.data[pa].d;
    pa++;
    pc++;
}
else
{
    mc.data[pc].r=mb.data[pb].r;
    mc.data[pc].c=mb.data[pb].c;
    mc.data[pc].d=mb.data[pb].d;
    pb++;
    pc++;
}
else
if(ma.data[pa].r<mb.data[pb].r)
{
    mc.data[pc].r=ma.data[pa].r;
    mc.data[pc].c=ma.data[pa].c;
    mc.data[pc].d=ma.data[pa].d;
    pa++;
    pc++;
}
else
{
    mc.data[pc].r=mb.data[pb].r;
    mc.data[pc].c=mb.data[pb].c;
    mc.data[pc].d=mb.data[pb].d; pb++;pc++;
```

```
    }
    while(pa<ma.nums)              //插入 ma 中剩余的元素
    {
        mc.data[pc]=ma.data[pa]; pa++; pc++;
    }
    while(pb<mb.nums)              //插入 mb 中剩余的元素
    {
        mc.data[pc]=mb.data[pb];
        pb++; pc++;
    }
    mc.nums=pc;
    return mc;
}

void Print(TSMatrix t)
{
    int i;
    printf("(");
    for(i=0; i<t.nums; i++)
    printf("(%d,%d,%f)",t.data[i].r,t.data[i].c,t.data[i].d);
    printf(")\n");
}
void main()
{
    TSMatrix ma,mb,mc;
    ma=Create();
    mb=Create();
    mc=Add(ma,mb);
    Print(ma);
    Print(mb);
    Print(mc);
}
```

5.5 小　结

本章主要知识点如下：

多维数组在计算机中有两种存放方式：按行存储和按列存储。

对称矩阵关于主对角线对称。为节省存储空间，可以进行压缩存储，对角线以上的元素和对角线以下的元素可以共用存储空间。所以 $n\times n$ 的对称矩阵只需要 $n(n+1)/2$ 个存储单元。

三角矩阵有上三角矩阵和下三角矩阵之分，为节省空间，也可以采用压缩存储。$n\times n$ 的三角矩阵只需要 $n(n+1)/2+1$ 个存储单元。

稀疏矩阵的非零元素排列无任何规律，为节约存储空间，进行压缩存储时，可以采用三元组表示方法，即存储非零元素的行号、列号和数值。若干个非零元素有若干个三元组，若干个三元组称为三元组表。

5.6　习　　题

1. 填空题

(1) 一维数组的逻辑结构是________，存储结构是________，对于二维数组或多维数组，分为________和________两种不同的存储方式。

(2) 对于一个二维数组 a[m][n]，每个数组元素占用 k 个存储单元，第一个元素的存储地址为 LOC(a[0][0])，若按列存储，则任一元素 a[i][j]相对 a[0][0]的地址为________________。

(3) 一个稀疏矩阵为 $\begin{pmatrix} 0 & 0 & 2 & 0 \\ 3 & 0 & 0 & 0 \\ 0 & 0 & -1 & 5 \\ 0 & 0 & 0 & 0 \end{pmatrix}$，则对应的三元组线性表为________。

(4) 一个 $n\times n$ 的对称矩阵，如果以按行存储方式压缩存储，则其容量为________。

(5) 设有一个 10 阶的对称矩阵 A，采用压缩存储方式以按行顺序存储，a_{00} 为第一个元素，其存储地址为 0。每个元素占有一个存储地址空间，则 a_{85} 的地址为________。

2. 选择题

(1) 数组的基本操作主要包括(　　)。

A. 建立与删除　　B. 索引与修改　　C. 访问和修改　　D. 访问与索引

(2) 稀疏矩阵一般的压缩存储方法有两种，即(　　)。

A. 二维数组和三维数组　　B. 三元组和散列

C. 三元组和十字链表　　D. 散列和十字链表

(3) 设矩阵 A 是一个对称矩阵，为了节省空间，将其下三角矩阵按行存储存放在一个一维数组 B[1, $n(n+1)/2$]中，对下三角矩阵中任一元素($i\geqslant j$)，在一维数组 B 中下标 k 的值是(　　)。

A. $i(i-1)/2+j-1$　　B. $i(i-1)/2+j$

C. $i(i+1)/2+j-1$　　D. $i(i+1)/2+j$

3. 简答题

假设有二维数组 $A_{6\times 8}$，每个元素用相邻的 6 个字节存储，存储器按字节编址。已知 A 的起始存储位置(基地址)为 1000，计算：

(1) 数组 A 的存储量。

(2) 数组 A 的最后一个元素 a_{57} 的第一个字节的地址。

(3) 按行存储时，元素 a_{14} 的第一个字节的地址。

(4) 按列存储时，元素 a_{47} 的第一个字节的地址。

4. 算法题

给定数组 A,大小为 n,数组元素为 0 到 $n-1$ 的数字,不过有的数字出现了多次,有的数字没有出现。请给出算法和程序,统计哪些数字没有出现,哪些数字各出现了多少次。

程序的运行结果举例如图 5.11 所示。

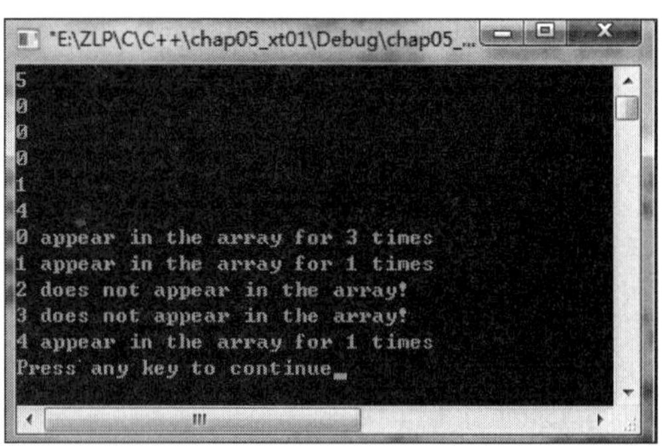

图 5.11 程序的运行结果

第 6 章 树

数据结构中的树形结构与前面介绍的线性表、堆栈、队列等线性结构不同，它是一种应用非常广泛的非线性结构。本章将介绍树和二叉树的定义、存储结构以及它们的性质和特点、三种遍历方式、哈夫曼树的建立和应用，这些知识是数据结构中的重点。

【技能目标】

- 会用树的模型找到现实的例子，理解树的相关概念。
- 掌握二叉树的定义、性质。
- 会用顺序存储方式存储二叉树。
- 会用链表存储方式存储二叉树。
- 掌握先根、中根和后根三种遍历方式。
- 掌握哈夫曼树的建立和应用方法。

6.1 树的相关知识

张飞家族有 4 名成员：张飞有两个儿子，长子张苞，次子张绍。长子张苞的儿子叫张遵，这个家族父子之间的关系可以用树形结构表示，如图 6.1 所示。

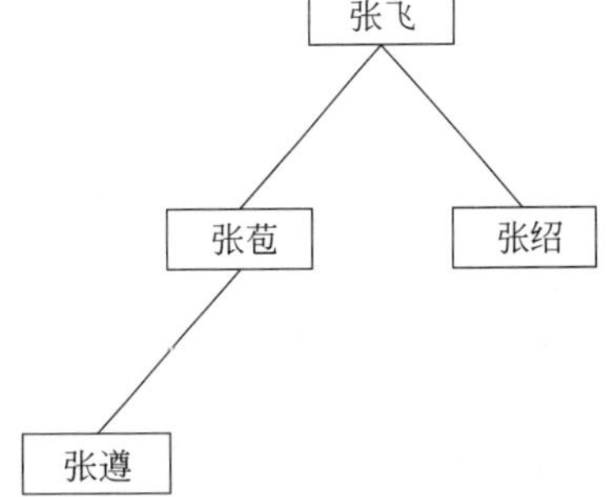

图 6.1 张飞的家族成员示例图

树形结构的数据元素之间呈现分支、分层的特点。树形结构在客观世界中广泛存在，如家族的家谱、各种社会组织结构都可以用树形象地表示。在计算机领域中，操作系统中的目录树、数据库中信息的组织形式也用到树形结构。

6.1.1 树的基本概念

日常生活中，经常遇到具有层次关系的例子。例如，一所大学由若干个学院组成，每个学院又有若干个专业。学校、学院和专业可以看成是一个三级的层次关系。经常用到的操作系统下的文件系统，根目录下包含很多子目录和文件，子目录下再包含子目录和文件，这也是一个典型的层次关系。

树(Tree)是由 $n(n\geqslant 0)$ 个节点构成的有限集合 T，当 $n=0$ 时 T 称为空树；否则，在任一非空树 T 中：

(1) 有且仅有一个特定的节点，它没有前驱节点，称其为根(Root)节点。

(2) 剩下的节点可分为 $m(m\geqslant 0)$ 个互不相交的子集 $T_1, T_2, \cdots, T_m$，其中每个子集本身又是一棵树,并称其为根的子树(Subtree)。

注意:树的定义具有递归性,即“树中还有树”。树的递归定义揭示出了树的固有特性。

树的形状如图6.2所示,图6.2(a)是只含有一个根节点的树,图6.2(b)是含有多个节点的树。

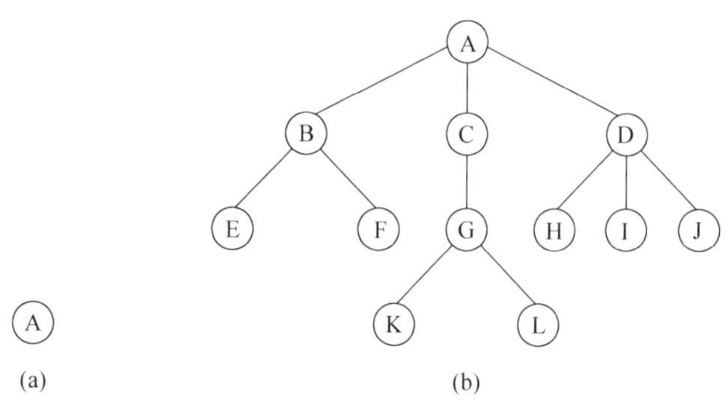

图6.2 树的示例图

注意:由于子树的互不相交性,树中每个节点只属于一棵树(子树),且树中的每一个节点都是该树中某一棵子树的根。

6.1.2 树的表示方法

在不同的应用场合,可以用不同的方法来表示树。常用的表示方法有以下几种。

(1) 直观(树形、倒置树)表示法。这种表示方法非常形象,树的形状就像一棵倒立的树,如图6.2所示。

(2) 嵌套集合(文氏图)表示法。该表示法用集合表示节点之间的层次关系,对于其中任意两个集合,或者不相交,或者一个集合包含另一个集合,如图6.3(a)所示。

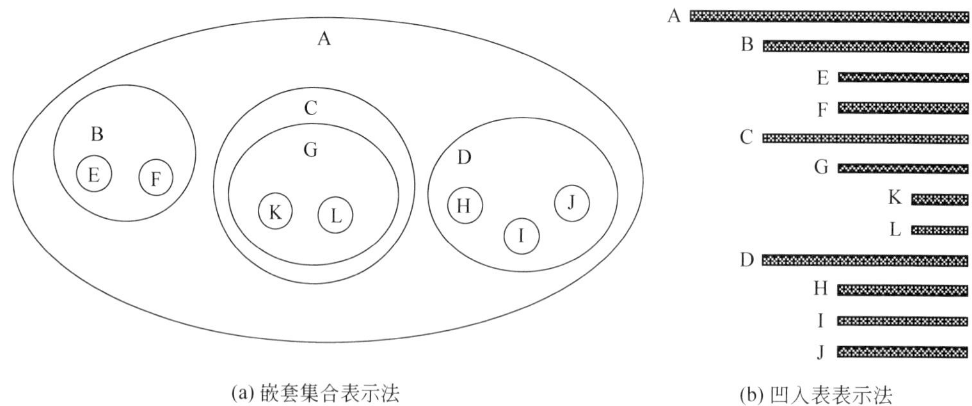

A(B(E, F), C(G(K, L)), D(H, I, J))

(c) 广义表表示法

图6.3 树的三种表示方法

(3) 凹入表(缩进)表示法。该表示法类似于书的目录,用节点逐层缩进的方法表示树中各节点之间的层次关系,如图6.3(b)所示。

(4) 广义表(嵌套括号)表示法。该表示法用括号的嵌套表示节点之间的层次关系,主要用于树的理论的描述,如图 6.3(c)所示。

6.1.3 树的常用术语

下面给出树结构中的常用术语。

(1) 节点

节点表示一个数据元素和若干指向其子树的分支。例如,图 6.2(b)所示的树中,A、B、C、D、E、F、G、H、I、J、K、L 都是树中的节点。

(2) 节点的度

节点的度是指一个节点拥有的子树个数。图 6.2(b)所示的树中,A 的度为 3,C 的度为 1,F 的度为 0。

(3) 树的度

树的度是指树中节点的最大度数。图 6.2(b)中树的度为 3。

(4) 叶子

度为零的节点称为叶子。图 6.2(b)所示的树中,E、F、H、I、J、K、L 都是树的叶子节点。

(5) 分支节点

度不为零的节点。一棵树除了叶子节点外,其余都是分支节点。

(6) 孩子和双亲

节点的子树的根称为该节点的孩子,相应地,该节点称为孩子的双亲。图 6.2(b)所示的树中,A 节点是 B、C、D 节点的双亲,而 B、C、D 节点是 A 节点的孩子。

(7) 兄弟

同一个双亲的孩子之间互称为兄弟。图 6.2(b)所示的树中,H、I、J 互为兄弟。

(8) 祖先和子孙

节点的祖先是指从根到该节点所经分支上的所有节点。相应地,以某一节点为根的子树中的任一节点称为该节点的子孙。图 6.2(b)所示的树中,A 是所有节点的祖先,A、C 节点是 G、K、L 的祖先,K、L 节点是 A、C、G 节点的子孙。

(9) 节点的层次

节点的层次从根开始定义,根节点的层次为 1,其孩子节点的层次为 2。以此类推,任意节点的层次为双亲节点层次加 1。

(10) 堂兄弟

双亲在同一层的节点互为堂兄弟。图 6.2(b)所示的树中,G 与 E、F、H、I、J 互为堂兄弟。

(11) 树的深度

树中节点的最大层次称为树的深度。图 6.2(b)所示的树的深度为 4。

(12) 有序树和无序树

将树中每个节点的各个子树看成是从左到右有次序的(即位置不能互换),则称该树为有序树,否则称为无序树。

(13) 森林

森林是 $m(m \geqslant 0)$ 棵互不相交的树的有限集合。对树中每个节点而言,其子树的集合即为森林；反之，若给森林中的每棵树的根节点都赋予同一个双亲节点，便得到一棵树。

6.2 树的基本操作

树是一种应用非常广泛的数据结构，树的基本操作有如下几种。

(1) 初始化 InitTree(T)：将树 T 初始化为一棵空树。

(2) 判断树空 TreeEmpty(T)：判断一棵树 T 是否为空，若为空，返回真；否则返回假。

(3) 求根节点 Root(T)：返回树 T 的根节点。

(4) 求双亲节点 Parent(T,x)：返回 x 的双亲节点，如果 x 为根节点，则返回空。

(5) 求孩子节点 Child(T,x,i)：求树 T 中节点 x 的第 i 个孩子节点，若节点 x 是叶子节点，或者无第 i 个孩子节点，则返回空。

(6) 插入子树 InsertChild(T,x,i,y)：将根为 y 的子树置为树 T 中节点 x 的第 i 棵子树。

(7) 删除子树 DeleteChild(T,x,i)：删除树 T 中节点 x 的第 i 棵子树。

(8) 遍历树 Traverse(T)：从根节点开始，按照一定的次序访问树中所有的节点。

6.3 树的存储结构

树的存储方式同样有顺序存储和链式存储两种方式。

用一段地址连续的存储单元依次存储线性表的数据元素是很自然的，但怎样存储一对多的树的节点呢？如果采用顺序存储，地址连续的存储方式是无法直接反映节点之间的逻辑关系的，需要进行一定的处理，这里介绍三种不同的表示方法：双亲表示法、孩子表示法、孩子兄弟表示法。

6.3.1 双亲表示法

树是一种非线性结构，为了存储树，不仅要存储树中各节点本身的数据信息，还要能唯一地反映树中各节点之间的逻辑关系。某个人可以没有孩子，但一定有且仅有一个双亲，树结构中的节点也是一样。下面介绍常用的顺序存储树的方式：双亲(数组)表示法。

双亲(数组)表示法是树的一种顺序存储结构，这种表示法用一维数组来存储树的有关信息，将树中的节点按照从上到下、从左到右的顺序存放在一个一维数组中，每个数组元素中存放一个节点的信息。

每个节点除了保存自己的数据值外，还增加一个指示器指示它的双亲节点在数组中的位置，节点结构如图 6.4 所示。

data	parent

图 6.4 树的双亲表示法的节点基本结构

其中 data 是数据域，存储节点的数据信息，而 parent 是指针域，存储该节点的双亲在数组中的下标，即双亲的下标值。这种存储结构的类型描述如下：

```
#define MaxSize  100                 /* 设树中节点总个数为 100 */
typedef int ElementType ;            /* 树节点的数据类型暂定为整型 */
typedef struct                       /* 树中节点的类型 */
{
    ElementType data;                /* ElementType 为树中节点数据域的数据类型 */
    int parent;                      /* 节点双亲的下标 */
}SeqTrNode;
typedef struct                       /* 树的类型 */
{
    SeqTrNode tree[MaxSize];         /* 用数组 tree 存放节点的信息 */
    int nodenum;                     /* 树中实际节点的个数 */
}SeqTree;
SeqTree T;
```

如图 6.5 给出了一棵树及其双亲表示法，用这种表示法要求出某个节点的双亲节点是非常容易的，例如求 D 节点的双亲，从它对应的 parent 域中找到，是序号为 0 的节点，即为 A。根节点是唯一没有双亲的节点，在它对应的 parent 域中记为−1，表示其双亲不存在。但这种表示法求某个节点的孩子节点比较困难，需要遍历整棵树。

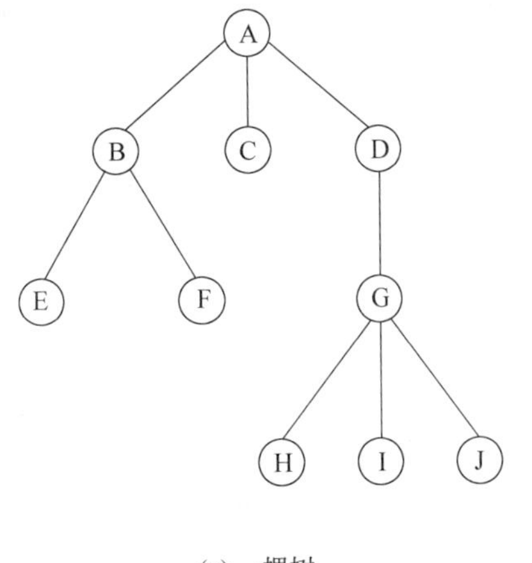

(a) 一棵树

	data	parent
0	A	-1
1	B	0
2	C	0
3	D	0
4	E	1
5	F	1
6	G	3
7	H	6
8	I	6
9	J	6

(b) 树的双亲数组表示法

图 6.5　树的双亲数组表示法

6.3.2　孩子表示法

前面指出树的双亲表示法找出某个节点的双亲很容易，但求节点的孩子比较困难，下面就来介绍孩子表示法。

由于树中每个节点可能有多棵子树，考虑每个节点有多个指针域，其中每个指针指向一棵子树的根节点。树的每个节点的度是不同的，也就是孩子个数不同，所以可设计两种方案来解决。

方案一：节点同构

此种方案中，节点的指针个数相等，都为树的度 D，孩子指针域的个数等于树的度，结构如图 6.6 所示。其中 data 表示数据域；child1 到 childD 是指针域，用来指向该节点的孩子

图 6.6　节点同构时的孩子表示法

节点。

这种方案对于树中各节点的度相差很大时，显然是很浪费空间的，因为有很多指针域是空的。

方案二：节点不同构

方案二指的是各个节点指针个数不等，每个节点指针为自身节点的度 d，专门设置一个存储单元来存储节点指针域的个数，结构如图 6.7 所示，其中 data 为数据域，degree 为度域，即存储该节点的孩子节点的个数。child1 到 childd 为指针域，指向该节点的各个孩子节点。

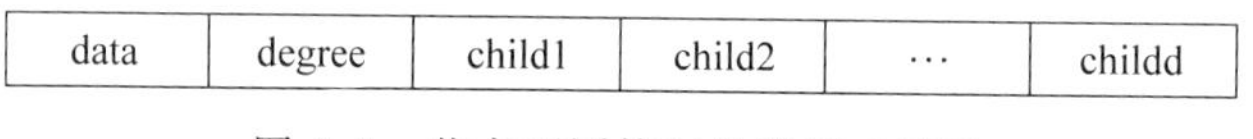

图 6.7　节点不同构时的孩子表示法

节点不同构方案克服了浪费空间的缺点，对空间利用率提高了，但是由于各个节点的链表是不相同的结构，加上要维护节点的度的数值，在运算上就会带来时间上的损耗。

有没有一种表示方法既可以减少空指针的浪费，又能使节点结构相同呢？为了要遍历整棵树，把每个节点放到一个顺序存储结构的数组中，但每个节点有多少孩子不能确定，所以应再对每个节点的孩子建立一个单链表体现关系，这就是孩子表示法。孩子表示法的具体办法是，把每个节点的孩子节点排列起来，以单链表做存储结构，则 n 个节点有 n 个孩子链表，如果是叶子节点则此单链表为空，然后 n 个头指针又组成一个线性表，采用顺序存储结构，存放进一个一维数组中，图 6.5(a)的树用孩子表示法如图 6.8 所示。

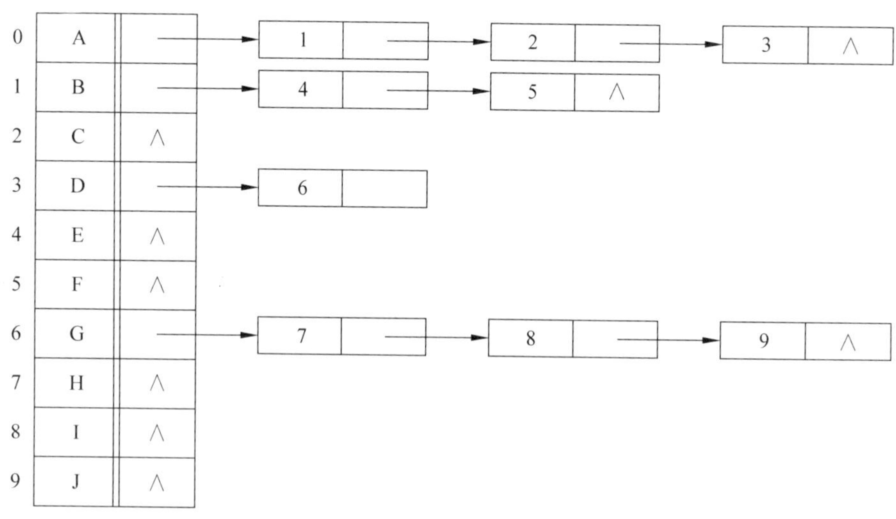

图 6.8　树的孩子链表表示法

为此，设计两种节点结构，一个是孩子链表的孩子节点，如图 6.9 所示。其中 child 是数据域，用来存储某个节点在表头数组中的下标；next 是指针域，用来存储指向某节点的下一个孩子节点的指针。

另一个是表头数组的表头节点，如图 6.10 所示。其中 data 代表数据域，存储节点的数据信息；firstchild 是头指针域，存储该节点的孩子链表的头指针。

图 6.9　孩子节点结构　　　图 6.10　表头节点结构

以下是孩子表示法的结构定义代码。

```
#define MaxSize 100                    /*设树中节点总个数为 100*/
typedef int ElementType;
/*孩子节点结构*/
typedef struct ChNode
{
    int child;
    struct ChNode  *next;
} ChildNode, *ChPoint;
/*顺序表中表头的结构*/
typedef struct
{
    ElementType data;
    ChPoint FirstChild;                /*指向第一个孩子节点的指针*/
}Node;
/*树的结构*/
typedef struct
{
    Node TreeList [MaxSize];
    int nodenumber;                    /*树中实际所含节点的个数*/
} ChList;
```

这样的结构对于要查找某个节点的某个孩子，只需查找这个节点的孩子单链表即可，遍历整棵树也很方便，即只需要对头节点的数组循环即可。

但这种孩子表示法找双亲比较困难，所以需要把双亲表示法和孩子表示法结合起来，这种改进结构请学生自行设计。

6.3.3　孩子兄弟表示法

上面两节分别从双亲的角度和从孩子的角度来表示树的存储结构，可以很方便地找到节点的双亲或孩子，但找节点的兄弟就会比较困难。如果从树节点兄弟的角度考虑，应该怎么设计树的存储结构呢？因为树的结构本质是层级结构，不能只研究节点的兄弟，而应把孩子和兄弟的存储放在一起设计。

任意一棵树的节点，如果它的第一个孩子和它的右兄弟如果存在，必定是唯一的，因此可设置两个指针，分别指向该节点的第一个孩子和此节点的右兄弟，节点结构如图 6.11 所示。其中 data 是数据域，firstchild 存储该节点第一个孩子节点的存储地址，rightsibling 存储该节点的右兄

data	firstchild	rightsibling

图 6.11　孩子兄弟表示法的节点结构

弟节点的存储地址。

树的孩子兄弟表示法结构定义代码如下：

```
/*树的孩子兄弟表示法结构定义*/
typedef int ElementType ;
typedef struct TrNode
{
    ElementType data;
    struct TrNode * FirstChild, *RightSibling;
}TreeNode, * ChSiTree;
ChSiTree root;        /*指向树根节点的指针*
```

对于图6.5(a)所示的树，用孩子兄弟表示法所表示的图如图6.12所示。

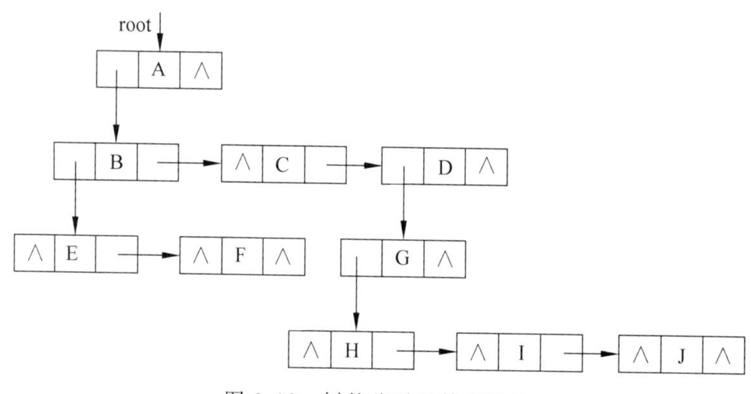

图6.12　树的孩子兄弟表示法

这种孩子兄弟表示法方便了查找节点的孩子和兄弟，其缺点是破坏了树的层次。

6.4　二叉树的定义和基本操作

二叉树是树形结构中一种最典型、最常用的结构，处理起来比一般树简单，而且树也可以很容易地转换成二叉树，所以二叉树是本章介绍的重点。

6.4.1　二叉树的定义

二叉树(Binary Tree)是 $n(n\geqslant 0)$ 个节点的有限集合BT，它或者是空集，或者由一个根节点和两棵分别称为左子树和右子树的互不相交的二叉树组成。

其特点是每个节点至多有二棵子树(即不存在度大于2的节点)；二叉树的子树有左、右之分，且其次序不能任意颠倒，因此二叉树有5种基本形态，如图6.13所示。

6.4.2　二叉树的基本操作

(1) 初始化函数InitTree(BT)：将二叉树BT初始化为一棵空树。

(2) 判断二叉树是否为空的函数TreeEmpty(BT)：判断一棵树BT是否为空，若为空，

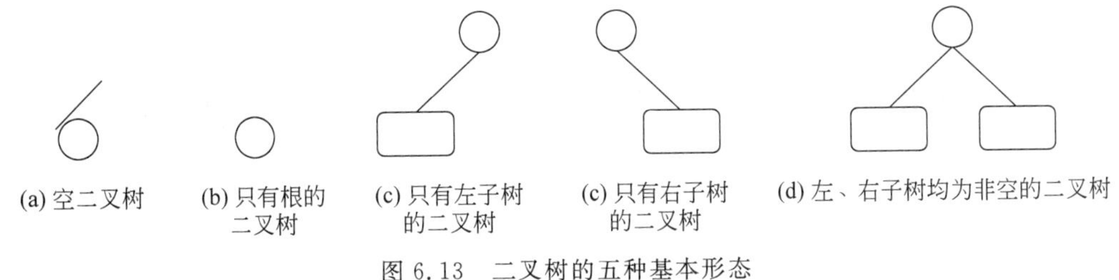

图 6.13　二叉树的五种基本形态

返回真;否则返回假。

(3) 求根节点的函数 Root(BT)：返回树 BT 的根节点。

(4) 求双亲节点的函数 Parent(BT,x)：返回二叉树 BT 中 x 的双亲节点,如果 x 为根节点,则返回空。

(5) 求二叉树的高度的函数 Depth(BT)：返回二叉树 BT 的高度(深度)。

(6) 求节点的左孩子的函数 LChild(BT,x)：返回二叉树 BT 中节点 x 的左孩子节点,若节点 x 为叶子节点或 x 不在二叉树 BT 中,则返回值为“空”。

(7) 求节点的右孩子的函数 RChild(BT,x)：返回二叉树 BT 中节点 x 的右孩子节点,若节点 x 为叶子节点或 x 不在二叉树 BT 中,则返回值为“空”。

(8) 遍历二叉树的函数 Traverse(BT)：从根节点开始,按照一定的次序访问二叉树 BT 中所有的节点。

6.4.3　二叉树的性质

性质 1　在二叉树的第 i 层上至多有 2^{i-1} 个节点($i \geqslant 1$)。

用归纳法可证明此性质。

证明：当 $i=1$ 时,是二叉树的第一层,只有一个根节点,而 $2^{i-1}=2^0=1$,故命题成立。

假设对所有的 $j(1 \leqslant j < i)$ 命题成立,即第 j 层上至多有 2^{j-1} 个节点,那么可以证明 $j=i$ 时命题也成立。

由归纳假设,第 $i-1$ 层上至多有 2^{i-2} 个节点。由于二叉树的每个节点至多有两个孩子,故第 i 层上的节点数,至多是第 $i-1$ 层上的最大节点数的 2 倍,即 $j=i$ 时,该层上至多有 $2 \times 2^{i-2}$ 即 2^{i-1} 个节点,故命题成立。

性质 2　深度(高度)为 k 的二叉树至多有 $2^k-1(k \geqslant 1)$ 个节点。

证明：深度为 k 的二叉树的最大节点数应为每一层最大节点数之和,根据性质 1,最大节点数为：

$$2^0+2^1+\cdots+2^{k-1}=2^k-1$$

性质 3　对任意一棵二叉树 BT,如果其叶子节点个数为 n_0,度为 2 的节点个数为 n_2,则 $n_0=n_2+1$。

证明：设二叉树中度为 1 的节点个数为 n_1,二叉树的节点总数为 n,因为二叉树中所有节点的度均小于或等于 2,所以二叉树中节点总数 $n=n_0+n_1+n_2$。另外,在二叉树中度为 1 的节点有 1 个孩子,度为 2 的节点有 2 个孩子,故二叉树中孩子节点的总数为 n_1+2n_2,而二叉树中只有根节点不是任何节点的孩子,故二叉树中的节点总数又可表示为：$n=n_1+2n_2+1$,即 $n=n_0+n_1+n_2=n_1+2n_2+1$,可得 $n_0=n_2+1$。

以上三个性质是一般二叉树都具有的。为研究二叉树的其他性质，下面介绍两种特殊形式的二叉树，即完全二叉树和满二叉树。

满二叉树指深度为 k 且有 2^k-1 个节点的二叉树，称为满二叉树，如图 6.14 所示。

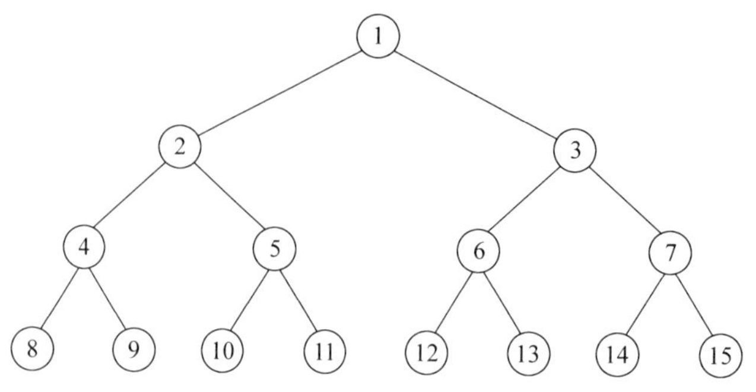

图 6.14 满二叉树示例图

特点：每一层上的节点数都是最大节点数。

完全二叉树指深度为 k，有 n 个节点的二叉树当且仅当其每一个节点都与深度为 k 的满二叉树中编号从 1 至 n 的节点一一对应时，称为完全二叉树，如图 6.15 所示。

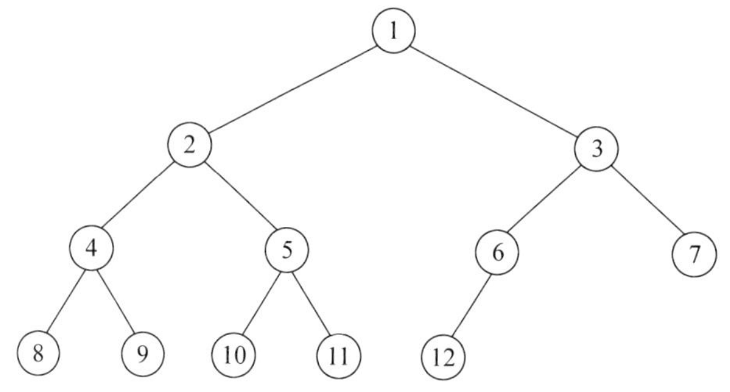

图 6.15 完全二叉树示例图

特点：叶子节点只可能在层次最大的两层上出现，对任一节点，若其右分支下子孙的最大层次为 L，则其左分支下子孙的最大层次必为 L 或 $L+1$。

注意：满二叉树必为完全二叉树，而完全二叉树不一定是满二叉树。

性质 4 具有 n 个节点的完全二叉树的深度为：$\lfloor \log_2 n \rfloor+1$。

性质 5 如果对一棵有 n 个节点的完全二叉树(其深度为$\lfloor \log_2 n \rfloor+1$)的节点按层序编号，其中根节点为第一层，按层次从上到下，同层从左到右，则对任意编号为 $i(1\leqslant i\leqslant n)$的节点有以下性质。

(1) 如果 $i=1$，则节点 i 是二叉树的根，无双亲；如果 $i>1$，则其双亲是$\lfloor i/2 \rfloor$。

(2) 如果 $2i>n$，则节点 i 无左孩子，即该节点为叶子节点；如果 $2i\leqslant n$，则其左孩子是 $2i$。

(3) 如果 $2i+1>n$，则节点 i 无右孩子；如果 $2i+1\leqslant n$，则其右孩子是 $2i+1$。

6.4.4 二叉树的顺序存储结构

二叉树的顺序存储结构就是用一维数组存储二叉树的数据元素，数组的下标要能体现节点之间的逻辑关系，包括双亲与孩子的关系、左右兄弟的关系等。具体的做法是将完全二

叉树上编号为 i 的节点元素存储在一维数组下标为 i 的元素中。二叉树及其顺序存储结构如图 6.16 所示。

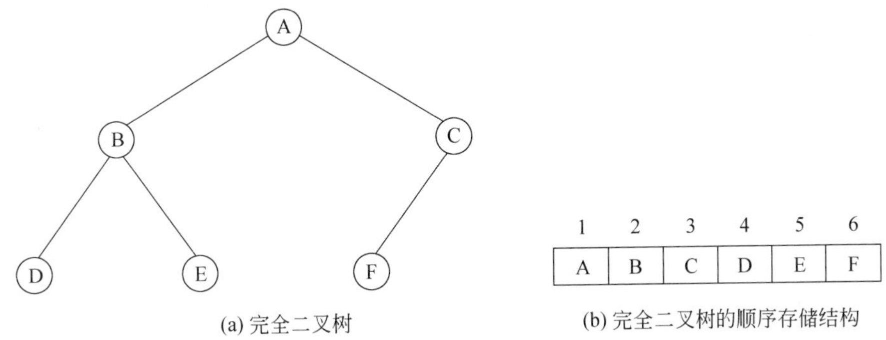

(a) 完全二叉树　　(b) 完全二叉树的顺序存储结构

图 6.16　完全二叉树及其顺序存储结构

这种顺序存储结构按满二叉树的节点层次编号，把二叉树中的数据元素依次存放在一个一维数组中。节点间的关系蕴含在其存储位置中，按照性质 5 可确定节点间的关系，如下标为 i 的节点如果有双亲，其双亲的下标为 $i/2$；如果有左孩子，左孩子的下标为 $2i$；如果有右孩子，其右孩子的下标为 $2i+1$，如图 6.17 所示。

```
#define MaxSize50
typedef char TElemType;
typedef struct SeqBT
{
    TElemType btree[MaxSize];        //二叉树中节点的数据域
    int length;                      //实际节点数
} SeqBT;
```

其中 MaxSize 为二叉树的最大节点数，SeqBT 为二叉树节点的类型。对完全二叉树来说，这种顺序存储结构简单，存储效率高。但对于一棵一般的二叉树，要通过节点的下标反映节点之间的逻辑关系，就必须按完全二叉树的形式来存储二叉树的节点，即将其每个节点与完全二叉树上的节点相对应。例如图 6.17(a)所示的一棵一般二叉树，该二叉树只有三个节点，但要用顺序存储方式存储它，必须补成同样深度的含 5 个节点的完全二叉树，即添上一些并不存在的“虚节点”，使它成为图 6.17(b)所示的完全二叉树，其顺序存储结构如图 6.17(c)所示，浪费了两个存储空间。极端情况下，对一棵深度为 k 的左单支树或右单支树，k 个节点需要 2^k-1 个存储空间，空间的浪费最严重。

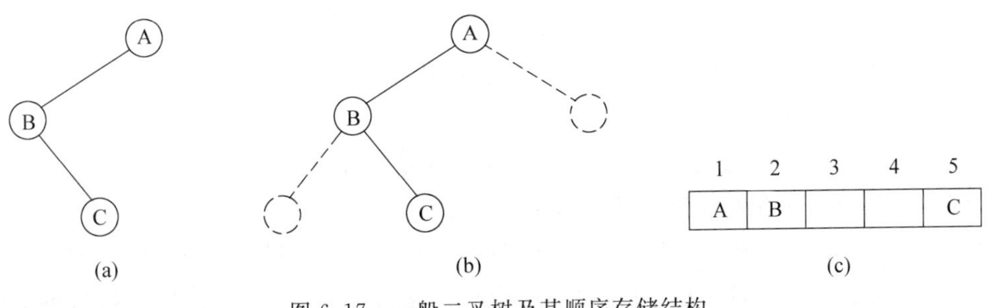

(a)　(b)　(c)

图 6.17　一般二叉树及其顺序存储结构

6.4.5 二叉树的链表存储结构

二叉树的顺序存储结构比较浪费存储空间,可以考虑链式存储结构。二叉树每个节点最多有两个孩子,所以为它设计一个数据域和两个指针域,这样的链表叫作二叉链表,节点结构如图 6.18 所示,其中 data 是数据域,lchild 和 rchild 都是指针域,分别存放指向左孩子和右孩子的指针。

lchild	data	rchild

图 6.18 二叉链表节点结构

以下是二叉链表的节点结构定义的代码。

```
//二叉树的二叉链表节点结构定义
typedef char TElemType;
typedef struct BNode
{
    ElemType data;
    struct BNode * lchild, * rchild;
}BTNode, * BinTree;
```

二叉链表的结构示意图如图 6.19 所示。

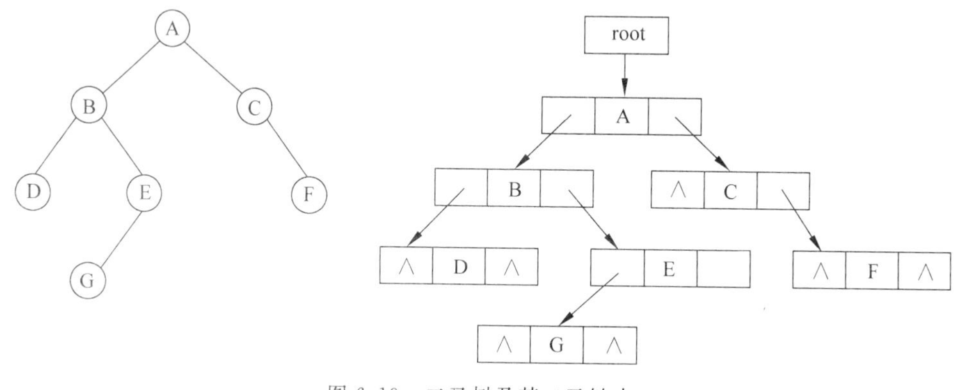

图 6.19 二叉树及其二叉链表

如果有需要,可以再增加一个指向其双亲的指针域,称为三叉链表,与树所讨论的存储结构类似。

6.5 二叉树的遍历

在二叉树的应用中,常常需要在树中查找具有某种特征的节点,或者对树中全部节点进行处理,这就要求对二叉树进行遍历。

遍历二叉树(Traversing Binary Tree)是指从根节点出发,按一定的次序访问二叉树的所有节点,使每个节点被访问一次,且仅被访问一次。

"访问"的含义很广,在遍历过程中,每个节点的数据域可以读取、修改或进行其他操作,如输出节点的信息等。遍历问题对于线性结构来说很容易实现,但对于二叉树这种非线性结构来说就不那么容易了，因为从二叉树的任意节点出发，既可以向左走，也可以向右走，所以必须找到一种规律，以便使二叉树上的节点能排列在一个线性队列上，即得到二叉树各节点的线性排序，使非线性的二叉树线性化。

从二叉树的定义可知，二叉树是由三个基本单元组成：根节点、左子树和右子树。假如以 L、D、R 分别表示遍历左子树、访问根节点和遍历右子树，则有 DLR、LDR、LRD、DRL、RDL、RLD 六种遍历二叉树的方案。若限定先左后右，则二叉树遍历的常用方法有三种：DLR、LDR 和 LRD，分别称作先根次序（或叫前序、先序）遍历、中根次序（或叫中序）遍历和后根次序（或叫后序）遍历。

在介绍常用的三种遍历算法之前，先介绍一下遍历的具体方法。例如有一棵二叉树，如图 6.20 所示，它有 4 个节点，为了便于理解遍历思想，给二叉树中每个没有子树的节点均补充上相应的空子树，用∅表示。设想有一条搜索路线，它从根节点的左支开始，自上而下自左至右搜索，最后由根节点右支向上出去。恰好搜索线途经每个有效节点都是三次。把第一次经过就访问的节点列出，分别是 A、B、D、C，这就是先根遍历的结果。第二次经过才访问的则是中根遍历，其遍历结果是 B、D、A、C。第三次经过才访问的则是后根遍历，其结果是 D、B、C、A。

下面分别介绍三种遍历算法，算法中采用二叉链表作为二叉树的存储结构。

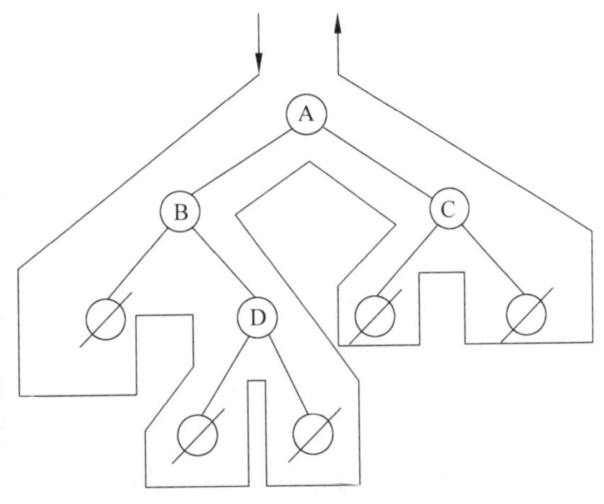

图 6.20　要遍历的二叉树

6.5.1　二叉树的先根遍历方法

先根遍历二叉树的递归定义如下：

若二叉树为空，则返回；否则依次执行以下操作。

(1) 访问根节点。

(2) 先序遍历根节点的左子树。

(3) 先序遍历根节点的右子树。

(4) 返回。

先根遍历递归算法如下：

```
//先根遍历以 bt 为根的二叉树
void  PreOrder(BTNode. * bt)
{
    if (bt)
    {
        printf("%c",bt.->data);     //访问根节点
        PreOrder(bt->lchild);       //先序遍历左子树
        PreOrder(bt->rchild);       //先序遍历右子树
    }
}/* PreOrder */
```

为了进一步理解递归算法，结合图 6.20 中的二叉树，对以上先根遍历算法的执行情况进行分析，如图 6.21 所示。

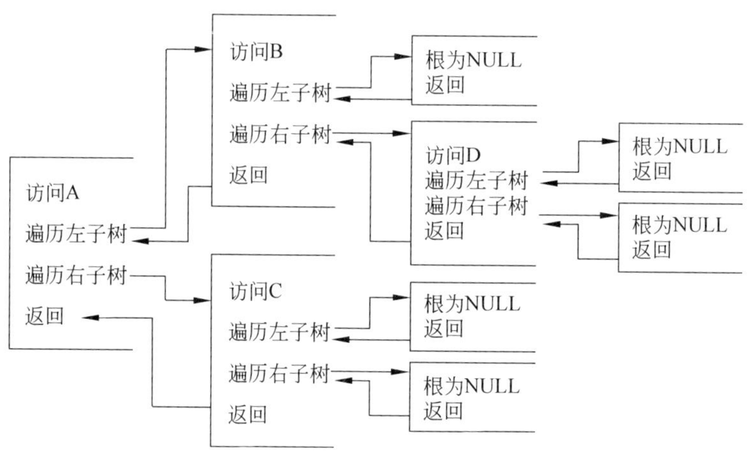

图 6.21　先根遍历递归调用

从图 6.21 中可知，在访问根节点之后，先对其左子树进行先根遍历，即进入下一层递归调用。当返回本层调用时，仍以本层根节点为基础，对其右子树进行先根遍历。当从下层递归调用再次返回本层时，接着就从本层调用返回到上一层调用。依次类推，最终返回主程序。此外，图 6.20 所示二叉树的深度为 3，但递归调用的深度要为 4 层，因为在遇到空子树时，仍要调用一次 Preorder 函数，只不过因为子树的根为空时就立即返回而已。

如果要把上面的递归算法写成一个等价的非递归算法，则需要使用一个堆栈，用来暂存某些需要的信息。

对于先根遍历二叉树而言，在访问根节点之后，可以直接找到这个根的左子树进行遍历；但是当左子树遍历完毕后，还必须沿着已经走过的路线返回到根节点，再通过根节点才能找到它的右子树。因此，在从根节点走向它的左孩子之前，必须把根节点的地址送入堆栈中暂存起来。左子树遍历完后，再按后进先出的原则取回栈顶元素，才能得到根节点的地址，最后遍历根的右子树。

根据如上思想，先根遍历二叉树的非递归算法如下：

```
/* 非递归先根遍历二叉树,S 是 BTNode * 类型的堆栈 */
void Preorder2(BTNode *bt)
{
    p=bt;
    InitStact(S);                      /* 初始化堆栈,置栈空 */
    while (p || !StactEmpty(S))
    {
        /* 二叉树非空 */
        if (p)
        {
            printf("%c", p->data);     /* 访问根节点 */
            Push(S,p);                 /* 根指针进栈 */
            p=p->lchild;               /* p 移向左孩子 */
        }
        else{                          /* 栈非空 */
            Pop(S,p);                  /* 双亲节点出栈/*
            p=p->rchild;               /* p 移向右孩子 */
        }
    }                                  /* 二叉树空且栈空 */
}
```

对照图 6.20 中的二叉树,在先根非遍历过程中,堆栈 S 的内容变化如图 6.22 所示。

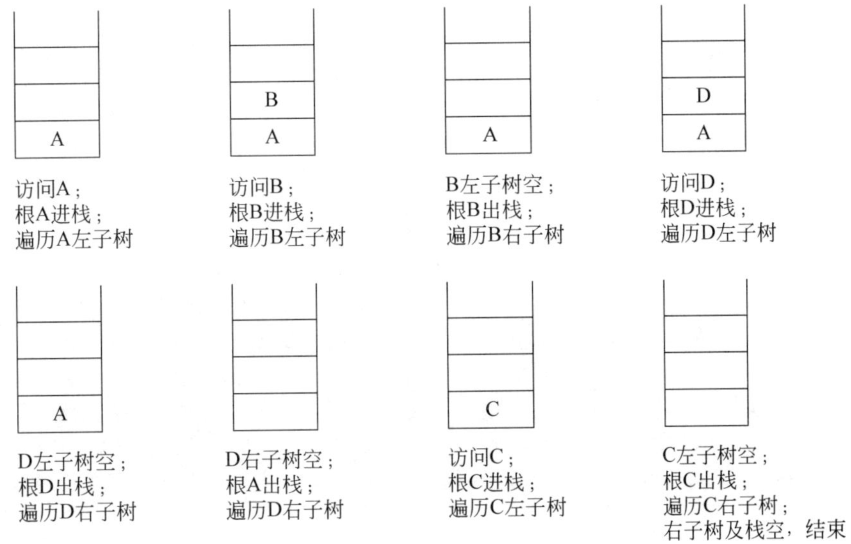

图 6.22　先根非递归遍历中堆栈 S 的内容变化

对比递归和非递归算法,递归算法无疑更加简单精练,但递归算法如果层次过深,系统堆栈就会溢出,所以在二叉树节点非常多,事先估计到层次很深的情况下,可以考虑使用非递归算法。

6.5.2　二叉树的中根遍历方法

中根遍历二叉树的递归定义如下:

若二叉树为空，则返回；否则依次执行以下操作。

(1) 中序遍历根节点的左子树。

(2) 访问根节点。

(3) 中序遍历根节点的右子树。

(4) 返回。

中根遍历递归算法描述如下：

```
//中根遍历树
void InOrder(BTNode *bt)
{
    if (bt)
    {
        InOrder (bt->lchild);          //中根序遍历左子树
        printf("%c",bt->data);         //访问根节点
        InOrder (bt->rchild);          //中根遍历右子树
    }
}/*InOrder*/
```

现在介绍中根遍历的非递归算法，它与先根遍历的非递归算法 Preorder2 相似，只是输出语句位置不同，即访问根节点的时机不同，算法如下：

```
/*中根遍历二叉树 bt 的非递归算法,S 是 BTNode *类型的栈*/
void Inorder2(BTNode *bt){
    p=bt;
    InitStact(S);                          /*置栈空*/
    while (p || ! StactEmpty(S)){
        if(p) { Push(S,p); p=p->lchild; }
        else {
            Pop(S,p);
            printf("%c",p->data);          /*访问根节点*/
            p=p->rchild;
        }
    }
}
```

6.5.3 二叉树的后根遍历方法

后根遍历的递归定义如下：

若二叉树为空，则返回；否则依次执行以下操作。

(1) 后序遍历根节点的左子树。

(2) 后序遍历根节点右子树。

(3) 访问根节点。

(4) 否则，遍历结束。

```
//后根遍历树
void PostOrder(BTNode *bt)
{
    if (bt)
    {
        PostOrder(bt->lchild);    //后根序遍历左子树
        PostOrder(bt->rchild);    //后根遍历右子树
        printf("%c ",bt->data);   //访问根节点

    }
}/*PostOrder*/
```

后根遍历的非递归算法较为复杂。在访问一个节点之前，要两次历经这个节点。第一次，由该节点沿着其左链前进，遍历左子树。遍历完左子树之后，返回到这个节点。第二次，再由该节点沿着其右链遍历右子树。遍历完右子树之后才能访问这个节点。一个节点的指针值需要两次进栈两次出栈。只有在其第二次出栈后，才能访问这个节点。因此，需要再设一个辅助栈来记录节点的指针出栈的次数，由此决定是否访问栈顶节点。

三种遍历算法的不同之处仅在于访问根节点和遍历左右子树的先后次序，若在算法中暂时抹去和递归无关的 printf 语句，则三种遍历算法基本上相同，这说明这三种遍历算法的搜索路线相同，从递归执行过程的角度来看三种遍历算法也是完全相同的，图 6.23 显示了相应二叉树的三种遍历的搜索路线。

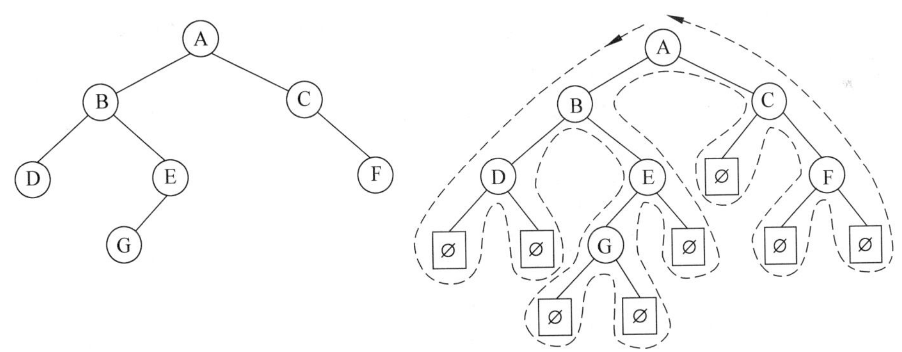

图 6.23　二叉树及其三种遍历路径

二叉树遍历算法中的基本操作是访问根节点，不论按哪种次序遍历，都要访问所有的节点，对含 n 个节点的二叉树，其时间复杂度均为 $O(n)$。所需辅助空间为遍历过程中所需的栈空间，最多等于二叉树的深度 k 乘以每个节点所需空间数，最坏情况下树的深度为节点的个数 n，因此，其空间复杂度也为 $O(n)$。

6.5.4　遍历序列与二叉树的结构

对一棵二叉树进行遍历得到的遍历序列是唯一的。但仅由一个二叉树的遍历序列(先根或中根或后根)是不能决定一棵二叉树的。例如图 6.24(a)和图 6.24(b)所示的是两棵不同的二叉树，它们的先序遍历序列是相同的，都是 ABDECFG。

可以证明，如果同时知道一棵二叉树的先根序列和中根序列，或者同时知道一棵二叉树

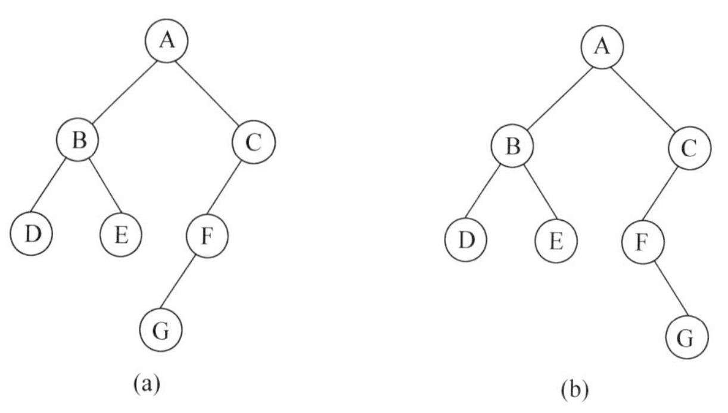

图 6.24　两棵不同的二叉树

的中根序列和后根序列，就能唯一地确定这棵二叉树。例如知道一棵二叉树的先根序列和中根序列，如何构造二叉树呢？由定义可知，二叉树的先根遍历是先访问根节点 D，然后遍历根的左子树 L，最后遍历根的右子树 R。因此在先根序列中的第一个节点必是根节点 D；另一方面，中根遍历是先遍历根的左子树 L，然后访问根节点 D，最后遍历根的右子树 R，于是根节点 D 把中根序列分成两部分：在 D 之前的是由左子树中的节点构成的中根序列，在 D 之后的是由右子树中的节点构成的中根序列。反过来，根据左子树的中根序列的节点个数，又可将先根序列除根以外的节点分成左子树的先根序列和右子树的先根序列。依次类推，即可递归得到整棵二叉树。

例如已知一棵二叉树的先根序列为 ABDGCEF，中根序列为 DGBAECF，构造其对应的二叉树。首先由先根序列得知二叉树的根为 A，则其左子树的中根序列必为 DGB，右子树的中根序列为 ECF。反过来得知其左子树的先根序列必为 BDG，右子树的先根序列为 CEF。类似地分解下去，过程如图 6.25 所示，最终就可得到整棵二叉树，如图 6.26 所示。

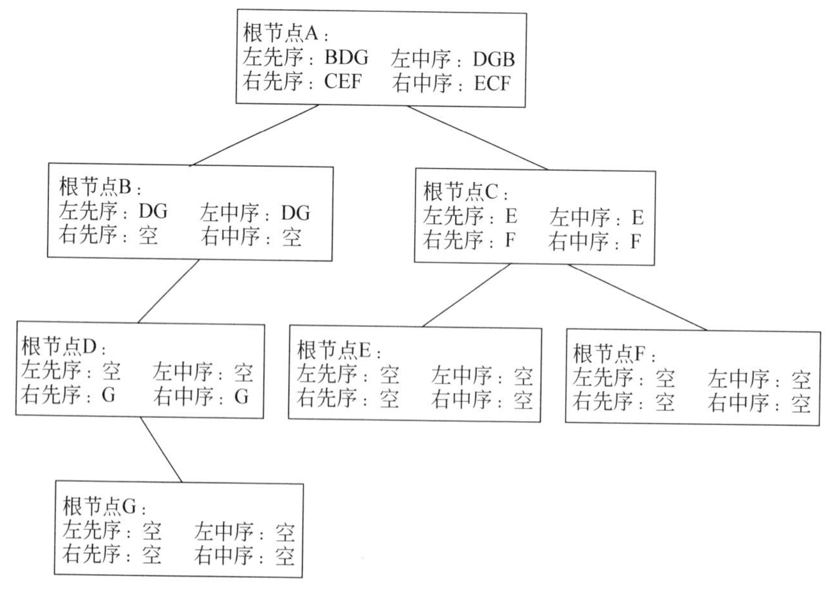

图 6.25　由先根序列和中根序列构造二叉树的过程

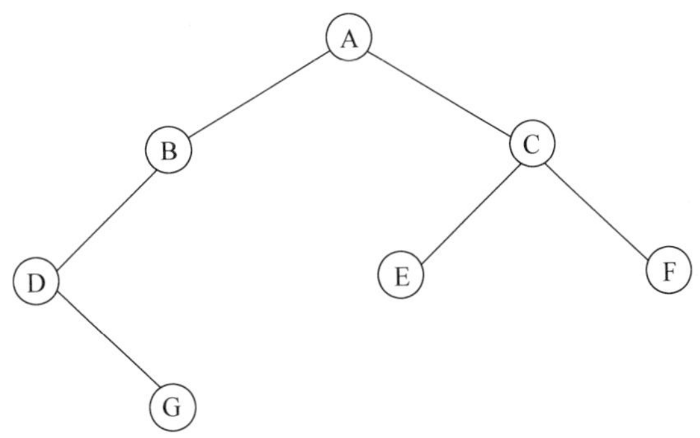

图 6.26　由先根序列和中根序列构造的二叉树

6.6　创建二叉树

需要先在内存中创建一棵二叉树，才有遍历这些操作的基础，本小节就来谈谈关于二叉树创建的问题。

建立二叉树的方法有很多种，大致可分为两类：一类是根据二叉树的性质 5，用顺序存储的方式存储二叉树；另一类是用链表存储的方式，用递归的方法创建二叉树。

6.6.1　用顺序存储方式创建二叉树

对于一棵任意二叉树，先按满二叉树对节点进行编号，如图 6.27(a)所示，原始数据序列如图 6.27(b)所示。

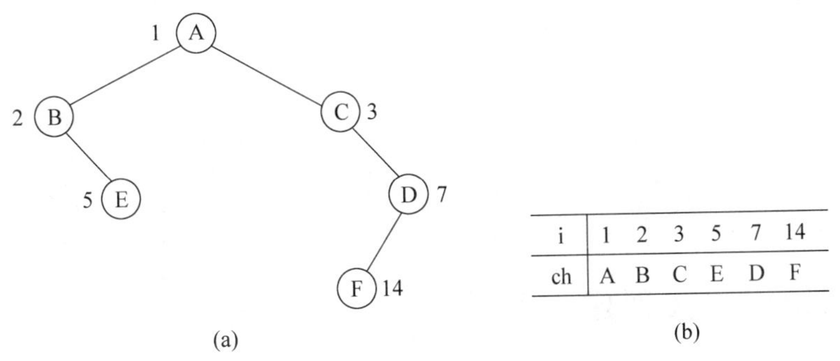

i	1	2	3	5	7	14
ch	A	B	C	E	D	F

图 6.27　二叉树编号及对应数据表

这个算法需要设置一个指针数组 p，用于存放指向节点的指针，如 p[i]存放的是编号为 i 的节点的指针，即节点编号为 i 的节点的地址。按图 6.27(b)的表逐个输入数据对(节点编号 i 和数据域 ch)。每输入一对数(i,ch)，便产生一个二叉树的新节点 s，同时将该节点的指针保存在 p[i]中。当 i=1 时，所产生的节点为根节点。当 i>1 时，由性质 5 可知：其双亲节点的编号为 j=i/2。如果 i 为偶数，则它是双亲的左孩子，令 p[j]－>lchild=p[i]；如果 i 为奇数，则它是双亲的右孩子，令 p[j]－>rchild=p[i]，这样就可将每个节点与其双亲节点相连，从而建立起二叉链表。

根据以上思想，使用顺序存储形式建立二叉链表的算法如下：

```
//创建二叉树 bt,假设已定义二叉链表结构 BTNode
#include <stdio.h>
#include <stdlib.h>
#include <ctype.h>
#define Maxsize  30                       //最大节点数
BTNode *p[Maxsize+1];
//建立二叉链表
void Creat_Bt(BTNode *t)
{
    char ch;
    int i,j;                              //i 表示孩子节点, j 表示双亲节点
    BTNode *s,*t;
    printf("最大节点数为 30,以编号 0 或字符#作为结束标记\n");
    printf("\n 输入数据对 i,ch:");
    scanf("%d,%c",&i,&ch);
    while(i!=0 && ch!='#')
    {
        s=(BTNode *)malloc(sizeof(BTNode));
        s->data=ch;
        s->lchild=s->rchild=NULL;
        p[i]=s;
        if(i==1) t=s;                     //编号为 1 时作为根节点
        else {
            j=i/2;
            if(i%2==0)
                p[j]->lchild=s;
            else
                p[j]->rchild=s;
        }
       printf("\n enter i,ch:");
       scanf("%d,%c",&i,&ch);
    }
}
```

6.6.2 用链表方式创建二叉树

以图 6.20 中 4 个节点的二叉树为例，为了能让每个节点确认是否有左右孩子，给二叉树中每个没有子树的节点均补充上相应的空子树，用∅表示，如图 6.28 所示。字符输入时，用＃表示空，用加了空的二叉树一次遍历就可以确定一棵二叉树。图 6.28 的二叉树先根遍历序列为 AB＃D＃＃C＃＃。假设二叉树的节点均为一个字符，把先根遍历序列 AB＃D＃＃C＃＃挨个输入，可创建一棵如图 6.28 所示的二叉树，实现算法如下：

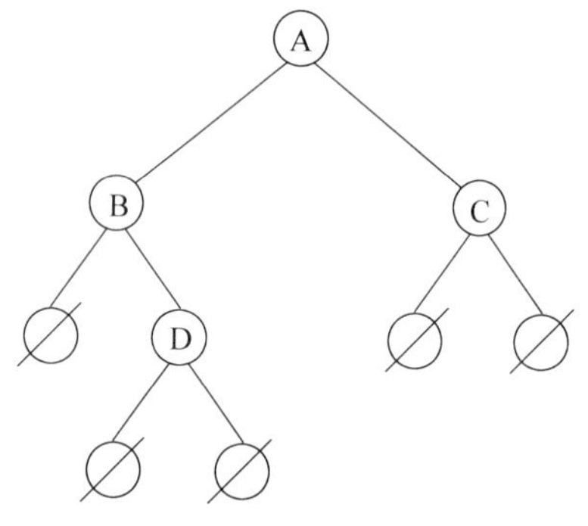

图 6.28　扩展二叉树

```
/* 按先根遍历序列输入二叉树中节点的值(一个字符) */
/* 输入先根遍历序列 AB#D##C## */
/* #表示空树,构造二叉链表表示二叉树 t */
void CreateTreePre(BTNode *t)
{
    TElemType ch;
    //输入节点字符
    scanf("%c",&ch);
    if(ch=='#')
        *t=NULL;
    else
    {
        *t=(BTNode)malloc(sizeof(BTNode));
        if(!*t)
        {
            printf("申请节点不成功!\n");
            exit(OVERFLOW);
        }
        (*t)->data=ch;                          /* 生成根节点 */
        CreateTreePre (&(*t)->lchild);          /* 构造左子树 */
        CreateTreePre (&(*t)->rchild);          /* 构造右子树 */
    }
}
```

这个建立二叉树的方法利用了递归的原理，只不过在原来输出节点的地方，修改成了生成节点、给节点赋值的操作。也可以用中根或后根遍历的方式实现二叉树的创建，只需将代码里生成节点和构造左右子树的代码顺序交换一下，输入的字符按中根遍历和后根遍历的顺序做相应的修改，比如中根遍历的序列应输入♯B♯D♯A♯C♯，而后根遍历的序列应为♯♯♯DB♯♯CA。中根遍历创建二叉树的算法描述如下：

```
/* 按中根遍历序列输入二叉树中节点的值(一个字符) */
/* 输入中根遍历序列#B#D#A#C# */
/* #表示空树,构造二叉链表表示二叉树 t */
void CreateTreeIn(BTNode *t)
{
    TElemType ch;
    //输入节点字符
    scanf("%c",&ch);
    if(ch=='#')
        *t=NULL;
    else
    {
        *t=(BTNode)malloc(sizeof(BTNode));
        if(!*t)
        {
            printf("申请节点不成功!\n");
            exit(OVERFLOW);
        }
```

```
        CreateTreeIn (&(*t)->lchild);             /*构造左子树*/
        (*t)->data=ch;                            /*生成根节点*/
        CreateTreeIn (&(*t)->rchild);             /*构造右子树*/
    }
}
```

后根遍历创建二叉树的算法描述如下：

```
/*按后根遍历序列输入二叉树中节点的值(一个字符)*/
/*输入后根遍历序列###DB##CA*/
/*#表示空树,构造二叉链表表示二叉树T*/
void CreateTreePost(BTNode *t)
{
    TElemType ch;
    //输入节点字符
    scanf("%c",&ch);
    if(ch=='#')
        *t=NULL;
    else
    {
        *t=(BTNode)malloc(sizeof(BTNode));
        if(!*t)
        {
            printf("申请节点不成功!\n");
            exit(OVERFLOW);
        }
        CreateTreePost (&(*T)->lchild);           /*构造左子树*/
        CreateTreePost (&(*T)->rchild);           /*构造右子树*/
        (*t)->data=ch;                            /*生成根节点*/
    }
}
```

6.7 树、森林与二叉树的转换

一般树的结构比较复杂，一个节点可以有任意多个孩子，显然对树的处理要复杂很多，研究关于树的性质和算法真的很不简单，没有规律。但在二叉树中，二叉树节点的孩子最多只有2个，非常有规律，二叉树是一种特殊的树，由于它的特殊性，很多性质和算法都被研究出来了，很多操作也比较容易实现。如果能把一般树转换为二叉树，许多操作都可以简化。为了更为简便地操作一般树，需要把它转换为二叉树，转换后的二叉树也应该能还原为一般树。

6.7.1 一般树转换为二叉树

将一般树转换为二叉树的步骤如图6.29所示，转换步骤如下：

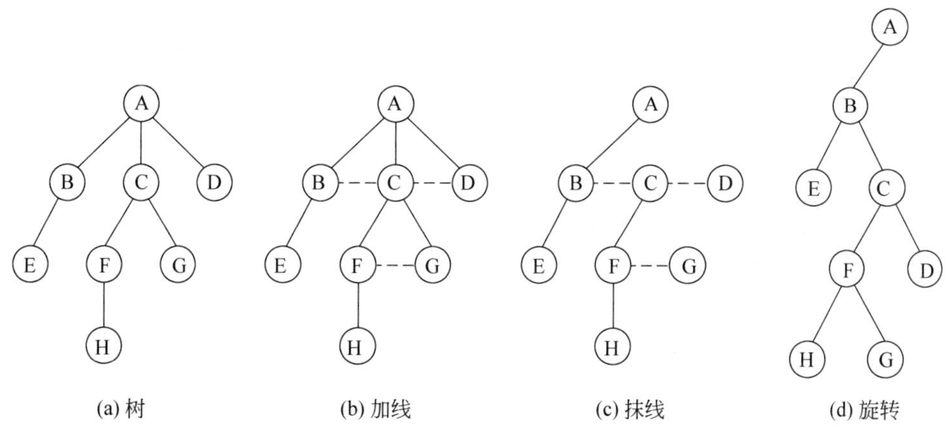

图 6.29 一般树转换为二叉树

(1) 加线。在各兄弟节点之间用虚线相连。可理解为每个节点的兄弟指针指向它的一个兄弟。

(2) 抹线。对每个节点仅保留它与其最左一个孩子的连线,抹去该节点与其他孩子之间的连线。可理解为每个节点仅有一个孩子指针,让它指向自己的第一个孩子。

(3) 旋转。把虚线改为实线从水平方向向下旋转 45°,成右斜下方向。原树中实线成左斜下方向。这样就形成一棵二叉树。

6.7.2 二叉树还原为一般树

二叉树还原为一般树时,该二叉树必须是由某一树转换而来的没有右子树的二叉树,其还原过程如图 6.30 所示,分为以下三个步骤:

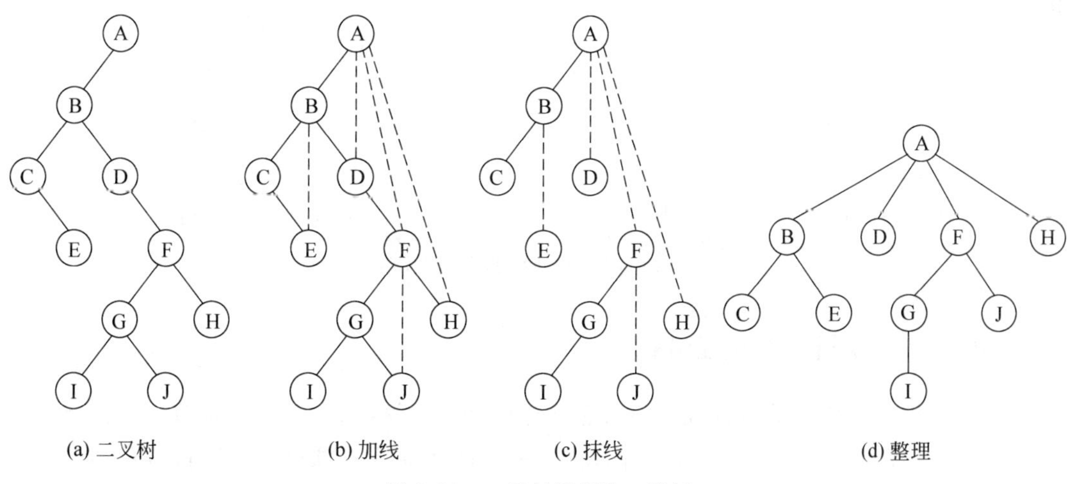

图 6.30 二叉树还原为一般树

(1) 加线。若某节点 i 是双亲节点的左孩子,则将该节点 i 的右孩子以及当且仅当连续地沿着右孩子的右链不断搜索到所有右孩子,都分别与节点 i 的双亲节点用虚线连接。

(2) 抹线。把原二叉树中所有双亲节点与其右孩子的连线抹去。这里的右孩子实质上是原一般树中节点的兄弟,抹去的连线是兄弟间的关系。

(3) 整理。把虚线改为实线,把节点按层次排列。

6.7.3 森林转换为二叉树

森林由若干棵树组成,是树的有限集合,如图 6.31(a)所示。森林转换为二叉树的步骤如图 6.31 所示。具体描述如下:

(1) 将森林中每棵子树转换成相应的二叉树,形成有若干二叉树的森林。

(2) 按森林中树的先后次序,依次将后边一棵二叉树作为前边一棵二叉树根节点的右子树,这样整个森林就生成了一棵二叉树。

(3) 第一棵树的根节点便是生成后的二叉树的根节点。

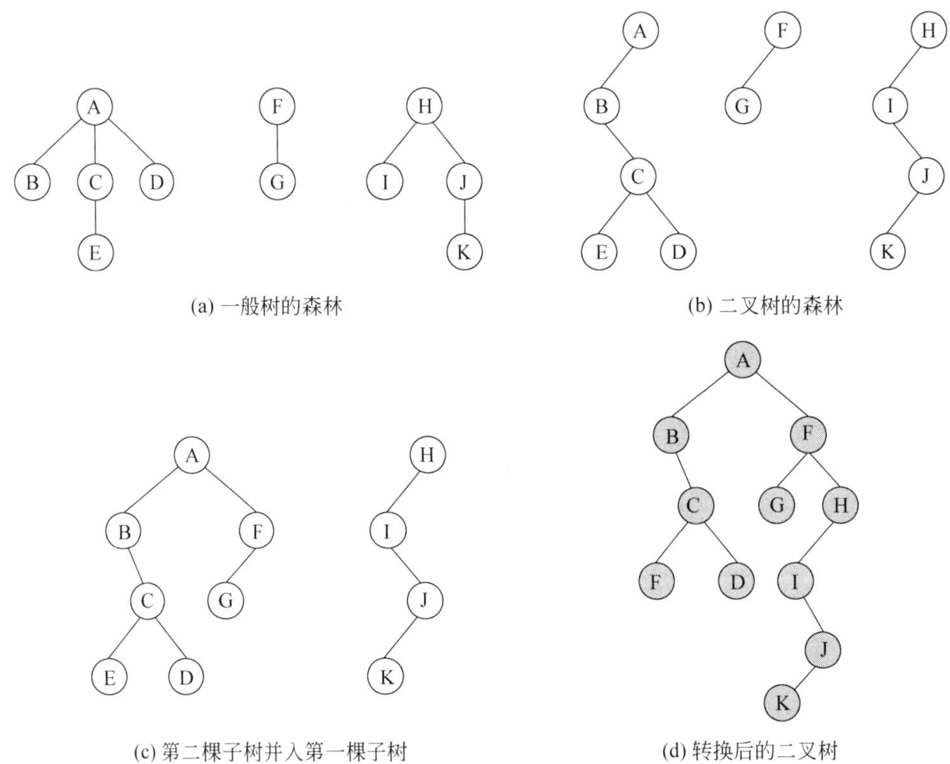

图 6.31 森林转换为二叉树

6.7.4 二叉树还原为森林

判断一棵二叉树能够转换成一棵树还是森林,就是看这棵二叉树的根节点有没有右孩子,有右孩子就可以还原为森林,没有右孩子就只能还原为一棵树,二叉树还原为森林,如图 6.32 所示,操作步骤描述如下:

(1) 抹线。将二叉树的根节点与其右孩子的连线以及当且仅当连续地沿着右链不断地搜索到的所有右孩子的连线全部抹去,这样就得到包含若干棵二叉树的森林。

(2) 还原。将每棵二叉树按二叉树还原为一般树的方法还原为一般树,即得到森林。

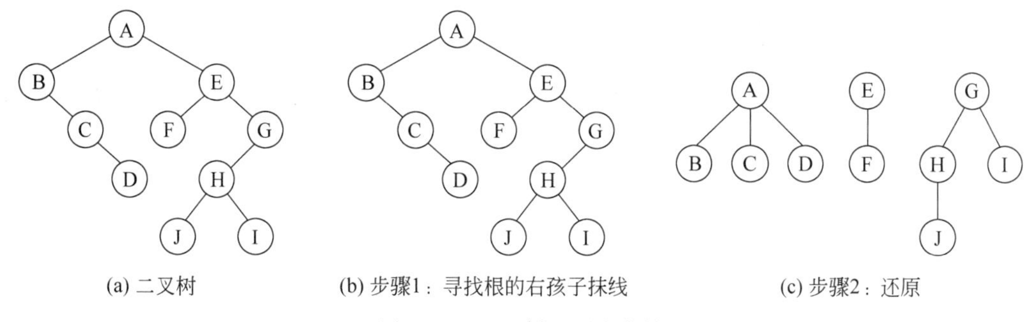

(a) 二叉树　(b) 步骤1：寻找根的右孩子抹线　(c) 步骤2：还原

图 6.32　二叉树还原为森林

6.7.5　树与森林的遍历

树的遍历分为两种方式：一种是先根遍历树，即先访问树的根节点，然后依次先根遍历树的每棵子树；另一种是后根遍历，即先依次后根遍历每棵子树，然后再访问根节点。树的先根遍历序列与其转换后对应的二叉树的先根遍历序列相同，树的后根遍历序列与其转换后对应的二叉树的中根遍历序列相同，如图 6.33 所示。图 6.29(a)中的一般树的先根遍历序列为 ABECFHGD，等价于图 6.29(b)中的二叉树的先根遍历序列 ABECFHGD。同理，图 6.29(a)中的一般树的后根遍历序列为 EBHFGCDA，等价于图 6.29(b)中的二叉树的中根遍历序列 EBHFGCDA。

森林的遍历也分为两种方式：一种是先序遍历的方式；另一种是后序遍历方式。

森林的先序遍历是先访问森林中第一棵树的根节点，然后依次先根遍历根的每棵子树，再依次用同样方式遍历除去第一棵树的剩余树构成森林。比如图 6.31(a)所示森林的先序遍历序列为 ABCEDFGHIJK，等价于图 6.31(d)所示二叉树的先根遍历序列 ABCEDFGHIJK。

森林的后序遍历是先访问森林中第一棵树，后根遍历的方式遍历每棵子树，然后访问根节点，再依次同样方式遍历除去第一棵树的剩余树构成的森林。比如图 6.31(a)所示森林的后序遍历序列为 BECDAGFIKJH，等价于图 6.31(d)所示二叉树的中根遍历序列 BECDAGFIKJH。

6.8　二叉树的应用——哈夫曼树

大家都会用压缩和解压缩软件来处理文件，以减少占用磁盘的存储空间和提高网络传输文件的效率。但是大家有没有考虑过一个问题，把文件压缩而又能正确还原是如何做到的呢？其实压缩文件的原理就是将压缩的文本或二进制代码进行重新编码，以减少不必要的空间，尽管现在的编码解码技术已经非常强大，但这一切都来源于最初的积累，那就是最基本的压缩编码方法——哈夫曼编码。

美国数学家戴维·哈夫曼(David Huffman)在 1952 年发明了哈夫曼编码，为了纪念他的成就，把他在编码中用到的特殊二叉树称为哈夫曼树，他的编码方法就叫作哈夫曼编码。

哈夫曼树又称最优二叉树，是一类带权路径长度最短的二叉树，有着广泛的应用。

6.8.1 哈夫曼树的定义

由于二叉树有五种基本形态，当给定若干元素后，可构造出不同深度、不同形态的多种二叉树。如给定元素 A、B、C、D、E，可以构造出如图 6.33 所示的两棵二叉树。

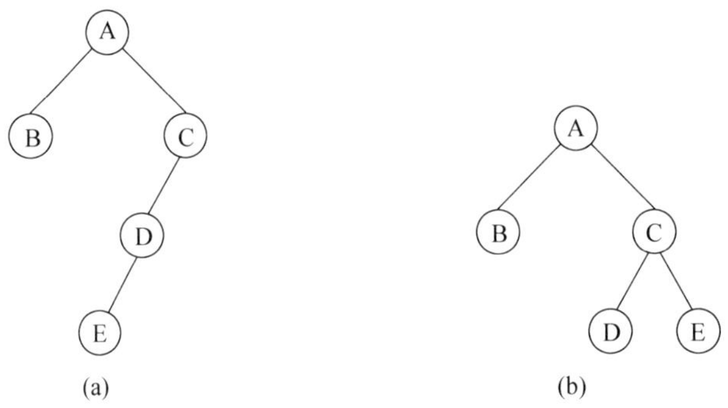

图 6.33 给定元素可组成不同形态的二叉树

在这两棵不同的二叉树中，如果要访问节点 E，所进行的比较次数是不同的，在图 6.33(a)中，需要比较 4 次才能找到 E，而在图 6.33(b)中仅需比较 3 次。由此可见，对树中任意元素的访问时间取决于该节点在树中的位置。在实际应用中，有些元素经常被访问，而有些偶尔才被访问一次，所以，相关算法的效率不仅取决于元素在二叉树中的位置，还与元素的访问频率有关。若能使访问频率高的元素有较少的比较次数，则可提高算法的效率，这正是哈夫曼树要解决的问题。下面给出几个基本概念。

(1) 路径

树中一个节点到另一个节点之间的分支构成这两个节点的路径。并不是树中所有节点之间都有路径，如兄弟节点之间就没有路径，但从根节点到任意一个节点之间都有一条路径。

(2) 路径长度

路径上的分支数目称为两节点之间的路径长度。在图 6.33(a)中，节点 C、E 之间的路径长度为 2，而在图 6.33(b)中，节点 C、E 之间的路径长度为 1。

(3) 树的路径长度

从根节点到树中每一节点的路径长度之和。在图 6.33(a)中，树的路径长度为 7，而在图 6.33(b)中，树的路径长度为 6。显然，在节点数目相同的二叉树中，完全二叉树的路径长度最短。

(4) 节点的权

给树中节点赋予一个有某种意义的数，称为该节点的权。

(5) 节点的带权路径长度

从该节点到树根之间的路径长度与节点上权的乘积。

(6) 树的带权路径长度

树中所有叶子节点的带权路径长度之和，通常记为

$$\mathrm{WPL} = \sum_{i=1}^{n} w_i l_i \tag{6.1}$$

其中，n 表示叶子节点的数目，w_i 和 l_i 分别表示叶子节点 i 的权植和根到叶子节点 i 之间的路径长度。

(7) 哈夫曼树(最优二叉树)

在权为 $w_1, w_2, \cdots, w_n$ 的 n 个叶子节点的所有二叉树中，带权路径长度 WPL 最小的二叉树称为最优二叉树或哈夫曼树。

例如，给定 4 个叶子节点 a、b、c 和 d，分别带权 7、5、2 和 3。可以构造出不同的二叉树，图 6.34 所示的是其中的三棵，它们的带权路径长度分别为：

(a) WPL＝7＊2＋5＊2＋2＊2＋3＊2＝34

(b) WPL＝7＊3＋5＊3＋2＊1＋3＊2＝44

(c) WPL＝7＊1＋5＊2＋2＊3＋3＊3＝32

其中图 6.34(c)所示的二叉树的 WPL 最小，其实它就是哈夫曼树。

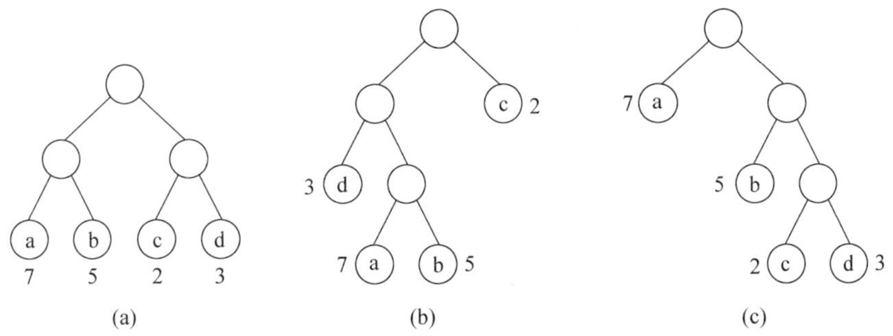

图 6.34　具有不同带权路径长度的二叉树

6.8.2　哈夫曼树的构造

根据给定的 n 个权值$\{w_1, w_2, \cdots, w_n\}$构造哈夫曼树的过程如下：

(1) 根据给定的 n 个权值$\{w_1, w_2, \cdots, w_n\}$构造 n 棵二叉树的森林 F＝$\{BT_1, BT_2, \cdots, BT_n\}$，其中每棵二叉树 BT_i 中都只有一个权值为 w_i 的根节点，其左右子树均为空。

(2) 在森林 F 中选出两棵根节点的权值最小的二叉树(当这样的二叉树不止两棵时，可以从中任选两棵)，将这两棵二叉树合并成一棵新的二叉树，此时，需要增加一个新节点作为新二叉树的根，并将所选的两棵二叉树的根分别作为新二叉树的左右孩子(谁左、谁右无关紧要)，将左右孩子的权值之和作为新二叉树根的权值。

(3) 在森林 F 中删除作为左、右子树的两棵二叉树，并将新建立的二叉树加入森林 F 中。

(4) 对新的森林 F 重复步骤(2)、(3)，直到森林 F 中只剩下一棵二叉树为止。这棵二叉树便是所求的哈夫曼树。

图 6.35 给出了前面提到的叶子节点权值集合为 $W=\{7,5,2,3\}$ 的哈夫曼树的构造过程。

对于同一组给定的叶子节点的权值所构造的哈夫曼树，树的形状可能不同，但带权路径长度值是相同的，一定是最小的。

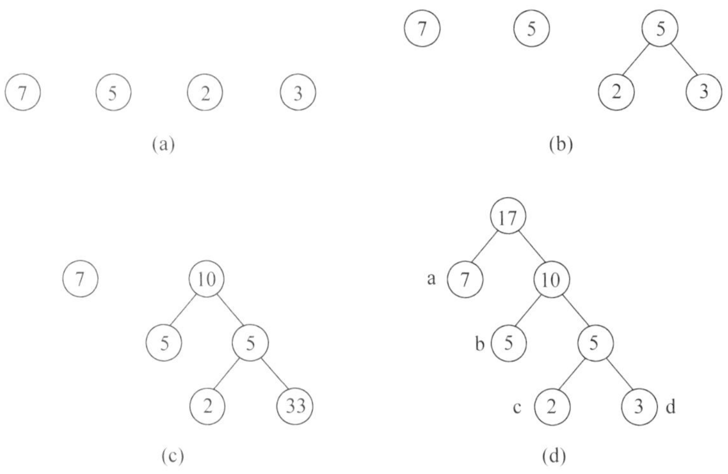

图 6.35　哈夫曼树的构造过程

6.8.3　哈夫曼算法的实现

根据性质3，有 n 个叶子节点的哈夫曼树中共有 $2n-1$ 个节点，用一个大小为 $2n-1$ 的数组来存储哈夫曼树中的节点。在哈夫曼树算法中，对于每个节点，既需要知道其双亲节点的信息，又需要知道其孩子节点的信息，因此，其存储结构为：

```
#define n 7                          /* 叶子数目,根据实际情况定义值 */
#define m 2*n-1                      /* 节点总数 */
typedef struct
{
    int weight;                      /* 节点的权值 */
    int lchild,rchild,parent;        /* 左、右孩子及双亲的下标 */
}HTNode;
typedef HTNode HuffmanTree[m+1];
/* HuffmanTree 是结构数组类型,其 0 号单元不用 */
HuffmanTree ht;
```

根据6.8.2小节中哈夫曼树的构造可得到哈夫曼树的算法思想如下：

(1) 初始化。将 ht $[1..n]$ 中每个节点的 lchild、rchild、parent 域全置为零。

(2) 输入。读入 n 个叶子节点的权值存放于 ht 数组的前 n 个位置的 weight 域中，它们是初始森林中 n 个孤立的根节点的权值。

(3) 合并。对初始森林中的 n 棵二叉树进行 $n-1$ 次合并，每合并一次产生一个新节点，所产生的新节点依次存放到数组 ht 的第 $i(n<i\leqslant m)$ 个位置。每次合并分两步。

① 在当前森林 ht$[1..i-1]$的所有节点中，选择权值最小的两个根节点 ht[p1]和 ht[p2]进行合并，$1\leqslant$p1，p2$\leqslant i-1$。

② 将根为 ht[p1]和 ht[p2]的两棵二叉树作为左右子树合并为一棵新的二叉树，新二叉树的根存放在 ht$[i]$中，因此，将 ht[p1]和 ht[p2]的双亲域置为 i，并且新二叉树根节点的权值应为其左右子树权值的和，即 ht[i].weight＝ht[p1].weight＋ht[p2].weight，新二叉树根节点的左、右孩子分别为 p1 和 p2，即 ht[i].lchild＝p1，ht[i].rchild＝p2。

由于合并后，ht[p1]和 ht[p2]的双亲域值为 i，不再是 0，这说明它们已不再是根，在下一次合并时不会被选中。

Huffman 算法描述如下：

```
void CreateHuffmanTree(HuffmanTree  ht)
{
    /* 构造 Huffman 树,ht[m]为其根节点 */
    int i,p1,p2;
    InitHuffmanTree(ht);                      /* 将 ht 初始化 */
    InputWeight(ht);                          /* 输入叶子权值至 ht[1..n]的 weight 域 */
    for(i=n+1;i<=m;i++)
        /* 共进行 n-1 次合并,新节点依次存于 HT[i]中 */
    {
        SelectMin(ht,i-1,&p1,&p2);
        /* 在 ht[1..i-1]中选择两个权最小的根节点,其序号分别为 p1 和 p2 */
        ht[p1].parent=ht[p2].parent=i;
        ht[i].lchild=p1;                      /* 最小权值的根节点是新节点的左孩子 */
        ht[i].rchild=p2;                      /* 次小权值的根节点是新节点的右孩子 */
        ht[i].weight=ht[p1].weight+ht[p2].weight;
    }/* for */
}/* CreateHuffmanTree */
```

上述算法中的函数 InitHuffmanTree(ht)是将 ht 初始化；函数 InputWeight(ht)的作用是输入叶子权值至 ht[1..n]的 weight 域，函数 SelectMin(ht,i－1,&p1,&p2)是在 ht[1..i－1]中选择两个权值最小的根节点，其序号分别为 p1 和 p2，具体实现参看下面哈夫曼树的应用章节。

对于图 6.35 所示的构造哈夫曼树的过程和结果如图 6.36 和图 6.37 所示。

	weight	parent	lchild	rchild	
1	7	0	0	0	n个叶子节点
2	5	0	0	0	
3	2	0	0	0	
4	3	0	0	0	
5	0	0	0	0	n-1个非叶了节点
6	0	0	0	0	
7	0	0	0	0	

图 6.36 哈夫曼树的初始状态

	weight	parent	lchild	rchild	
1	7	7	0	0	n个叶子节点
2	5	6	0	0	
3	2	5	0	0	
4	3	5	0	0	
5	5	6	3	4	n-1个非叶子节点
6	10	7	2	5	
7	17	0	1	6	

图 6.37 哈夫曼树的终止状态

6.8.4 哈夫曼树的应用

哈夫曼树的应用很广泛，本节就来讨论哈夫曼树在信息编码中的应用，即哈夫曼编码。

常用的编码方式有两种：等长编码和不等长编码。等长编码比较简单，每一个字符的编码长度相同，易于在接收端还原字符序列，但是在实际应用中，字符集中的字符使用的频率是不相同的，例如，英文中 i 和 t 的使用就比 q 和 z 要频繁得多。如果都采用相同长度的编码，得到的编码总长度就比较长，会降低传输效率。

要使编码的总长度缩短，应采用另一种常用的编码方法，即不等长编码。在这种编码方式中，根据字符的使用频率采用不等长的编码，使用频率高的字符的编码尽可能短，使用频率低的字符的编码则可以稍长，从而使编码的总长缩短。但采用这种不等长编码可能使译码产生多义性的电文。例如，假设用 00 表示 A，用 01 表示 B，用 0001 表示 K，当接收到信息串 0001 时，无法确定编码是表示 AB 还是 K。产生这个问题的原因是 A 的编码与 K 的编码开始部分(前缀)相同。因此，利用不等长编码不产生二义性的前提条件是，任意字符的编码都不是其他字符的编码的前缀。

假设要编码的字符集合 $D=\{d_1, d_2, \cdots, d_n\}$ 包含 n 个字符，每个字符 d_i 出现的频率为 w_i，d_i 对应的编码长度是 l_i，则电文总长为 $\sum_{i=1}^{n} w_i l_i$。因此使电文总长最短就是使 $\sum_{i=1}^{n} w_i l_i$ 取最小值。对应到二叉树上，可将 w_i 作为二叉树叶子节点的权值，l_i 为从根到叶子节点的路径长度。则 $\sum_{i=1}^{n} w_i l_i$ 恰好为二叉树的带权路径长度。构造一棵具有 n 个叶子节点的哈夫曼树，然后对叶子节点进行编码，便可满足以上编码总长度最短的要求。

哈夫曼树构造好后，对其叶子节点进行编码，有如下约定：所有左分支表示字符 0，右分支表示字符 1，从根节点到叶子节点的路径上分支字符组成的字符串称为该叶子节点的编码。

【应用案例 1】

要传输的字符集 $D=\{C, A, S, T, ;\}$，字符出现频率 $w=\{2,4,2,3,3\}$，构造哈夫曼树和哈夫曼编码如图 6.38 所示。

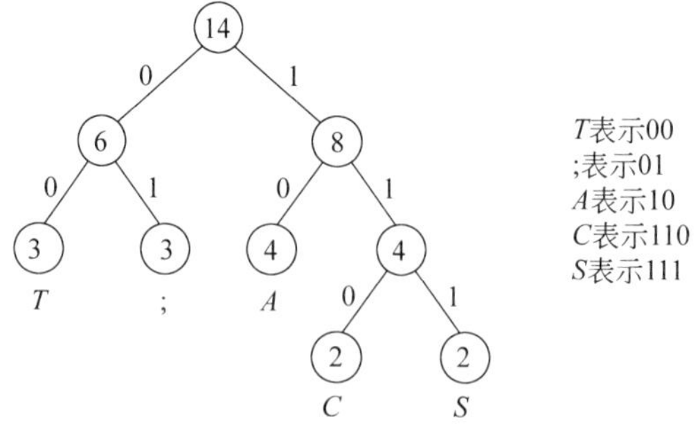

图 6.38 哈夫曼树及编码

【应用案例 2】

假设有一个电文字符集 $D=\{a, b, c, d, e, f, g, h\}$，每个字符的使用频率分别为：{0.05,

0.29,0.07,0.08,0.14,0.23,0.03,0.11}。设计其哈夫曼编码。

为方便计算,可以将所有字符的频率乘以 100,使其转换成整型数值集合,得到{5,29,7,8,14,23,3,11},以此集合中的数值作为叶子节点的权值构造一棵哈夫曼树,如图 6.39 所示。

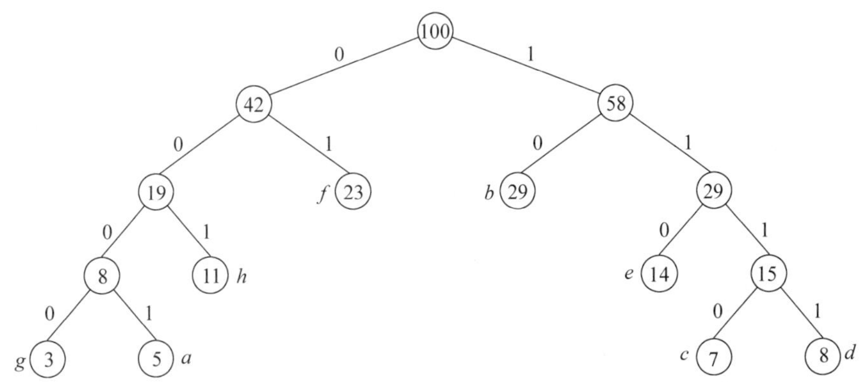

图 6.39　哈夫曼编码树

得到字符集 D 中字符的哈夫曼编码为: a: 0001;b: 10;c: 1110;d: 1111;e: 110;f: 01;g: 0000;h: 001。

6.9　实训　创建二叉树并遍历

实训目的

实现创建二叉树和二叉树的遍历等操作。

实训环境

(1) 硬件:普通个人计算机。

(2) 软件:Windows 系统平台;VC++　6.0 或 Devcpp。

实训内容

(1) 用二叉链表存储方式定义二叉树。

(2) 初始化二叉树。

(3) 输入先根遍历序列创建二叉树,创建如图 6.28 所示的扩展二叉树。

(4) 用递归和非递归方法先根、中根和后根遍历二叉树。

实训步骤

一共设计 5 个模块。

(1) 定义二叉树节点结构。

(2) 初始化二叉树。

(3) 创建二叉树,创建如图 6.28 所示的扩展二叉树。

(4) 先根、中根、后根遍历二叉树(递归方法)。

(5) 使用堆栈,写出非递归遍历方法(以非递归先根遍历为例)。

C语言源程序如下：

```
//用先根遍历的序列创建二叉树
//定义二叉链表结构
#include <stdio.h>
#include <stdlib.h>
//二叉树的最大节点数为 20
#define Maxsize 20
typedef char Elemtype;
typedef struct btNode
{
    Elemtype data;
    struct btNode * lchild, * rchild;
}btNode;
typedef btNode * BtNode;
typedef BtNode SElemtype;
//初始化
void Init(BtNode * bt)
{
    * bt=NULL;
}

//按先根序列输入二叉树节点的值创建二叉树
//用二叉链表的存储方式表示二叉树
void Creat(BtNode * bt)
{
      Elemtype ch;

    scanf("%c",&ch);
    if(ch=='#')
        * bt=NULL;
    else
    {
        * bt=(BtNode)malloc(sizeof(btNode));
        if(! * bt)
        {
            printf("分配节点不成功!\n");
            exit(0);
        }
        (* bt)->data=ch;     //创建根
            Creat(&(* bt)->lchild);
        Creat(&(* bt)->rchild);

    }
}
//假设二叉树已存在,先根遍历树
void Preorder(BtNode bt)
```

```
{
    if(bt)
    {
        printf("%c ",bt->data);
            Preorder(bt->lchild);
        Preorder(bt->rchild);
    }
}
//定义堆栈,做非递归遍历算法
typedef struct
{
    SElemtype data[Maxsize];
    int top;
}SqStack;
//初始化堆栈
void Init1(SqStack * s)
{
    s->top=-1;
}
//判断是否为空
int Empty(SqStack s)
{
    return s.top==-1;
}
//压入堆栈
void Push(SqStack * s,SElemtype e)
{
    if(s->top==Maxsize-1)
    {printf("堆栈满\n");return;}
    s->top++;
    s->data[s->top]=e;
}
//弹出堆栈
void Pop(SqStack * s,SElemtype * e)
{
    if(s->top==-1)
    {printf("堆栈为空\n");return;}
    * e=s->data[s->top];
    s->top--;
}

//用非递归的方法做先根遍历
void Preorder2(BtNode  bt){
        BtNode p;
    SqStack s;
    p=bt;
        Init1(&s);                              /* 置栈空 */
        while (p || !Empty(s)) {
            if (p) {                            /* 二叉树非空 */
                printf("%c ",p->data);          /* 访问根节点 */
```

```
                Push(&s,p);                          /*根指针进栈*/
                p=p->lchild;                         /*p移向左孩子*/
            }
            else{                                    /*栈非空*/
                Pop(&s,&p);                          /*双亲节点出栈*/
                p=p->rchild;                         /*p移向右孩子*/
            }
        }/*二叉树空且栈空*/
}

//假定二叉树已存在,中根遍历树
void  InOrder(BtNode bt)
{
    if (bt)
    {
        InOrder (bt->lchild);                        //中根序遍历左子树
            printf("%c ",bt->data);                  //访问根节点
            InOrder (bt->rchild);                    //中根遍历右子树
    }
}/*InOrder*/

//假定二叉树已存在,后根遍历树
void  PostOrder(BtNode bt)
{
    if (bt)
    {
        PostOrder(bt->lchild);                       //后根序遍历左子树
            PostOrder(bt->rchild);                   //后根遍历右子树
            printf("%c ",bt->data);                  //访问根节点

    }
}/*PostOrder*/
void main()
{
    BtNode bt;
    //初始化
        Init(&bt);
    //创建二叉树
    printf("请输入字符AB#D##C##:\n");
    Creat(&bt);
    printf("先根遍历序列为:\n");
    Preorder(bt);
    printf("\n用非递归方法先根遍历序列为:\n");
    Preorder2(bt);
    printf("\n中根遍历序列为:\n");
    InOrder(bt);
    printf("\n后根遍历序列为:\n");
    PostOrder(bt);
    printf("\n");
}
```

程序的运行结果如图 6.40 所示。

```
"F:\教学\数据结构\Debug\hafuman.exe"
请输入字符AB#D##C##:
AB#D##C##
先根遍历序列为:
A B D C
用非递归方法先根遍历序列为:
A B D C
中根遍历序列为:
B D A C
后根遍历序列为:
D B C A
Press any key to continue
```

图 6.40　二叉树操作的运行结果

6.10　小　　结

本章首先简要介绍了树形结构的概念和特点，然后介绍树的存储结构。二叉树是树形结构中一种最典型、最常用的结构，所以二叉树是本章介绍的重点。接下来针对二叉树介绍了它的定义，三种遍历方式，创建二叉树的方法，树和二叉树以及森林的互相转换，哈夫曼树的特点及其应用。

6.11　习　　题

1. 填空题

(1) 若二叉树中度为 2 的节点有 15 个，该二叉树有________个叶子节点。

(2) 若深度为 6 的完全二叉树的第 6 层有 3 个叶子节点，则该二叉树一共有________个节点。

(3) 若某完全二叉树的深度为 h，则该完全二叉树中至少有________个节点。

(4) 二叉树的先根遍历序列为 ABCEFDGH，中根遍历序列为 AECFBGDH，则这棵二叉树的后根遍历序列为________________。

(5) 深度为 h 且有________个节点的二叉树称为满二叉树。

2. 选择题

(1) 树形结构最适合用来描述(　　)。

A. 有序的数据元素

B. 无序的数据元素

C. 数据元素之间的具有层次关系的数据

D. 数据元素之间没有关系的数据

(2) 在非空二叉树的中根遍历序列中，二叉树的根节点的左边应该(　　)。

A. 只有左子树上的所有节点　　B. 只有左子树上的部分节点

C. 只有右子树上的所有节点　　D. 只有右子树上的部分节点

(3) 下面关于哈夫曼树的说法,不正确的是(　　)。

A. 对应于一组权值构造出的哈夫曼树一般不是唯一的

B. 哈夫曼树具有最小带权路径长度

C. 哈夫曼树中没有度为 1 的节点

D. 哈夫曼树中除了度为 1 的节点外,还有度为 2 的节点和叶子节点

3. 简答题

(1) 列出图 6.41 所示二叉树的叶子节点、分支节点和每个节点的层次。

(2) 在节点个数为 $n(n>1)$的各棵树中,高度最小的树的高度是多少? 它有多少个叶节点? 多少个分支节点? 高度最大的树的高度是多少? 它有多少个叶节点? 多少个分支节点?

(3) 试分别画出具有 3 个节点的二叉树的所有不同形态。

(4) 如果一棵树有 n_1 个度为 1 的节点, 有 n_2 个度为 2 的节点, …,有 n_m个度为 m 的节点, 试问有多少个度为 0 的节点? 试推导之。

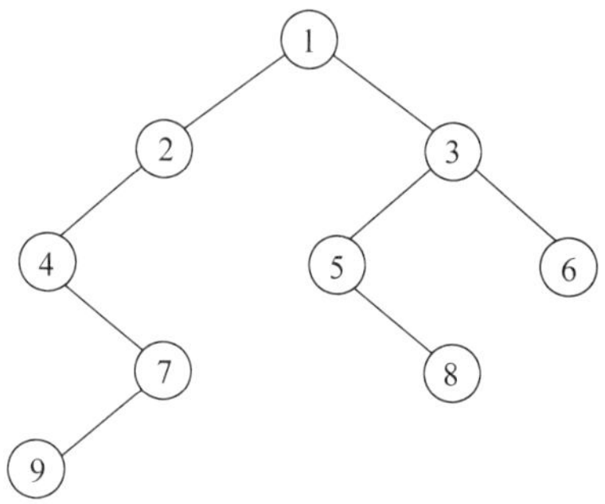

图 6.41　二叉树

(5) 试分别找出满足以下条件的所有二叉树。

① 二叉树的前序序列与中序序列相同。

② 二叉树的中序序列与后序序列相同。

③ 二叉树的前序序列与后序序列相同。

(6) 给定权值集合{15,03,14,02,06,09,16,17},构造相应的哈夫曼树,并计算它的带权外部路径长度。

(7) 假定用于通信的电文仅由 8 组字母及数字 c1、c2、c3、c4、c5、c6、c7、c8 组成,各字母在电文中出现的频率分别为 5、25、3、6、10、11、36、4。试为这 8 组字母数字设计不等长的哈夫曼编码,并给出该电文的总码数。

4. 算法设计题

试写出先根遍历二叉树的非递归算法。

第 7 章　图

图结构是一种比树形结构更复杂的非线性结构，任意一个节点都可以有任意多个前驱和后继。图结构是一种重要的数据结构，它在计算机领域有着广泛的应用。除此之外，图结构经常用于地理、城市交通以及项目规划和一些社会科学领域。本章将介绍图的概念并讨论图的主要存储方式，定义图的基本操作、遍历方法和图的几种应用。

【技能目标】

- 会用图的模型找到现实的例子，理解图的相关概念。
- 会用邻接矩阵存储图。
- 会用邻接表存储图。
- 掌握图的两种遍历方式。
- 能写出查找最小路径的算法。
- 能画出拓扑序列图。

7.1　图的基本概念

7.1.1　图的定义

在实际应用中，有许多可以用图结构来描述的问题，比如旅游线路可以用图来画出，而如何用最少的资金和最少的时间周游中国甚至全世界，则在学完这一章后有一个很好的解决办法。

图(Graph)是由顶点和边组成的，顶点表示图中的数据元素，边表示数据元素之间的关系，记为 $G=(V,E)$，其中 V 是顶点(Vertex)的非空有穷集合；E 是用顶点对表示的边(Edge)的有穷集合，可以为空。

若图 G 中表示边的顶点对是无序的，即称无向边，则称图 G 为无向图。通常用 (v_i,v_j) 表示顶点 v_i 和 v_j 间的无向边。

若图 G 中表示边的顶点对是有序的，即称为有向边，则称图 G 为有向图。通常用 $<v_i,v_j>$ 表示从顶点 v_i 到顶点 v_j 的有向边。有向边 $<v_i,v_j>$ 也称为弧，顶点 v_i 称为弧尾(或起始点)，顶点 v_j 称为弧头(或终点)，可用由弧尾指向弧头的箭头形象地表示弧。显然，在有向图中，$<v_i,v_j>$ 和 $<v_j,v_i>$ 表示两条不同的弧。

如图 7.1 所示，G_1 是无向图，其中，$V=\{v_0,v_1,v_2,v_3,v_4\}$，$E=\{(v_0,v_1),(v_0,v_3),(v_0,v_4),(v_1,v_4),(v_1,v_2),(v_2,v_4),(v_3,v_4)\}$；$G_2$ 是有向图，其中，$V=\{v_0,v_1,v_2,v_3\}$，$E=\{<v_0,v_1>,<v_1,v_2>,<v_2,v_0>,<v_3,v_2>\}$。

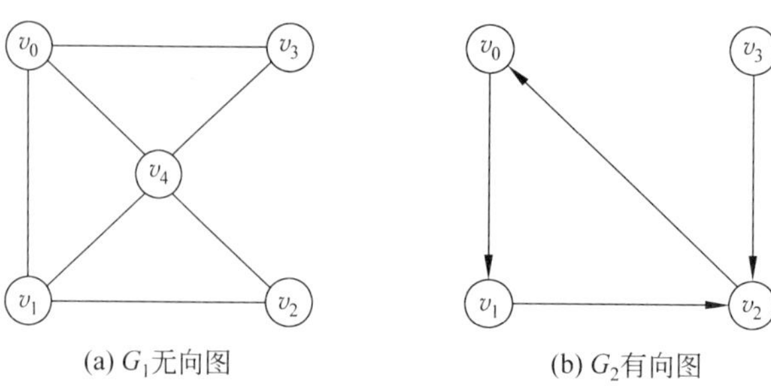

(a) G_1无向图　　(b) G_2有向图

图 7.1　图的示例

7.1.2　图的基本术语

以下介绍图的基本术语。

(1) 邻接点：在无向图 $G=(V,E)$中，若边$(v_i,v_j)\in E$，则称顶点 v_i 和 v_j 互为邻接点(Adjacent)，或 v_i 和 v_j 相邻接，并称边(v_i,v_j)与顶点 v_i 和 v_j 相关联，或者说边(v_i,v_j)依附于顶点 v_i 和 v_j。在有向图 $G=(V,E)$中，若弧$<v_i,v_j>\in E$，则称顶点 v_i 邻接到顶点 v_j，顶点 v_j 邻接自顶点 v_i，并称弧$<v_i,v_j>$和顶点 v_i、v_j 相关联。

(2) 顶点的度、入度和出度：顶点 v_i 的度(Degree)是图中与 v_i 相关联的边的数目，记为 $\mathrm{TD}(v_i)$。例如，图 7.1 的 G_1 中，v_2 的度为 2，v_4 的度为 4。对于有向图，顶点 v_i 的度等于该顶点的入度和出度之和，即 $\mathrm{TD}(v_i)=\mathrm{ID}(v_i)+\mathrm{OD}(v_i)$。其中，顶点 v_i 的入度(In Degree)$\mathrm{ID}(v_i)$，是以 v_i 为弧头的弧的数目；顶点 v_i 的出度(Out Degree)$\mathrm{OD}(v_i)$是以 v_i 为弧尾的弧的数目。图 7.1 的 G_2 中，v_2 的入度为 2，出度为 1，所以 v_2 的度为 3。无论是有向图还是无向图，每条边均关联两个顶点，因此，顶点数 n、边数 e 和度数之间有如下关系。

$$e=\frac{1}{2}\sum_{i=1}^{n}\mathrm{TD}(v_i) \tag{7.1}$$

(3) 完全图、稠密图、稀疏图：若无向图中有$\frac{1}{2}n(n-1)$条边，即图中每对顶点之间都有一条边，则称该无向图为无向完全图；若有向图中有 $n(n-1)$条弧，即图中每对顶点之间都有方向相反的两条弧，则称该有向图为有向完全图，如图 7.2 所示。有很少的边或弧($e<n\log n$)的图称为稀疏图，反之称为稠密图。

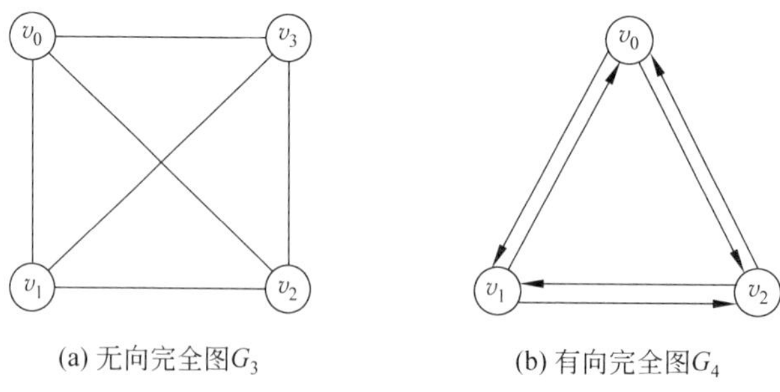

(a) 无向完全图G_3　　(b) 有向完全图G_4

图 7.2　完全图

(4) 子图：假设有两个图 $G=(V,E)$，$G'=(V',E')$，若有 $V'\subseteq V$，$E'\subseteq E$，则称图 G' 是图 G 的子图。如图 7.3 所示为子图的一些例子。

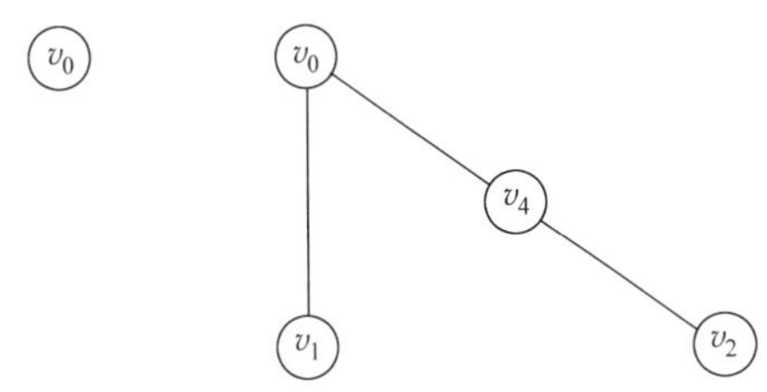

图 7.3　图 7.1 中 G_1 的子图

(5) 路径：无向图 $G=(V,E)$中，从顶点 v 到顶点 v'间的路径(path)是一个顶点序列($v=v_{i0},v_{i1},\cdots,v_{im}=v'$)，其中($v_{ij-1},v_{ij}$)$\in E,1\leqslant j\leqslant m$；若 G 是有向图，则路径也是有向的，且$<v_{ij-1},v_{ij}>\in E,1\leqslant j\leqslant m$。路径上边或弧的数目称为路径长度。如果路径的起点和终点相同(即 $v=v'$)，则称此路径为回路或环(Cycle)。序列中顶点不重复出现的路径称为简单路径。除了第一个顶点和最后一个顶点之外，其余顶点不重复出现的回路，称为简单回路或简单环。

(6) 连通图、连通分量：在无向图 G 中，若从顶点 v_i 到顶点 $v_j(i\neq j)$有路径相通，则称 v_i 和 v_j是连通的。如果图中任意两个顶点 v_i 和 $v_j(i\neq j)$都是连通的，则称该图是连通图(Connected Graph)。例如，图 7.1 的 G_1 就是一个连通图。无向图中极大连通子图称为连通分量(Connected Component)。对于连通图，其连通分量只有一个，就是它本身。对于非连通图，其连通分量可以有多个。例如，图 7.4(a)是一个非连通图，它有 3 个连通分量，如图 7.4(b)所示。

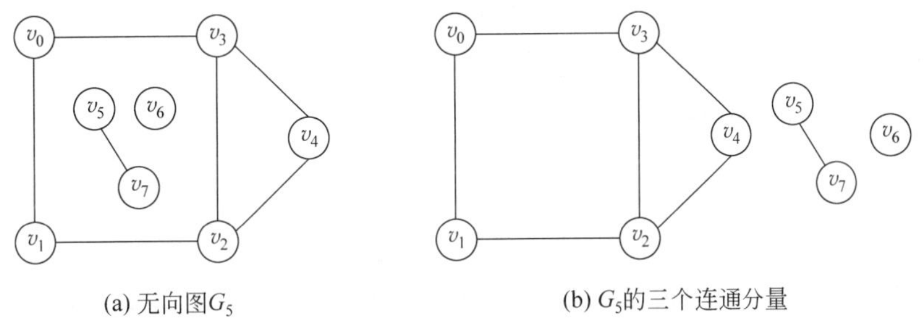

图 7.4　无向图及其连通分量

(7) 强连通图、强连通分量：在有向图中，若任意两个顶点 v_i 和 v_j都连通，即从 v_i 到 v_j 和从 v_j到 v_i 都有路径相通，则称该有向图为强连通图，例如图 7.2 中 G_4 就是强连通图。有向图中的强连通子图称为该有向图的强连通分量。例如图 7.1 中 G_2 不是强连通图，但它有两个强连通分量，如图 7.5 所示。

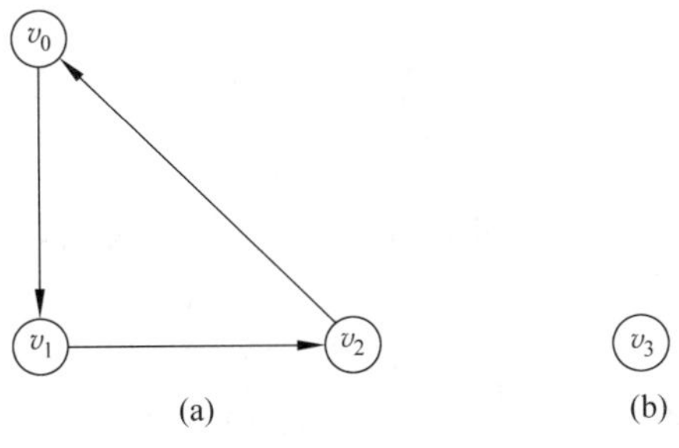

图 7.5　有向图 G_2 的两个强连通分量

(8) 权、网：图的每条边或弧上常常附有一个具有一定意义的数值，这种与边或弧相关的数值称为该边(弧)的权(Weight)。这些权可以表示顶点之间的距离、时间成本或经济成本等信息。边或弧上带权的连通图称为网(Network)，如图 7.6 所示。

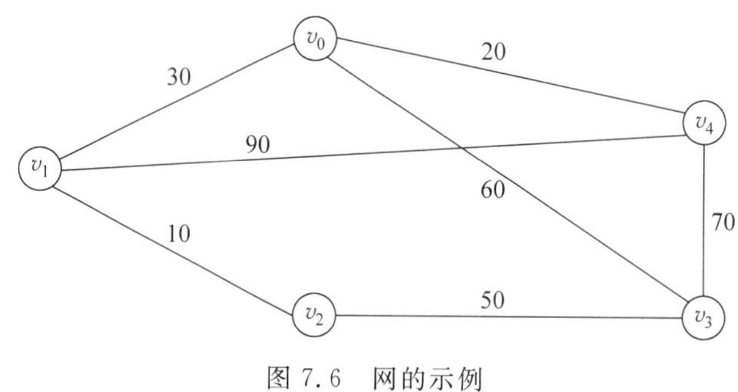

图 7.6　网的示例

7.2　图的存储结构

图的存储结构比线性表和树更为复杂，既要存储所有顶点的信息，又要存储顶点与顶点之间的所有关系，也就是边的信息。我们常说的"顶点的位置"或"邻接点的位置"只是一个相对的概念，图上任何一个顶点都可以看作初始顶点，任一顶点的邻接点之间不存在次序关系。本小节介绍图的邻接矩阵和邻接表形式的存储。

7.2.1　邻接矩阵的概念

邻接矩阵这种存储结构采用两个数组来表示图，一个是一维数组，存储图中的所有顶点的信息；另一个是二维数组，即邻接矩阵，存储顶点之间的关系。

设 $G=(V,E)$ 是具有 n 个顶点的图，顶点序号依次为 $0,1,\cdots,n-1$，即 $V(G)=\{v_0,v_1,\cdots,v_{n-1}\}$，则图 G 的邻接矩阵是具有如下性质的 n 阶方阵：

$$A[i][j]=\begin{cases}1 & (\text{若}(v_i,v_j)\text{或}<v_i,v_j>\in E)\\0 & (\text{与上面条件相反})\end{cases} \tag{7.2}$$

例如，图 7.1 所示的无向图 G_1 的邻接矩阵可由公式(7.3)表示：

$$A_1=\begin{bmatrix}0&1&0&1&1\\1&0&1&0&1\\0&1&0&0&1\\1&0&0&0&1\\1&1&1&1&0\end{bmatrix} \tag{7.3}$$

图 7.1 所示的有向图 G_2 的邻接矩阵可由公式(7.4)表示：

$$A_2=\begin{bmatrix}0&1&0&0\\0&0&1&0\\1&0&0&0\\0&0&1&0\end{bmatrix} \tag{7.4}$$

若 G 是网，则其邻接矩阵是具有如下性质的 n 阶方阵：

$$A[i][j]=\begin{cases}W_{ij} & (\text{若}(v_i,v_j)\text{或}<v_i,v_j>\text{属于}E)\\ \infty & (\text{与上面条件相反})\end{cases} \tag{7.5}$$

这里，W_{ij} 表示边 (v_i,v_j) 或弧 $<v_i,v_j>$ 上的权值；∞代表一个计算机内允许的、大于所有边上权值的正整数。

如图 7.6 所示，网 G_6 的邻接矩阵可由公式(7.6)表示：

$$A=\begin{bmatrix}\infty & 30 & \infty & 60 & 20\\ 30 & \infty & 10 & \infty & 90\\ \infty & 10 & \infty & 50 & \infty\\ 60 & \infty & 50 & \infty & 70\\ 20 & 90 & \infty & 70 & \infty\end{bmatrix} \tag{7.6}$$

图的邻接矩阵表示法具有以下特点。

(1) 无向图的邻接矩阵一定是对称的，而有向图的邻接矩阵不一定对称。因此，用邻接矩阵来表示一个具有 n 个顶点的有向图时，需要 n^2 个单元来存储邻接矩阵；对于无向图，由于其对称性，可采用压缩存储的方式，只需存入上(或下)三角的元素，故只需 $n(n-1)/2$ 个单元。

(2) 对于无向图，邻接矩阵的第 i 行(或第 i 列)非零元素的个数正好是第 i 个顶点的度 $\mathrm{TD}(v_i)$；对于有向图，邻接矩阵的第 i 行非零元素的个数正好是第 i 个顶点的出度 $\mathrm{OD}(v_i)$，第 i 列非零元素的个数正好是第 i 个顶点的入度 $\mathrm{ID}(v_i)$。

(3) 对于无向图，图中边的数目是矩阵中 1 的个数的一半；对于有向图，图中弧的数目是矩阵中 1 的个数。

(4) 从邻接矩阵很容易确定图中任意两个顶点间是否有边相连，如果第 i 行 j 列的值为 1，表示顶点 i 和顶点 j 之间有边相连。但是，要确定图中有多少条边，必须逐行逐列检测。

图的邻接矩阵存储结构的类型描述如下：

```
//图的邻接矩阵存储结构定义
typedef char VertexType;
typedef int EdgeType;
#define MaxVex10
//定义图结构,用邻接矩阵存储
typedef struct
{
    VertexType vex[MaxVex];              //顶点集合
    EdgeType arc[MaxVex][MaxVex];        //边集合
    int numVertex,numEdge;               //图中实际的顶点数和边数
}MGraph;
```

7.2.2　建立图的邻接矩阵

下面以建立无向图的邻接矩阵的算法为例进行讨论。首先输入顶点的个数、边的条数，由顶点的序号建立顶点表(数组)。然后将矩阵的每个元素都初始化成 0，读入边 (i,j)，将邻

接矩阵的相应元素的值(第 i 行第 j 列和第 j 行第 i 列)置为1。

建立无向图的邻接矩阵的算法描述如下:

```
void Creat(MGraph *G)
{
    int i,j,k;
    printf("输入顶点数和边数:\n");
    scanf("%d,%d",&G->numVertex,&G->numEdge);
    getchar();
    printf("输入顶点的集合:\n");
    //输入顶点信息
    for(i=0;i<G->numVertex;i++)
        scanf("%c",&G->vex[i]);
    for(i=0;i<G->numVertex;i++)
        for(j=0;j<G->numVertex;j++)
            G->arc[i][j]=0;
    getchar();

    for(k=0;k<G->numEdge;k++)
    {
        printf("请输入边(i,j):\n");
        scanf("%d,%d",&i,&j);
        G->arc[i][j]=1;
        G->arc[j][i]=1;
    }
}
```

算法执行时间是 $O(n+n^2+e)$,其中 $O(n^2)$ 的时间耗费在邻接矩阵的初始化操作上。因为 $e<n^2$,所以,算法CreatMgraph的时间复杂度是 $O(n^2)$。

7.2.3 邻接表

邻接矩阵是一种比较简单的图存储结构,但是对于边数相对顶点较少的图,就有可能产生稀疏矩阵,是很浪费存储空间的,因此可以考虑链式存储的方式,结合树的孩子表示法,将数组与链表相结合的存储方法称为邻接表。

在邻接表中,对图中的每个顶点建立一个单链表,链表的每一个节点代表一条边,叫作表节点,节点中保存与该边相关联的另一顶点的顶点下标adjvex和指向同一链表中下一个表节点的指针nextarc,如图7.7(a)所示。第 i 个单链表中的节点表示依附于顶点 v_i 的所有的边(对有向图是以顶点 v_i 为弧尾的弧),每个链表上附设一个表头节点,节点中存储顶点 v_i 的有关信息data和指向链表表中第一个表节点的指针firstarc,如图7.7(b)所示。

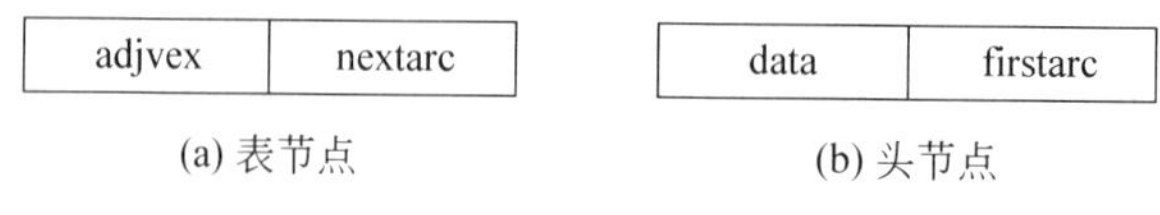

图7.7 邻接表节点结构

图的邻接表存储结构定义如下：

```
//用邻接表表示图
#define Maxsize  10              /* 顶点数目 */
typedef char VertexType ;        /* 顶点类型 */
typedef struct ArcNode
{
    int adjvex;
    struct ArcNode * nextarc;
}ArcNode;                        /* 边节点,也称表节点 */
typedef struct VertexNode
{
    VertexType data;
    ArcNode * firstarc;
}VertexNode;                     /* 表头节点 */
typedef struct
{
    VertexNode vertex[Maxsize];
    int vexnum, arcnum;          /* 当前图的顶点数和边数 */
} AdjList;                       /* 图的邻接表 */
```

图 7.8 所示为无向图及对应的邻接表。

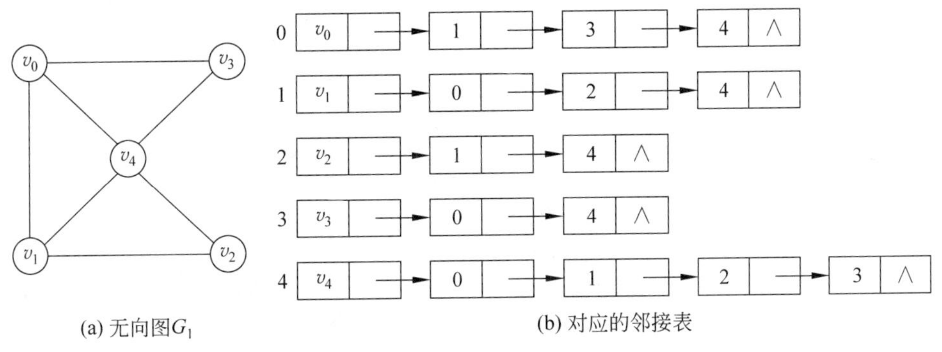

图 7.8 无向图及对应的邻接表

从图 7.8 所示的邻接表中，要获得图的相关信息是非常方便的，比如要想知道某个顶点的度，就去查找这个顶点的边表中节点的个数。若要判断 v_i 和 v_j 是否存在边，只需要测试顶点 v_i 的边表中 adjvex 是否存在节点 v_j 的下标 j 就行了。

如果是有向图，邻接表的结构是类似的，如图 7.9 所示为有向图及对应的邻接表。由于

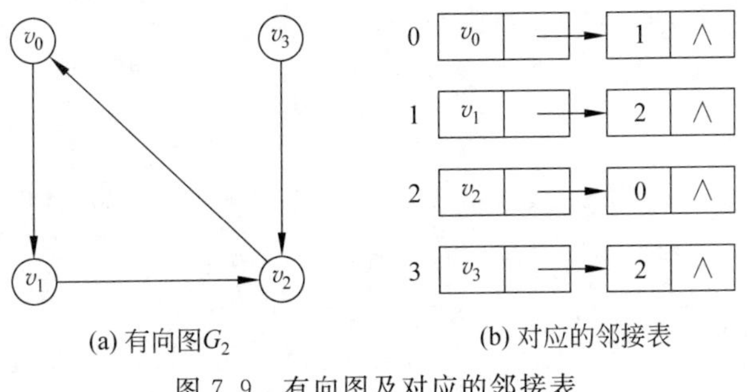

图 7.9 有向图及对应的邻接表

有向图是有方向的，则以顶点为弧来存储边表，这样很容易得到每个顶点的出度。但有时想得到顶点的入度，或以顶点为弧，则可以建立一个有向图的逆邻接表，即对每个顶点 v_i 都建立一个 v_i 为弧头的表，如图 7.10 所示。

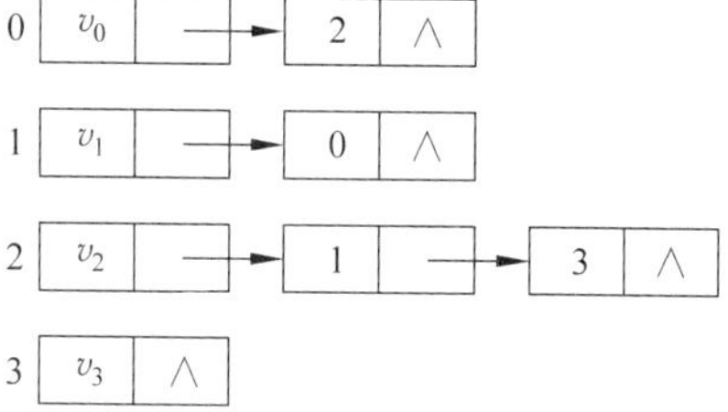

图 7.10 逆邻接表

结合图 7.9 和图 7.10 所示的邻接表和逆邻接表表示图，可以很容易求出某个顶点的入度或出度是多少，也很容易判断两个顶点之间是否已连接。

建立无向图邻接表的算法如下：

```
/*建立无向图的邻接表*/
void CreateALGraph(AdjList *g)
{
    int i,j,k;
    ArcNode *s=NULL;
    printf("请输入顶点数和边数\n");
    /*读入顶点数和边数*/
    scanf("%d,%d",&g->vexnum,&g->arcnum);
    getchar();
    printf("请输入顶点:\n");
    for(i=0;i<g->vexnum;i++)                   /*建立表头节点表*/
    {
        scanf("%c",&g->vertex[i].data);         /*读入顶点信息*/
        getchar();
        g->vertex[i].firstarc=NULL;             /*边表置为空表*/
    }
    getchar();
    printf("请输入边的连接信息:\n");
    for(k=0;k<g->arcnum;k++)                   /*建立边表*/
    {
        printf("请按顺序输入边的连接信息:\n");
        scanf("%d,%d",&i,&j);                   /*读入边(vi,vj)的顶点对序号*/
        s=(ArcNode *)malloc(sizeof(ArcNode)); /*生成边表节点*/
        s->adjvex=j;                            /*邻接点序号为j*/
                                              /*将新节点*s插入顶点vi的边表头部*/
        s->nextarc=g->vertex[i].firstarc;
        g->vertex[i].firstarc=s;                /*将当前顶点的指针指向s*/
        //无向图一条边对应两个顶点
        s=(ArcNode *)malloc(sizeof(ArcNode)); /*生成边表节点*/
        s->adjvex=i;                            /*邻接点序号为i*/
        s->nextarc=g->vertex[j].firstarc;       /*将s指针指向当前顶点指向的节点*/
        g->vertex[j].firstarc=s;                /*将当前顶点的指针指向s*/

    }
}/*CreateALGraph*/
```

建立有向图邻接表的算法如下：

```
void CreateALGraph(AdjList *g)                    /*建立有向图的邻接表*/
{
    int i,j,k;
    ArcNode *s=NULL;
    printf("please input vexnum and arcnum\n");
    /*读入顶点数和边数*/
    scanf("%d,%d",&g->vexnum,&g->arcnum);
    getchar();
    printf("please input vertex:\n");
    for(i=0;i<g->vexnum;i++)                      /*建立表头节点表*/
    {
        scanf("%c",&g->vertex[i].data);           /*读入顶点信息*/
        getchar();
        g->vertex[i].firstarc=NULL;               /*边表置为空表*/
    }
    getchar();
    printf("请输入边的连接信息:\n");
    for(k=0;k<g->arcnum;k++)/*建立边表*/
    {
        printf("请按顺序输入边的连接信息:\n");
        scanf("%d,%d",&i,&j);                     /*读入边(vi,vj)的顶点对序号*/
        s=(ArcNode *)malloc(sizeof(ArcNode));/*生成边表节点*/
        s->adjvex=j;                              /*邻接点序号为j*/
        /*将新节点*s插入顶点vi的边表头部*/
        s->nextarc=g->vertex[i].firstarc;
        g->vertex[i].firstarc=s;
    }
}/*CreateALGraph*/
```

以上代码使用了单链表创建中的头插法。无向图和有向图的区别是无向图一条边对应两个顶点，所以在循环中，分别对 i 和 j 进行了插入。

7.3 图的遍历

图的遍历就是从图中任意给定的顶点(称为起始顶点)出发，按照某种搜索方法，访问图中其余的顶点，且使每个顶点仅被访问一次的过程。图的遍历是一种基本操作。图的任一顶点都可能和其余顶点相邻接，因此在遍历图的过程中，在访问了某个顶点后，可能沿着某条路径搜索后又回到该顶点，为避免某个顶点被访问多次，在遍历图的过程中，要记下每个已被访问过的顶点。为此，可增设一个访问标志数组 visited[n]，用以标识图中每个顶点是否被访问过。每个 visited[i]的初值置为零，表示该顶点未被访问过。一旦顶点 v_i 被访问过，就将 visited[i]置为 1，表示该顶点已被访问过。

在图的遍历中，由于一个顶点可以与多个顶点相邻接，当某个顶点被访问后，有两种选取下一个顶点的方法，这就形成了两种遍历图的算法：深度优先搜索遍历算法和广度优先搜索遍历算法,这两种方法都适用于无向图和有向图。

7.3.1 连通图的深度优先搜索

连通图的深度优先搜索 DFS(Depth First Search)遍历与树的先根遍历类似,基本思想是假定以图中某个顶点 v_i 为起始顶点,首先访问起始顶点,然后选择一个与顶点 v_i 相邻且未被访问过的顶点 v_j 为新的起始顶点继续进行深度优先搜索,直至图中与顶点 v_i 邻接的所有顶点都被访问过为止,这是一个递归的搜索过程。

以图 7.11(a)中的图 G 为例说明深度优先搜索过程。假定 v_0 是出发点,首先访问 v_0。v_0 有两个邻接点 v_1、v_2,且均未被访问过,任选一个作为新的出发点,假设选的是 v_1,访问 v_1 之后,再从 v_1 的未被访问过的邻接点 v_3 和 v_4 中选择,假设 v_3 作为新的出发点,重复上述搜索过程,依次访问 v_4。访问 v_4 之后,由于 v_4 的邻接点均被访问过,搜索按原路退回到 v_3。v_3 的邻接点也均已被访问过,继续回退到 v_1。v_1 的邻接点也均已被访问过,继续回退到 v_0。v_0 的两个邻接点 v_1、v_2 中,v_1 已被访问过,v_2 未被访问,于是访问 v_2。v_2 的邻接点 v_5、v_6 均未被访问过,选择 v_5 进行访问。v_5 的邻接点只有 v_7 未被访问过,访问 v_7。v_7 没有未被访问的邻接点,按原路返回到 v_5。v_5 的所有邻接点都被访问过了,继续返回到 v_2。v_2 的邻接点 v_6 未被访问过,访问 v_6。v_6 没有未被访问的邻接点,返回 v_2。v_2 没有未被访问的邻接点,继续返回到初始顶点 v_0。v_0 的所有邻接点都已被访问过,而且图 G 的所有顶点都已被访问过,算法结束。

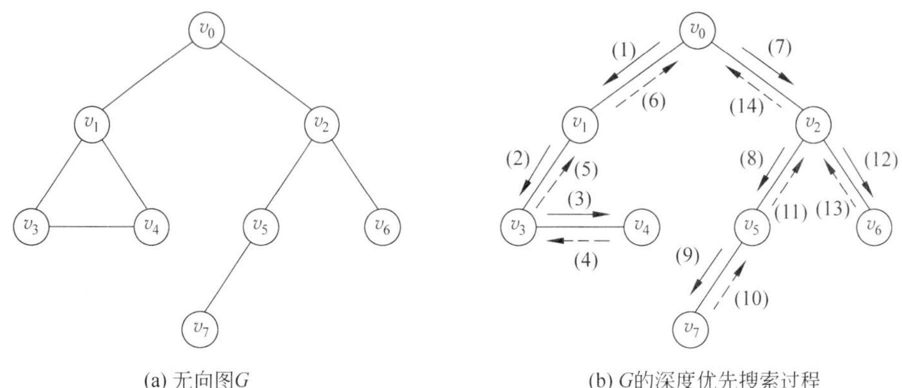

(a) 无向图G　　　　(b) G的深度优先搜索过程

图 7.11　图的深度优先搜索过程

遍历过程见图 7.11(b),得到的顶点的访问序列为 $v_0 \to v_1 \to v_3 \to v_4 \to v_2 \to v_5 \to v_7 \to v_6$。

用深度优先搜索法遍历一个没有给定具体存储结构的图,得到的访问序列不唯一。但就一个具体的存储结构所表示的图而言,其遍历序列应该是确定的。

深度优先搜索是递归定义的,所以很容易写出它的递归算法,以邻接矩阵作为图的存储结构的深度优先搜索遍历算法描述如下:

```
int visited [Maxsize]={0};
void DFS(AdjMatrix g, int i)
    /*从第 i 个顶点出发深度优先遍历图 G,G 以邻接矩阵表示*/
```

```
{
    printf("%3c",g.vexs[i]);        /* 访问顶点 vi */
    visited[i]=1;
    for (j=0;j<g.vexnum;j++)
        if ((g.arcs[i][j]==1)&&(!visited[j]))
    DFS(g, j);
}/* DFS */
```

分析 DFS 算法得知，遍历图的过程实质上是对每个顶点搜索其邻接点的过程。耗费的时间取决于所采用的存储结构。假设图中有 n 个顶点，那么，当用邻接矩阵表示图时，搜索一个顶点的所有邻接点需花费的时间为 $O(n)$，则从 n 个顶点出发搜索的时间应为 $O(n^2)$，所以算法 DFS 的时间复杂度是 $O(n^2)$。

如果图结构是邻接表结构，则只是将数组换成了链表，代码如下：

```
/* 从第 i 个顶点出发深度优先遍历图 G。G 以邻接表表示 */
int visited [Maxsize]={0};
void DFS(AdjList *g, int i)
{
    ArcNode * s=NULL;
    printf("%3c",g->vertex[i].data);        /* 访问顶点 vi */
    visited[i]=1;
    s=g->vertex[i].firstarc;
    while(s!=NULL)
    {
        if(!visited [s->adjvex])
            DFS(g,s->adjvex);
        s=s->nextarc;                       /* 读取下一个连接节点 */
    }
}/* DFS */
```

7.3.2 连通图的广度优先搜索

连通图的广度优先搜索 BFS(Breadth First Search)遍历与树的按层次遍历类似，其基本思想是从图中某个顶点 v_i 出发，在访问了 v_i 之后，依次访问 v_i 的各个未曾访问过的邻接点；然后分别从这些邻接点出发，依次访问它们的未曾访问过的邻接点，直至所有和起始顶点 v_i 有路径相通的顶点都被访问过为止。

下面以图 7.11(a)中图 G 为例说明广度优先搜索的过程，过程如图 7.12 所示。假设从起点 v_0 出发，首先访问 v_0，以及 v_0 的两个邻接点 v_1、v_2；然后依次访问 v_1 的未被访问过的邻接点 v_3 和 v_4，以及 v_2 的未曾被访问的邻接点 v_5，v_6；最后访问 v_5 的未曾被访问的邻接点 v_7。此时所有顶点均已被访问过，算法结束，得到的顶点访问序列为：$v_0 \to v_1 \to v_2 \to v_3 \to v_4 \to v_5 \to v_6 \to v_7$。

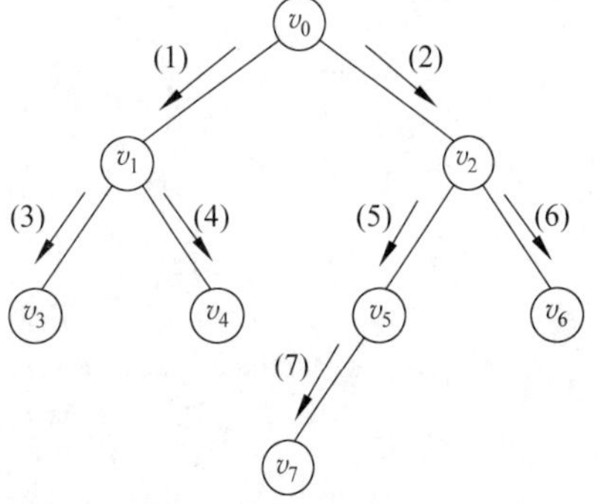

图 7.12 图的广度优先搜索过程

以邻接矩阵作为图的存储结构的广度优先搜索遍历算法描述如下：

```
int visited[Maxsize]={0};
void BFS(AdjList g,int i)
/*从第 i 个顶点出发广度优先遍历图 G。G 以邻接矩阵表示*/
{
    int k;
    Queue Q;                          /*定义一个队列*/
    printf("%3c",g. vex [i]);         /*访问顶点 vi*/
    visited[i]=1;
    InitQueue(&Q);                    /*置空队列 Q*/
    EnQueue(&Q,i);                    /*vi 入队列*/
    while(!Empty(Q))
    {
        DeQueue(&Q,&k);               /*队头顶点出队列*/
        for (j=0;j<g.vexnum;j++)
        if ((g.arcs[k][j]==1)&&(!visited[j]))
        {
            printf("%3c",g.vexs[j]);  /*访问顶点 vi的未曾访问的顶点 vj*/
            visited[j]=1;
            EnQueue(&Q,j);            /*vj入队列*/
        }
    }
} /*BFS*/
```

分析上述算法，每个顶点至多进一次队列，所以算法中的内、外循环次数均为 n 次，故算法 BFS 的时间复杂度为 $O(n^2)$。

对于邻接表的广度优先遍历，代码与邻接矩阵相差不大，代码如下：

```
/*邻接表的广度优先遍历算法，邻接表从上到下遍历*/
void BFS(AdjList *G)
{
    int i;
    ArcNode *p=NULL;
    Queue Q;
    InitQueue(&Q);
    for(i=0;i<Maxsize;i++)
        visited[i]=0;                              //未输出的顶点标记为 0
    for(i=0; i <G->vexnum; i++)
    {
        if (!visited[i])
        {
            visited[i]=1;
            printf("%c ",G->vertex[i].data);    /*打印顶点*/
            EnQueue(&Q,i);
            while(!QueueEmpty(Q))
            {
                DeQueue(&Q,&i);
```

```
            p=G->vertex[i].firstarc;        /* 找到当前顶点的边表链表头指针 */
            while(p)
            {
                if(!visited[p->adjvex])     /* 若此顶点未被访问 */
                {
                    visited[p->adjvex]=1;
                    printf("%c ",G->vertex[p->adjvex].data);
                    EnQueue(&Q,p->adjvex);  /* 将此顶点入队列 */
                }
                p=p->nextarc;               /* 指针指向下一个邻接点 */
            }
        }
    }
  }
}
```

7.3.3 非连通图的遍历

如果给定的图是不连通的，则调用上述遍历算法（深度或广度优先搜索算法）只能访问到起始顶点所在的连通分量中的所有节点，其他连通分量中的节点是访问不到的。为此，需从每一个连通分量中选取起始顶点，分别进行遍历，才能访问到图中的所有顶点。

深度优先搜索遍历非连通图的算法描述如下：

```
AdjMatrix g;
void DFSUnG(AdjMatrix g)
{
    int i
    for (i=0;i<g.vexnum;i++)
    if (visited[i]==0)
        DFS(g,i);
}
```

7.4 最小生成树

7.4.1 生成树及最小生成树

1. 生成树

一个连通图的生成树是一个极小的连通子图，它含有图中全部的顶点，但只有 $n-1$ 条边。一个连通图的生成树是不唯一的，因为遍历图时选择的起始点不同，遍历的策略不同，遍历时经过的边就不同，产生的生成树就不同。由深度优先搜索得到的生成树称为深度优先生成树；由广度优先搜索得到的生成树称为广度优先生成树。如图 7.13 所示就是图 7.11(a)的图 G 从顶点 v_0 出发开始遍历所得到的深度优先生成树和广度优先生成树。

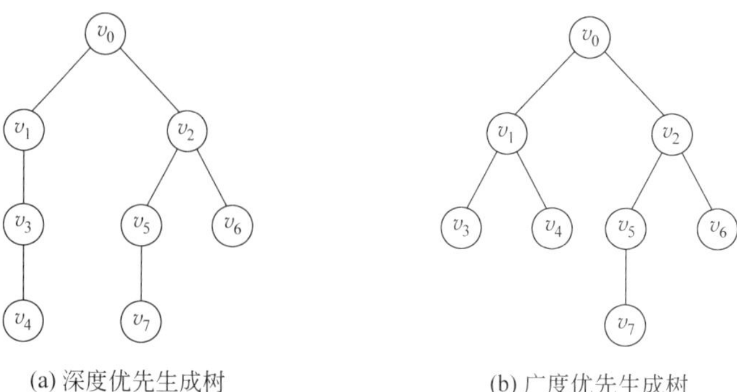

(a) 深度优先生成树　　(b) 广度优先生成树

图 7.13　图的生成树

2. 最小生成树

在一个连通网的所有生成树中，各边的权值之和最小的那棵生成树称为该连通网的最小代价生成树(Minimum Cost Spanning Tree)，简称为最小生成树。

最小生成树在实际生活中很有用。例如，要在 n 个城市之间建立通信网络，则连通 n 个城市只需要 $n-1$ 条线路。这时需要考虑如何在最节省经费的情况下建立通信网络，在每两个城市之间都可以设置一条通信线路，相应地都要付出一定的经济代价，n 个城市最多可以设置 $n*(n-1)/2$ 条线路，如何在这 $n*(n-1)/2$ 条线路中选择 $n-1$ 条使其既能满足各城市间通信的需要，又使总的耗费最少？可以用连通网来表示这个通信网络，其中顶点表示城市，边表示城市之间的通信线路，边上的权值表示代价，上述问题就转化为求该无向连通网的最小生成树的问题。

构造最小生成树的算法很多，其中多数算法都利用了最小生成树的一种称之为 MST 的性质。

MST 性质：假设 $G=(V,E)$ 是一连通网，U 是顶点集 V 的一个非空子集。若 (u,v) 是一条具有最小权值的边，其中 $u\in U, v\in V-U$，则必存在一棵包含边 (u,v) 的最小生成树。

常用的构造最小生成树的算法有普里姆(Prim)算法和克鲁斯卡尔(Kruskal)算法。

7.4.2　普里姆算法

1. 算法的思想

假设 $G=(V,E)$ 是一个连通网，U 是最小生成树中的顶点的集合，TE 是最小生成树中边的集合。初始令 $U=\{u_1\}(u_1\in V)$，TE=$\{\varnothing\}$，重复执行下述操作：在所有 $u\in U$ 且 $v\in W=V-U$ 的“边 $(u,v)\in E$”中选择一条权值最小的边 (u,v) 并入集合 TE，同时将 u 并入 U 中，直至 $U=V$ 为止。此时 TE 中必有 $n-1$ 条边，则 $T=(U,\text{TE})$ 便是 G 的一棵最小生成树。

普利姆算法逐步增加集合 U 中的顶点，直至 $U=V$ 为止。

下面以图 7.14(a)中的无向网为例说明用普利姆算法生成最小生成树的步骤。

初始时，$U=\{v_0\}$，$V-U=\{v_1,v_2,v_3,v_4,v_5\}$。

在 U 和 $V-U$ 之间权值最小的边为 (v_0,v_4)，因此选中该边作为最小生成树的第一条边，并将顶点 v_4 加入集合 U 中，$U=\{v_0,v_4\}$，$V-U=\{v_1,v_2,v_3,v_5\}$。

在 U 和 $V-U$ 之间权值最小的边为(v_3,v_4),因此选中该边作为最小生成树的第二条边,并将顶点 v_3 加入集合 U 中,$U=\{v_0, v_4, v_3\}$,$V-U=\{v_1, v_2, v_5\}$。

在 U 和 $V-U$ 之间权值最小的边为(v_2,v_4),因此选中该边作为最小生成树的第三条边,并将顶点 v_2 加入集合 U 中,$U=\{v_0, v_4, v_3, v_2\}$,$V-U=\{v_1, v_5\}$。

在 U 和 $V-U$ 之间权值最小的边为(v_4,v_5),因此选中该边作为最小生成树的第四条边,并将顶点 v_5 加入集合 U 中,$U=\{v_0, v_4, v_3, v_2, v_5\}$,$V-U=\{v_1\}$。

在 U 和 $V-U$ 之间权值最小的边为(v_2,v_1),因此选中该边作为最小生成树的第五条边,并将顶点 v_1 加入集合 U 中,$U=\{v_0, v_4, v_3, v_2, v_5, v_1\}$,$V-U=\{\}$。

此时 $U=V$,算法结束。

选择权值最小的边时,可能有多条同样权值且满足条件的边可以选择,此时可任选其一。因此,所构造的最小生成树不是唯一的,但各边的权值的和是一样的。

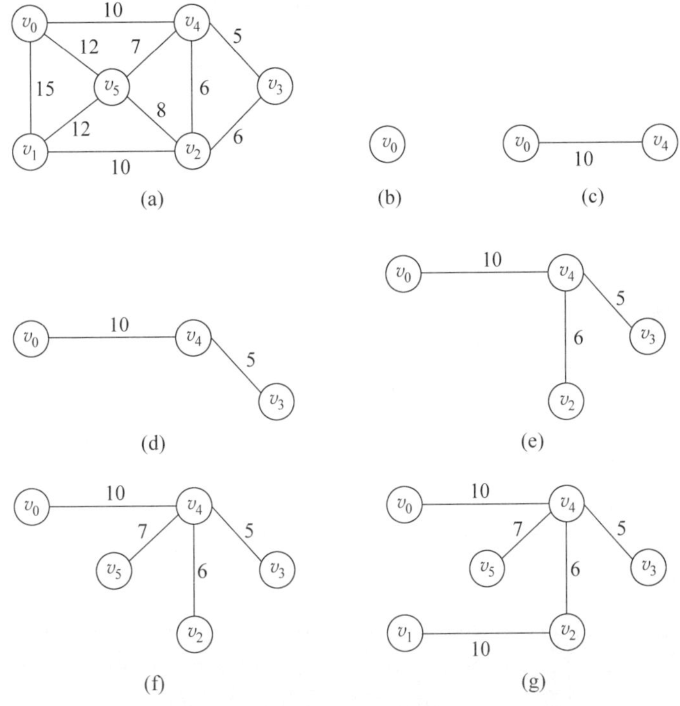

图 7.14 普利姆算法构造最小生成树的过程

2. 算法的实现

为了实现普里姆算法,需要附设一个辅助数组 closedge,以记录从 U 到 $V-U$ 的具有最小权值的边。其数据类型定义如下:

```
struct closedge
{
    VexType adjvex ;        //存储依附于最小权值边上的顶点
    int lowcost;            //存储最小权值
}closedge[MaxSize];
```

对于每个顶点 $v_i \in V-U$，在辅助数组 closedge 中存在一个分量 closedge[i]，其中 closedge[i]. lowcost 存储所有与 v_i 邻接的、从 U 到 $V-U$ 的那组边中的最小边上的权值，显然有 closedge[i]. lowcost=Min{cost(u,v_i)|$u\in U$}，其中 cost(u,v_i)表示边(u,v_i)的权值。一旦顶点 v_i 并入 U，则 closedge[i]. lowcost 置为零；而 closedge[i]. adjvex 存储依附于该边的 U 中的顶点。

表 7.1 展示了在图 7.14 所示的构造最小生成树的过程中，辅助数组 closedge 中各分量值的变化情况。

表 7.1　构造最小生成树过程中辅助数组中各分量的值

closedge \ v	v_1	v_2	v_3	v_4	v_5	U	$V-U$
adjvex	v_0			v_0	v_0	$\{v_0\}$	$\{v_1,v_2,v_3,v_4,v_5\}$
lowcost	15			10	12		
adjvex	v_0	v_4	v_4		v_4	$\{v_0,v_4\}$	$\{v_1,v_2,v_3,v_5\}$
lowcost	15	6	5		7		
adjvex	v_0	v_4			v_4	$\{v_0,v_4,v_3\}$	$\{v_1,v_2,v_5\}$
lowcost	15	6			7		
adjvex	v_2				v_4	$\{v_0,v_4,v_3,v_2\}$	$\{v_1,v_5\}$
lowcost	10				7		
adjvex	v_2					$\{v_0,v_4,v_3,v_2,v_5\}$	$\{v_1\}$
lowcost	10						
adjvex						$\{v_0,v_4,v_3,v_2,v_5,v_1\}$	$\varnothing$
lowcost							

算法描述如下：

```
int LocatVex(AdjMatrix g, VexType u₀);    /* 确定顶点 u₀在网 G 中的序号 */
int Mininum(struct closedge closedge[], int vexnum);
void Prim(AdjMatrix g, VexType u₀)
/* 从顶点 u₀出发构造网 G 的最小生成树 T,输出 T 中的每条边 */
{
    k=LocatVex(g,u₀);                     /* 确定顶点 u₀在网 G 中的序号 */
    closedge[k].lowcost=0;
    for (j=0;j<g.vexnum;j++)              /* 初始化辅助数组 */
    if (j!=k)
    {
        closedge[j].adjvex=u₀;
        closedge[j].lowcost=g.arcs[k][j];
    }
    closedge[k].lowcost=0;                /* 初始 U={u₀} */
    for (i=1;i<=g.vexnum-1;i++)
```

```
    {
        k=Mininum(closedge, g.vexnum);        /* 求权值最小的顶点的序号,vk∈V-U */
        printf("(%c,%c),%d  ",closedge[k].adjvex,g.vexs[k],closedge[k].lowcost);
                                              /* 输出生成树 T 的边及权值 */
        closedge[k].lowcost=0;                /* 顶点 vk并入 U */
        for (j=0;j<g.vexnum;j++)              /* 重新调整 closedge */
        if (g.arcs[k][j]<closedge[j].lowcost)
        {
            closedge[j].lowcost=g.arcs[k][j];
            closedge[j].adjvex=g.vexs[k];
        }
    }
}
int LocatVex(AdjMatrix g, VexType u0)
/* 返回顶点 u0在网 G 中的序号 */
{
    for (i=0;i<g.vexnum;i++)
    if (g.vexs[i]==u0)
        return (i);
}
int Mininum(struct closedge closedge[], int vexnum)
/* 在辅助数组 closedge 中求出权值最小的边的顶点序号 min,且 vmin∈V-U */
{
    for(i=0;i<vexnum;i++)
    if(closedge[i].lowcost!=0) break;
    min=i;
    for(i=0;i<vexnum;i++)
    if (closedge[i].lowcost!=0 &&closedge[i].lowcost <closedge[min].lowcost)
        min=i;
    return (min);
} /* Mininum */
```

假设网中有 n 个顶点,普里姆算法中有两个循环,所以时间复杂度为 $O(n^2)$,它与网中边的数目无关,因此普里姆算法适合于求边稠密的网的最小生成树。

7.4.3 克鲁斯卡尔算法

克鲁斯卡尔算法的基本思想是按权值递增的次序选择合适的边来构成最小生成树。假设 $G=(V,E)$是连通网,最小生成树 $T=(V,\mathrm{TE})$。初始时,$\mathrm{TE}=\{\varnothing\}$,即 T 仅包含网 G 的全部顶点,没有一条边,T 中每个顶点自成一个连通分量。算法执行如下操作:在图 G 的边集 E 中按权值递增次序依次选择边(u,v),若该边依附的顶点 u、v 分别是当前 T 的两个连通分量中的顶点,则将该边加入到 TE 中;若 u、v 是当前同一个连通分量中的顶点,则舍去此边而选择下一条权值最小的边。以此类推,直到 T 中所有顶点都在同一连通分量上为止,此时 T 便是 G 的一棵最小生成树。与普里姆算法不同,克鲁斯卡尔算法是逐步增加生成树的边。

克鲁斯卡尔算法可描述如下:

```
T=(V,{∅});
while (T中的边数 e<n-1)
{
    从 E 中选取当前权值最小的边(u,v);
    if((u,v)并入 T 之后不产生回路)
    将边(u,v)并入 T 中;
    else
    从 E 中删去边(u,v);
}
```

可以证明克鲁斯卡尔算法的时间复杂度是 $O(e\log_2 e)$，其中 e 是网 G 的边的数目。克鲁斯卡尔算法适合于求边稀疏的网的最小生成树。

现以图 7.14(a)所示的网为例，按克鲁斯卡尔算法构造最小生成树。其构造过程如图 7.15 所示。

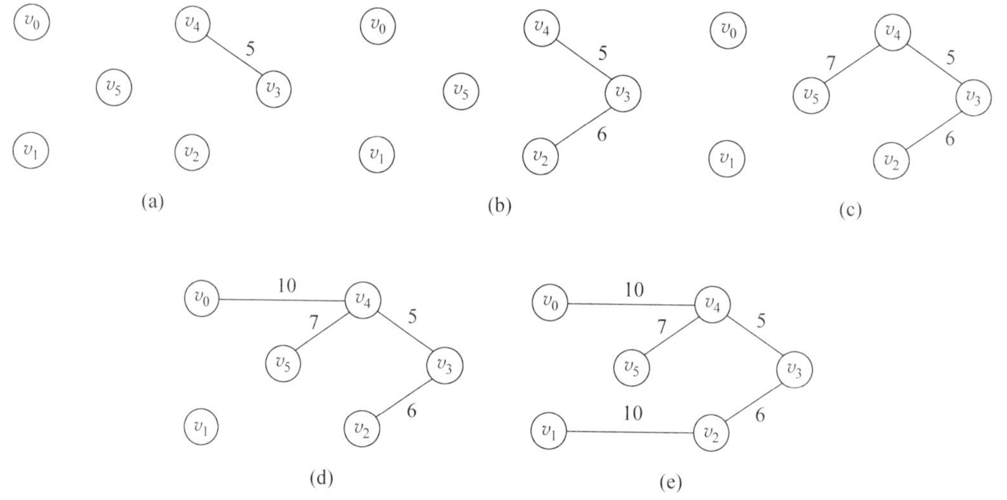

图 7.15　克鲁斯卡尔算法构造最小生成树

7.5 最短路径

我们出门经常面临对路径和出行方式进行选择的问题。每个人的具体需求不同，选择的方案就不尽相同。有人为了省钱，选择的路线和方式就可能不省时间；有些人的需求可能是节省时间，但花费就更贵；还有另一些人，如老人行动不便，或者不想多走路的，哪怕车子绕远路，耗时长也无所谓，关键是换乘要少。简单的图形可以靠人的经验和感觉，但复杂的道路就需要计算机通过算法得到最佳方案。本小节介绍图的最短路径问题。

在带权值的网图和不带权值的非网图中，最短路径的含义是不同的。非网图的最短路径指的是两顶点之间经过的边数最少的路径；而对于带权值的网图来说，最短路径指的是两顶点之间经过的边上权值之和最少的路径，称路径上第一个顶点为源点，最后一个顶点是终点。

本小节要讲解两种求最短路径的算法。第一种是迪杰斯特拉(Dijkstra)算法,求解从某个源点到其余各顶点的最短路径问题。第二种是弗洛伊德(Floyd)算法,它可以求解从任意一个顶点到所有其他顶点的最短路径问题。

7.5.1　迪杰斯特拉算法

设有向网 $G=(V, E)$,以指定顶点 v_0 为源点,求从 v_0 出发到图中所有其余顶点的最短路径。在如图 7.16(a)所示的有向网络中,若指定 v_0 为源点,通过分析可以得到从 v_0 出发到其余顶点的最短路径和路径长度,如图 7.16(b)所示。

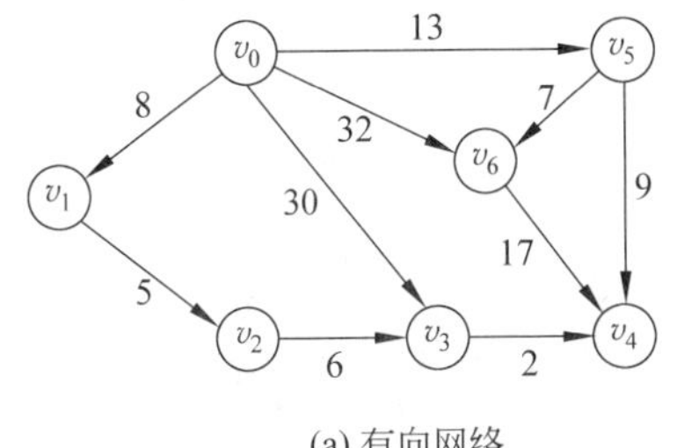

(a) 有向网络

最短路径	长度
$<v_0, v_1>$	8
$<v_0, v_1, v_2>$	13
$<v_0, v_1, v_2, v_3>$	19
$<v_0, v_1, v_2, v_3, v_4>$	21
$<v_0, v_5>$	13
$<v_0, v_5, v_6>$	20

(b) 从源点v_0到其余各顶点的最短路径和长度

图 7.16　有向网络及从源点到其余各顶点的最短路径和路径长度

迪杰斯特拉算法提出了一个从源点到其余各顶点的最短路径的方法,它的基本思想是按路径长度递增的次序产生最短路径。其基本思想是把所有顶点 V 分成两组,已经确定最短路径的顶点为一组,用 S 表示;尚未确定最短路径的顶点为另一组,用 T 表示。初始时,S 中只包含源点 v_0,T 中包含除源点外的其余顶点,此时各顶点的当前最短路径长度为源点到该顶点的弧上的权值,然后按最短路径长度递增的次序逐个把 T 中的顶点加到 S 中去,直至从 v_0 出发可以到达的所有顶点都包括到 S 中为止。每往集合 S 中加入一个新顶点 v,都要修改源点到集合 T 中的所有顶点的最短路径长度值,集合 T 中各顶点的新的最短路径长度值为原来的最短路径长度值与顶点 v 的最短路径长度值加上 v 到该顶点的弧上的权值中的较小值。在这个过程中,必须保证从 v_0 到 S 中各顶点的最短路径长度都不大于从 v_0 到 T 中的任何顶点的最短路径长度。另外,每一个顶点对应一个距离值,S 中的顶点对应的距离值就是从 v_0 到该顶点的最短路径,T 中的顶点对应的距离值是从 v_0 到该顶点的只包括 S 中的顶点为中间顶点的最短路径长度。

设有向图 G 有 n 个顶点(v_0 为源点),其存储结构用邻接矩阵表示。算法实现时需要设置三个数组 s[n]、dist[n]和 path[n]。s 用以标记那些已经找到最短路径的顶点集合 S,若 s[i]=1,则表示已经找到源点到顶点 v_i 的最短路径;若 s[i]=0,则表示从源点到顶点 v_i 的最短路径尚未求得,数组的初态为 s[0]=1,s[i]=0(i=1,2,…,$n-1$),表示集合 S 中只包含一个顶点 v_0。数组 dist 记录源点到其他各顶点的当前的最短距离,其初值为 dist[i]=g.arcs[0][i](i=1, 2,…,$n-1$)。path 是最短路径的路径数组,其中 path[i]表示从源点 v_0 到顶点 v_i 之间的最短路径上该顶点的前驱顶点,若从源点到顶点 v_i 无路径,则 path[i]=−1。算法执行时从顶点集合 T 中选出一个顶点 v_w,使 dist[w]的值最小。然后将 v_w 加入集合 S 中,即令 s[w]=1;对 T 中顶点的距离值进行修改:若加进 W 作中间顶点,从 v_0 到 v_i 的距离值比不加 W 的路径要短,则修改此距离值,即从原来的 dist[j]和 dist[w]+

g.arcs[w][j]中选择较小的值作为新的 dist[j]。

以图 7.16(a)为例，当集合 S 中只有 v_0 时，dist[2]=∞，当加入顶点 v_1 后，dist[1]+g.arcs[1][2]<dist[2]，因此将 dist[2]更新为 dist[1]+g.arcs[1][2]的值。重复上述步骤，直到 S 中包含所有顶点，即 $S=V$ 为止。

有向网采用邻接矩阵做存储结构，用迪杰斯特拉算法求最短路径的算法描述如下：

```
/* Dijkstra算法,求有向网 G 的 v0 顶点到其余顶点 v 的最短路径 path[v]及带权长度 D[v] */
/* path[v]的值为前驱顶点下标,D[v]表示 v0 到 v 的最短路径长度之和 */
void ShortestPath_Dijkstra(MGraph G, int v0, int path[], int D[])
{
    int v,w,k,min;
    int final[MAXVEX];                  /* final[w]=1 表示求得顶点 v0 至 vw 的最短路径 */
    for(v=0; v<G.numVertexes; v++)      /* 初始化数据 */
    {
        final[v]=0;                     /* 全部顶点初始化为未知最短路径状态 */
        D[v]=G.arc[v0][v];              /* 将与 v0 点有连线的顶点加上权值 */
        path[v]=0;                      /* 初始化路径数组 P 为 0 */
    }

    D[v0]=0;                            /* v0 至 v0 路径为 0 */
    final[v0]=1;                        /* v0 至 v0 不需要求路径 */
    /* 开始主循环,每次求得 v0 到某个 v 顶点的最短路径 */
    for(v=1; v<G.numVertexes; v++)
    {
        min=INFINITY;                   /* 当前所知离 v0 顶点的最近距离 */
        for(w=0; w<G.numVertexes; w++)  /* 寻找离 v0 最近的顶点 */
        {
            if(!final[w] && D[w]<min)
            {
                k=w;
                min=D[w];               /* w 顶点离 v0 顶点更近 */
            }
        }
        final[k]=1;                     /* 将目前找到的最近的顶点置为 1 */
        for(w=0; w<G.numVertexes; w++)  /* 修正当前的最短路径及距离 */
        {
            /* 如果经过 v 顶点的路径比现在这条路径的长度短 */
            if(!final[w] && (min+G.arc[k][w]<D[w]))
            { /* 说明找到了更短的路径,修改 D[w]和 P[w] */
                D[w]=min+G.arc[k][w];   /* 修改当前路径的长度 */
                path[w]=k;
            }
        }
    }
}/* Dijkstra */
```

通过 path[i]向前推导直到 v_0 为止，可以找出从 v_0 到顶点 v_i 的最短路径。例如，对于图 7.16(a)的有向网络，按上述算法计算出的 path 数组的值见表 7.2。

表 7.2　path 的数组值与下标的排列

0	1	2	3	4	5	6
−1	0	1	2	3	0	5

求顶点 v_0 到顶点 v_3 的最短路径的计算过程为：path[3]=2，说明路径上顶点 v_3 之前的顶点是顶点 v_2；path[2]=1，说明路径上顶点 v_2 之前的顶点是顶点 v_1；path[1]=0，说明路径上顶点 v_1 之前的顶点是顶点 v_0。则顶点 v_0 到顶点 v_3 的路径为 v_0、v_1、v_2、v_3。

迪杰斯特拉算法中有两个循环次数为顶点个数 n 的嵌套循环，所以其时间复杂度为 $O(n^2)$。

输出最短路径的算法描述如下：

```
//输出源点 v0 到其余顶点的最短路径和路径长度，路径逆序输出
void PrintPath(MGraph G,int v0,int path[],int d[])
{
    int i,j;
    printf("最短路径及最短路径长度为:\n");
    for(i=1;i<G.numVertexes;i++)
        if(d[i]<INFINITY&&i!=0)
        {
            printf("v%d<--",i);
            j=path[i];
            while(j!=v0)
            {
                printf("v%d<--",j);
                j=path[j];
            }
            printf("v%d",v0);
            printf(": %d \n",d[i]);
            printf("\n");
        }
}
```

对于图 7.16(a)的有向网络，其邻接矩阵如式(7.7)所示，利用 Dijkstra 算法计算从顶点 v_0 到其他各顶点的最短路径的动态执行情况，如表 7.3 所示，最后的输出结果如图 7.17 所示。

```
最短路径及最短路径长度为:
v1<--v0: 8

v2<--v1<--v0: 13

v3<--v2<--v1<--v0: 19

v4<--v3<--v2<--v1<--v0: 21

v5<--v0: 13

v6<--v5<--v0: 20

请按任意键继续. . .
```

图 7.17　最后的输出结果

$$\begin{pmatrix} \infty & 8 & \infty & 30 & \infty & 13 & 32 \\ & & 5 & & & & \\ & & & 6 & & & \\ & & & & 2 & & \\ & & & & & & \\ & & & & 9 & & 7 \\ & & & & 17 & & \end{pmatrix} \tag{7.7}$$

表 7.3　从顶点 v_0 到其他各顶点的最短路径的动态执行情况

循环	集合 s	v	距离数组 dist							路径数组 path						
			0	1	2	3	4	5	6	0	1	2	3	4	5	6
初始化	$\{v_0\}$		0	8	∞	30	∞	13	32	−1	0	−1	0	−1	0	0
1	$\{v_0, v_1\}$	v_1	0	8	13	30	∞	13	32	−1	0	1	0	−1	0	0
2	$\{v_0, v_1, v_2\}$	v_2	0	8	13	19	∞	13	32	−1	0	1	2	−1	0	0
3	$\{v_0, v_1, v_2, v_5\}$	v_5	0	8	13	19	22	13	20	−1	0	1	2	5	0	5
4	$\{v_0, v_1, v_2, v_5, v_3\}$	v_3	0	8	13	19	21	13	20	−1	0	1	2	3	0	5
5	$\{v_0, v_1, v_2, v_5, v_3, v_6\}$	v_6	0	8	13	19	21	13	20	−1	0	1	2	3	0	5
6	$\{v_0, v_1, v_2, v_5, v_3, v_6, v_4\}$	v_4	0	8	13	19	21	13	20	−1	0	1	2	3	0	5

给出一个含有 n 个顶点的带权有向图，求其每一对顶点之间的最短路径。解决这个问题的一种方法是：每次以一个顶点为源点，执行迪杰斯特拉算法，求得从该顶点到其他各顶点的最短路径；重复执行 n 次之后，就能求得从每一个顶点出发到其他各顶点的最短路径。完整的迪杰斯特拉算法源代码如下：

```
#include "stdio.h"
#include "stdlib.h"
#include "io.h"
#include "math.h"
#include "time.h"
#define MAXEDGE 20
#define MAXVEX 20
#define INFINITY 65535

typedef struct
{
    int vexs[MAXVEX];
    int arc[MAXVEX][MAXVEX];
    int numVertexes, numEdges;
}MGraph;
```

```
/* 构建图 */
void CreateMGraph(MGraph *G)
{
    int i, j;

    /* printf("请输入边数和顶点数:"); */
    G->numEdges=10;
    G->numVertexes=7;
    for (i=0; i <G->numVertexes; i++)       /* 初始化图 */
    {
        G->vexs[i]=i;
    }

    for (i=0; i <G->numVertexes; i++)       /* 初始化图 */
    {
        for (j=0; j <G->numVertexes; j++)
        {
            if (i==j)
                G->arc[i][j]=0;
            else
                G->arc[i][j]=G->arc[j][i]=INFINITY;
        }
    }
    G->arc[0][1]=8;
    G->arc[0][3]=30;
    G->arc[0][5]=13;
    G->arc[0][6]=32;
    G->arc[1][2]=5;
    G->arc[2][3]=6;
    G->arc[3][4]=2;
    G->arc[5][6]=7;
    G->arc[5][4]=9;
    G->arc[6][4]=17;
}

/* Dijkstra 算法,求有向网 G 的 v0 顶点到其余顶点 v 的最短路径 P[v]及带权长度 D[v] */
/* path[v]的值为前驱顶点下标,D[v]表示 v0 到 v 的最短路径长度之和 */
void ShortestPath_Dijkstra(MGraph G, int v0, int path[], int D[])
{
    int v,w,k,min;
    int final[MAXVEX];                   /* final[w]=1 表示求得顶点 v0 至 vw 的最短路径 */
    for(v=0; v<G.numVertexes; v++)          /* 初始化数据 */
    {
        final[v]=0;                         /* 全部顶点初始化为未知最短路径状态 */
        D[v]=G.arc[v0][v];                  /* 将与 v0 点有连线的顶点加上权值 */
        path[v]=0;                          /* 初始化路径数组 P 为 0 */
    }
    D[v0]=0;                                /* v0 至 v0 路径为 0 */
    final[v0]=1;                            /* v0 至 v0 不需要求路径 */
```

```
    /*开始主循环,每次求得 v0 到某个 v 顶点的最短路径*/
    for(v=1; v<G.numVertexes; v++)
    {
        min=INFINITY;                          /*当前所知离 v0 顶点的最近距离*/
        for(w=0; w<G.numVertexes; w++)  /*寻找离 v0 最近的顶点*/
        {
            if(!final[w] && D[w]<min)
            {
                k=w;
                min=D[w];                      /*w 顶点离 v0 顶点更近*/
            }
        }
        final[k]=1;                            /*将目前找到的最近的顶点置为 1*/
        for(w=0; w<G.numVertexes; w++)  /*修正当前最短的路径及距离*/
        {
            /*如果经过 v 顶点的路径比现在这条路径的长度短*/
            if(!final[w] && (min+G.arc[k][w]<D[w]))
            { /*说明找到了更短的路径,修改 D[w]和 P[w]*/
                D[w]=min+G.arc[k][w];    /*修改当前路径的长度*/
                path[w]=k;
            }
        }
    }
}

//输出最短路径的算法
/*输出源点 v0 到其余顶点的最短路径和路径长度,路径逆序输出*/
void PrintPath(MGraph G,int v0,int path[],int d[]){
    int i,j;
    printf("最短路径及最短路径长度为:\n");
    for(i=1;i<G.numVertexes;i++)
        if(d[i]<INFINITY&&i!=0)
    {
        printf("v%d<--",i);
        j=path[i];
        while(j!=v0)
        {
            printf("v%d<--",j);
            j=path[j];
        }
        printf("v%d",v0);
        printf(": %d \n",d[i]);
        printf("\n");
    }
}

int main(void)
{
    int i,j,v0;
```

```
    MGraph G;
    int path[MAXVEX];                          /* path[v]是 v0 到 v 的最短路径上 v 的前驱顶点 */
    int D[MAXVEX];                             /* 求某点到其余各点的最短路径 */
    v0=0;
    CreateMGraph(&G);
    ShortestPath_Dijkstra(G, v0, path, D);
        PrintPath(G,0,path,D);
        system("pause");
    return 0;
}
```

上述算法是针对一个具体的有向图写的最短路径算法，如果是无向图，只需要结合 7.2.2 小节中创建图的邻接矩阵的算法，修改相应的语句即可。从循环嵌套很容易得到迪杰斯特拉算法的时间复杂度是 $O(n^2)$。

7.5.2 弗洛伊德(Floyd)算法

带权网的每对顶点之间的最短路径可通过调用迪杰斯特拉算法实现。具体方法是：每次以不同的顶点作为源点，调用迪杰斯特拉算法求出从该源点到其余顶点的最短路径。重复 n 次就可求出每对顶点之间的最短路径。由于迪杰斯特拉算法的时间复杂度为 $O(n^2)$，所以这种算法的时间复杂度为 $O(n^3)$。

弗洛伊德算法的思想是：设矩阵 D 用来存放带权有向图 G 的权值，即矩阵元素 cost[i][j]中存放着下标为 i 的顶点到下标为 j 的顶点之间的权值，可以通过递推构造一个矩阵序列 $D_0, D_1, D_2, \cdots, D_{N-1}$ 来求每对顶点之间的最短路径。其中，$D_k[i][j]$($0 \leqslant k \leqslant n-1$)表示从顶点 v_i 到顶点 v_j 的路径上所经过的顶点下标不大于 k 的最短路径长度。初始时有：$D_0[i][j]=\text{cost}[i][j]$。

当已经求出 D_k 要递推求出 D_{k+1} 时，分两种情况：①该路径不经过下标为 $k+1$ 的顶点，此时该路径长度与从顶点 v_i 到顶点 v_j 的路径上所经过的顶点下标不大于 k 的最短路径长度相同。②该路径经过下标为 $k+1$ 的顶点，此时该路径可分为两段，一段是从顶点 v_i 到顶点 v_{k+1} 的最短路径，另一段是从顶点 v_{k+1} 到顶点 v_j 的最短路径，此时的最短路径长度等于这两段最短路径长度之和。这两种情况中的路径长度较小者，就是要求的从顶点 v_i 到顶点 v_j 的路径上所经过的顶点下标不大于 $k+1$ 的最短路径长度。用公式描述如下：

$$
\begin{aligned}
&D_0[i][j] = \text{cost}[i][j] \\
&D_{k+1}[i][j] = \min\{D_k[i][j], D_k[i][k+1] + D_k[k+1][j]\}
\end{aligned}
\tag{7.8}
$$

因为是求任意一个顶点到所有顶点的最短路径，带权长度 $D[i][j]$和最短路径 path[i][j]都是二维数组。弗洛伊德算法如下：

```
/* Floyd算法,求网图 G 中各顶点 i 到其余顶点 j 的最短路径 P[i][j]及带权长度 D[i][j] */
void ShortestPath_Floyd(MGraph G, Patharc *P, ShortPathTable *D)
{
    int i,j,k;
    for(i=0; v<G.numVertexes; ++i)          /*初始化 D 与 P*/
```

```
    {
        for(j=0; j<G.numVertexes; ++j)
        {
            (*D)[i][j]=G.arc[i][j];     /*D[i][j]值即为对应点间的权值*/
            (*P)[i][j]=j;               /*初始化 path*/
        }
    }
    for(k=0; k<G.numVertexes; ++k)
    {
        for(i=0; i<G.numVertexes; ++i)
        {
            for(j=0; j<G.numVertexes; ++j)
            {
                if ((*D)[i][j]>(*D)[i][k]+(*D)[k][j])
                {/*如果经过下标为 k 的顶点,则路径比原两点间路径更短*/
                    (*D)[i][j]=(*D)[i][k]+(*D)[k][j];
                                                /*将当前两点间权值设为更小的一个*/
                    (*P)[i][j]=(*P)[i][k];   /*路径设置为经过下标为 k 的顶点*/
                }
            }
        }
    }
}
```

弗洛伊德算法的完整代码如下：

```
#include "stdio.h"
#include "stdlib.h"
#include "io.h"
#include "math.h"
#include "time.h"
#define MAXEDGE 20
#define MAXVEX 20
#define INFINITY 65535
typedef struct
{
    int vexs[MAXVEX];
    int arc[MAXVEX][MAXVEX];
    int numVertexes, numEdges;
}MGraph;

typedef int Patharc[MAXVEX][MAXVEX];
typedef int ShortPathTable[MAXVEX][MAXVEX];

/*构建图*/
void CreateMGraph(MGraph *G)
{
    int i, j;
```

```
    G->numEdges=10;
    G->numVertexes=7;
    for (i=0; i <G->numVertexes; i++)           /* 初始化图 */
    {
        G->vexs[i]=i;
    }

    for (i=0; i <G->numVertexes; i++)           /* 初始化图 */
    {
        for (j=0; j <G->numVertexes; j++)
        {
            if (i==j)
                G->arc[i][j]=0;
            else
                G->arc[i][j]=G->arc[j][i]=INFINITY;
        }
    }

    G->arc[0][1]=8;
    G->arc[0][3]=30;
    G->arc[0][5]=13;
    G->arc[0][6]=32;
    G->arc[1][2]=5;
    G->arc[2][3]=6;
    G->arc[3][4]=2;
    G->arc[5][6]=7;
    G->arc[5][4]=9;
    G->arc[6][4]=17;

}

/* Floyd 算法,求网图 G 中各顶点 v 到其余顶点 w 的最短路径 P[v][w]及带权长度 D[v][w] */
void ShortestPath_Floyd(MGraph G, Patharc *P, ShortPathTable *D)
{
    int i,j,k;
    for(i=0; i<G.numVertexes; i++)              /* 初始化 D 与 P */
    {
        for(j=0; j<G.numVertexes; ++j)
        {
            (*D)[i][j]=G.arc[i][w]j             /* D[v][w]值即为对应点间的权值 */
            (*P)[i][j]=j;                       /* 初始化 P */
        }
    }
    for(k=0; k<G.numVertexes; ++k)
```

```
        {
            for(i=0; i<G.numVertexes; ++i)
            {
                for(j=0; j<G.numVertexes; ++j)
                {
                    if ((*D)[i][j]>(*D)[i][k]+(*D)[k][j])
                    {/*如果经过下标为k的顶点的路径比原两点间路径更短,则有*/
                        (*D)[i][j]=(*D)[i][k]+(*D)[k][j];
                                                    /*将当前两点间权值设为更小的一个*/
                        (*P)[i][j]=(*P)[i][k];      /*路径设置为经过下标为k的顶点*/
                    }
                }
            }
        }
    }

    int main(void)
    {
        int v,w,k;
        MGraph G;
        Patharc P;
        ShortPathTable D;                           /*求某点到其余各点的最短路径*/
        CreateMGraph(&G);
        ShortestPath_Floyd(G,&P,&D);
        printf("各顶点间最短路径如下:\n");
        for(v=0; v<G.numVertexes; ++v)
        {
            for(w=v+1; w<G.numVertexes; w++)
            {
                printf("v%d-v%d weight: %d ",v,w,D[v][w]);
                k=P[v][w];                          /*获得第一个路径顶点下标*/
                printf(" path: %d",v);              /*打印源点*/
                while(k!=w)                         /*如果路径顶点下标不是终点*/
                {
                    printf(" ->%d",k);              /*打印路径顶点*/
                    k=P[k][w];                      /*获得下一个路径顶点下标*/
                }
                printf(" ->%d\n",w);                /*打印终点*/
            }
            printf("\n");
        }

        printf("最短路径 D\n");
        for(v=0; v<G.numVertexes; ++v)
        {
            for(w=0; w<G.numVertexes; ++w)
```

```
        {
            printf("%d\t",D[v][w]);
        }
        printf("\n");
    }
    printf("最短路径 P\n");
    for(v=0; v<G.numVertexes; ++v)
    {
        for(w=0; w<G.numVertexes; ++w)
        {
            printf("%d ",P[v][w]);
        }
        printf("\n");
    }
    system("pause");
    return 0;
}
```

计算图 7.16(a)最小路径的结果,如图 7.18 所示。

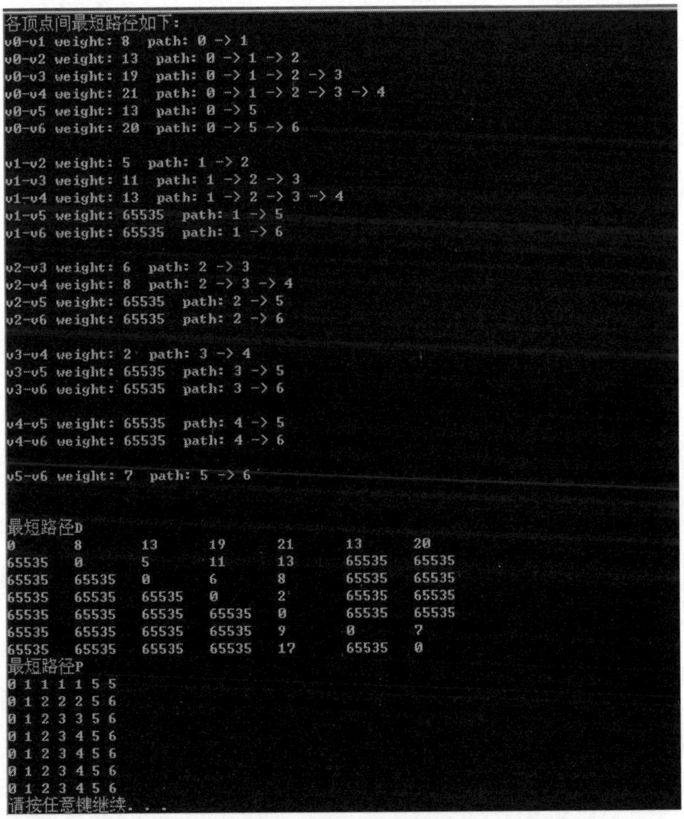

```
各顶点间最短路径如下:
v0-v1 weight: 8  path: 0 -> 1
v0-v2 weight: 13  path: 0 -> 1 -> 2
v0-v3 weight: 19  path: 0 -> 1 -> 2 -> 3
v0-v4 weight: 21  path: 0 -> 1 -> 2 -> 3 -> 4
v0-v5 weight: 13  path: 0 -> 5
v0-v6 weight: 20  path: 0 -> 5 -> 6

v1-v2 weight: 5  path: 1 -> 2
v1-v3 weight: 11  path: 1 -> 2 -> 3
v1-v4 weight: 13  path: 1 -> 2 -> 3 -> 4
v1-v5 weight: 65535  path: 1 -> 5
v1-v6 weight: 65535  path: 1 -> 6

v2-v3 weight: 6  path: 2 -> 3
v2-v4 weight: 8  path: 2 -> 3 -> 4
v2-v5 weight: 65535  path: 2 -> 5
v2-v6 weight: 65535  path: 2 -> 6

v3-v4 weight: 2  path: 3 -> 4
v3-v5 weight: 65535  path: 3 -> 5
v3-v6 weight: 65535  path: 3 -> 6

v4-v5 weight: 65535  path: 4 -> 5
v4-v6 weight: 65535  path: 4 -> 6

v5-v6 weight: 7  path: 5 -> 6


最短路径D
0       8       13      19      21      13      20
65535   0       5       11      13      65535   65535
65535   65535   0       6       8       65535   65535
65535   65535   65535   0       2       65535   65535
65535   65535   65535   65535   0       65535   65535
65535   65535   65535   65535   9       0       7
65535   65535   65535   65535   17      65535   0
最短路径P
0 1 1 1 1 5 5
0 1 2 2 2 5 6
0 1 2 3 3 5 6
0 1 2 3 4 5 6
0 1 2 3 4 5 6
0 1 2 3 4 5 6
0 1 2 3 4 5 6
请按任意键继续. . .
```

图 7.18　计算图 7.16(a)最小路径的结果

弗洛伊德算法其实就是一个二重循环初始化加一个三重循环权值修正,这样就完成了任意一个顶点到所有顶点最短路径的计算。尽管它的时间复杂度是 $O(n^3)$,如果需要求所有顶点之间的最短距离，可以考虑用弗洛伊德算法。

7.6 拓扑排序

把施工过程、生产流程、软件开发、教学安排等都当作一个项目工程来对待，所有的工程都可分为“活动”的子工程。例如表 7.4 就是软件专业的学生必须学习的课程，可把学习每门课程看作一个“活动”。有些课程是基础课，独立于其他课程；而另一些课程则必须学完它的先修课程后才能进行，表 7.4 即为软件专业学生学习课程的顺序，这些先决条件定义了事件之间的先后顺序，这些关系可以用有向无环图来描述，如图 7.19 所示。图中顶点表示事件，有向弧表示事件的先决条件，若事件 i 是事件 j 的先决条件，则图中有弧 $<i,j>$。

表 7.4　软件专业学生学习课程的顺序

事件编号	事 件 名 称	前导事件
C_0	程序设计基础	无
C_1	应用数学	无
C_2	数据结构	C_0，C_1
C_3	汇编语言	C_2，C_4
C_4	语言的设计分析	C_1
C_5	计算机原理	C_3，C_4
C_6	编译原理	C_3，C_8
C_7	面向对象程序设计	C_0
C_8	面向对象程序设计项目实训	C_7

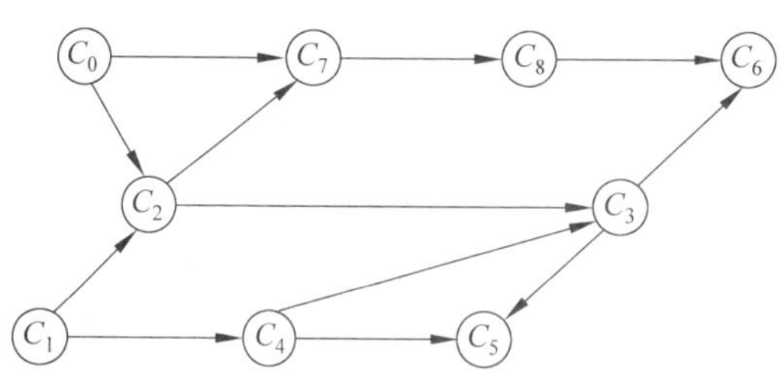

图 7.19　表示事件之间先后关系的有向无环图

几乎做所有的事情都有一定的先后顺序，某些事情的发生必须以别的事情的完成为先决条件，这就是拓扑排序的定义。若在图 7.19 中用顶点表示事件，用有向边表示事件间的先后顺序，这样的有向图被称为 AOV 网(activity on vertex network)。在 AOV 网中，若 $<i,j>$ 是网中的一条弧，则称顶点 i 优先于顶点 j，i 是 j 的直接前驱，或称 j 是 i 的直接后继。一个顶点如果没有前驱，则该顶点所表示的事件可独立于整个大事件，即该事件的发生不受其他事件的约束。否则，一个事件的发生必须以其前驱所代表的事件的发生为前提条件。

AOV 网中不允许有回路，这意味着某项活动以自己为先决条件，工作将永远做不完，这是不允许的。把 AOV 网络中各顶点按照它们相互之间的优先关系排列成一个线性序列的过程叫拓扑排序。若网中所有顶点都在它的拓扑有序序列中，则该 AOV 网必定不存在环。

对 AOV 网进行拓扑排序的方法和步骤是：

(1) 在有向图中选一个没有前驱(即入度为 0)的顶点并且输出它。

(2) 从图中删去该顶点和所有以该顶点为弧尾的弧。

重复上述两步，直至全部顶点均被输出，或者当前网中不再存在没有前驱的顶点为止。操作结果的前一种情况说明网中不存在有向回路，拓扑排序成功；后一种情况说明网中存在有向回路。

图 7.20 给出了一个按上述步骤求 AOV 网的拓扑序列的例子。

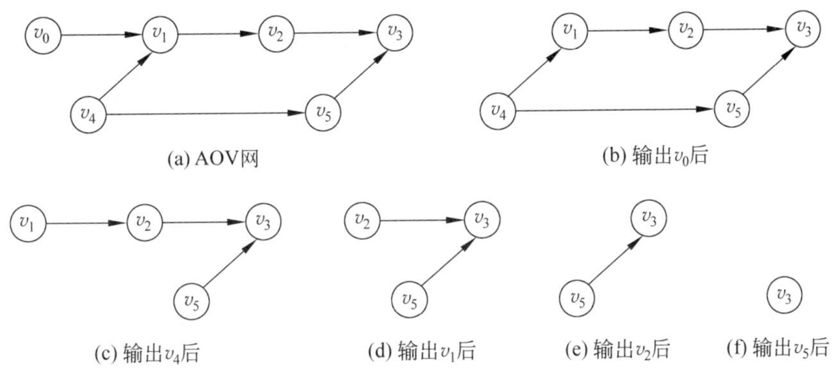

图 7.20　AOV 网及其拓扑有序序列的产生过程

这样得到的一个拓扑序列为：v_0、v_4、v_1、v_2、v_5、v_3。

7.7　实训　邻接矩阵与遍历算法

1. 实训题 1

用邻接矩阵表示图 7.1(a)的无向图，用深度优先遍历方法和广度优先遍历分别遍历，输出相应的结果。

实训目的

会用邻接矩阵表示图，会用深度优先遍历和广度优先遍历算法遍历图。

实训环境

(1) 硬件：普通个人计算机。

(2) 软件：Windows 系统平台；VC++ 6.0 或 Devcpp。

实训内容

首先需要自动生成图的邻接矩阵，然后根据这个邻接矩阵进行深度优先搜索和广度优先搜索。

主要分如下模块：①Create(MGraph *G)函数用于创建无向图的邻接矩阵；②DFS

(MGraph G,int i)函数用于以 i 为起点的深度优先搜索；③BFS(MGraph G,int i)函数用于以 i 为起点的广度优先搜索；④其他堆栈和队列函数；⑤main()函数用于调用各函数完成相应的功能。

源代码如下：

```
#include <stdio.h>
//图的邻接矩阵定义
typedef char VertexType;
typedef int EdgeType;
#define MaxVex 10
//定义图结构,用邻接矩阵存储
typedef struct
{
    VertexType vex[MaxVex];                    //顶点集合
    EdgeType arc[MaxVex][MaxVex];              //边集合
    int numVertex,numEdge;
}MGraph;
//定义循环队列
#define Maxsize 10
typedef int QElemtype;
typedef struct
{
    QElemtype data[Maxsize];
    int front,rear;
}Queue;
//初始化队列
void Init(Queue *Q)
{
    Q->front=Q->rear=0;
}
//判断是否为空
int Empty(Queue Q)
{
    return Q.front==Q.rear;
}
//进队
void EnQueue(Queue *Q,QElemtype j)
{
    if((Q->rear+1)%Maxsize==Q->front)
    {printf("队列已满,无法进队\n");return;}
    Q->rear=(Q->rear+1)%Maxsize;
    Q->data[Q->rear]=j;
}
void DeQueue(Queue *Q,QElemtype *e)
{
    if(Q->front==Q->rear)
    {printf("队空,无法出队\n");return;}
    Q->front=(Q->front+1)%Maxsize;
```

```
    *e=Q->data[Q->front];
}
//建立无向图的邻接矩阵
void Creat(MGraph *G)
{
    int i,j,k;
    printf("输入顶点数和边数:\n");
    scanf("%d,%d",&G->numVertex,&G->numEdge);
    getchar();
    printf("输入顶点的集合:\n");
    for(i=0;i<G->numVertex;i++)
        scanf("%c",&G->vex[i]);
    for(i=0;i<G->numVertex;i++)
        for(j=0;j<G->numVertex;j++)
            G->arc[i][j]=0;
    getchar();

    for(k=0;k<G->numEdge;k++)
    {
        printf("请输入边(i,j):\n");
        scanf("%d,%d",&i,&j);
        G->arc[i][j]=1;
        G->arc[j][i]=1;
    }
}
int visited[MaxVex]={0};
//以 i 为起始点的深度优先搜索
void DFS(MGraph G,int i)
{
    int j;
    printf("V%c-->",G.vex[i]);
    visited[i]=1;
    for(j=0;j<G.numVertex;j++)
        if(G.arc[i][j]==1&&visited[j]==0)
            DFS(G,j);

}
/*
void Print(MGraph G)
{
    int i,j;
    printf("输出顶点集合:\n");
    for(i=0;i<G.numVertex;i++)
        printf("%d,%c\n",i,G.vex[i]);
    printf("输出矩阵:\n");
    for(i=0;i<G.numVertex;i++)
    {
        for(j=0;j<G.numVertex;j++)
          printf("%d ",G.arc[i][j]);
```

```
        printf("\n");
    }
    printf("输出连接信息:\n");
    for(i=0;i<G.numVertex;i++)
        for(j=0;j<G.numVertex;j++)
        if((i<j)&&(G.arc[i][j]==1))
          printf("%d和%d连接\n",i,j);
}
*/
//以 i 为起始点的广度优先搜索

void BFS(MGraph G,int i)
{
    Queue Q;
    int j,k;
    for(j=0;j<G.numVertex;j++)
    visited[j]=0;
    Init(&Q);
    printf("V%c",G.vex[i]);                    /*访问顶点 vi */
    visited[i]=1;
    /*置空队列 Q*/
    EnQueue(&Q,i);                             /*vi 入队列*/
    while(!Empty(Q))
    {
        DeQueue(&Q,&k);                        /*队头顶点出队列*/
        for (j=0;j<G.numVertex;j++)
        if ((G.arc[k][j]==1)&&(!visited[j]))
        {   printf("-->V%c",G.vex[j]);
                                               /*访问顶点 vi 的未曾访问的顶点 vj */
            visited[j]=1;
            EnQueue(&Q,j);                     /*vj入队列*/
        }
    }
}                                              /*BFS1*/
void  main()
{
    MGraph G;
    Creat(&G);
    //Print(G);
    printf("深度优先搜索遍历序列为:");
    DFS(G,0);
    printf("end");
    printf("\n广度优先搜索遍历序列为:\n");
    BFS(G,0);
    printf("end\n");
}
```

按照图 7.1(a)所示，本程序的输出结果如图 7.21 所示。

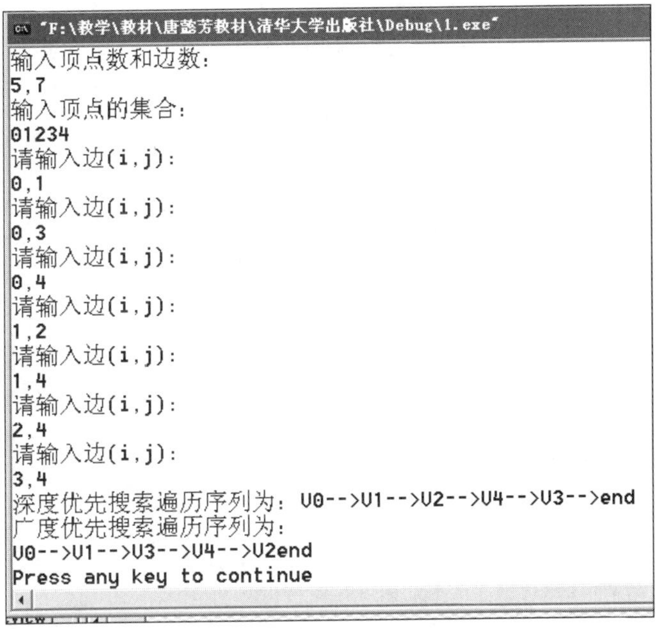

```
"F:\教学\教材\唐懿芳教材\清华大学出版社\Debug\1.exe"
输入顶点数和边数:
5,7
输入顶点的集合:
01234
请输入边(i,j):
0,1
请输入边(i,j):
0,3
请输入边(i,j):
0,4
请输入边(i,j):
1,2
请输入边(i,j):
1,4
请输入边(i,j):
2,4
请输入边(i,j):
3,4
深度优先搜索遍历序列为: V0-->V1-->V2-->V4-->V3-->end
广度优先搜索遍历序列为:
V0-->V1-->V3-->V4-->V2end
Press any key to continue
```

图 7.21　实训题 1 的输出结果

2. 实训题 2

用邻接表表示图 7.1(a)的无向图，用深度优先遍历方法和广度优先遍历分别遍历，输出相应的结果。

实训目的

会用邻接表表示图，会用深度优先遍历和广度优先遍历算法遍历图。

实训环境

(1) 硬件：普通个人计算机。

(2) 软件：Windows 系统平台；VC++ 6.0 或 Devcpp。

实训内容

首先需要生成图的邻接表，然后根据这个邻接矩阵进行深度优先搜索和广度优先搜索。

主要分如下模块：①CreateALGraph(AdjList *g)函数用于创建无向图的邻接表；②DFS(AdjList *g, int i)函数用于以 i 为起点的深度优先搜索；③BFS(AdjList *G)函数用于按头插法链表的顺序进行广度优先搜索；④其他堆栈和队列函数；⑤main()函数用于调用各函数完成相应的功能。

源代码如下：

```
#include "stdio.h"
#include "stdlib.h"
#include "io.h"
#include "math.h"
#include "time.h"
```

```
//用邻接表表示图
#define Maxsize  10              /* 顶点数目 */
typedef char VertexType ;        /* 顶点类型 */
typedef struct ArcNode
{
    int adjvex;
    struct ArcNode * nextarc;
}ArcNode;                        /* 边节点,也称表节点 */
typedef struct VertexNode
{
    VertexType data;
    ArcNode * firstarc;
}VertexNode;                     /* 表头节点 */
typedef struct
{
    VertexNode vertex[Maxsize];
    int vexnum, arcnum;          /* 当前图的顶点数和边数 */
} AdjList;                       /* 图的邻接表 */

/* 用到的队列结构与函数,循环队列的顺序存储结构 */
typedef struct
{
    int data[Maxsize];
    int front;                   /* 头指针 */
    int rear;                    /* 尾指针,若队列不空,指向队列尾元素的下一个位置 */
}Queue;

/* 初始化一个空队列 Q */
void InitQueue(Queue * Q)
{
    Q->front=0;
    Q->rear=0;
    return;
}

/* 若队列 Q 为空队列,则返回 TRUE,否则返回 FALSE */
int QueueEmpty(Queue Q)
{
    if(Q.front==Q.rear)          /* 队列空的标志 */
        return 1;
    else
        return 0;
}

/* 若队列未满,则插入元素 e 为 Q 新的队尾元素 */
void EnQueue(Queue * Q,int e)
{
    if ((Q->rear+1)%Maxsize==Q->front)      /* 队列满的判断 */
        return ;
```

```
    Q->data[Q->rear]=e;                                /*将元素e赋值给队尾*/
    Q->rear=(Q->rear+1)%Maxsize;                       /*rear指针向后移一个位置*/
                                                       /*若到最后则转到数组头部*/
    return;
}

/*若队列不空,则删除Q中队头元素,用e返回其值*/
void DeQueue(Queue *Q,int *e)
{
    if (Q->front==Q->rear)                             /*队列空的判断*/
        return ;
    *e=Q->data[Q->front];                              /*将队头元素赋值给e*/
    Q->front=(Q->front+1)%Maxsize;                     /*front指针向后移一个位置*/
                                                       /*若到最后则转到数组头部*/
    return;
}

void  CreateALGraph(AdjList *g)                        /*建立无向图的邻接表*/
{
    int i,j,k;
    ArcNode *s=NULL;
    printf("请输入顶点数和边数\n");
    /*读入顶点数和边数*/
    scanf("%d,%d",&g->vexnum,&g->arcnum);
    getchar();
    printf("请输入顶点:\n");
    for(i=0;i<g->vexnum;i++)                           /*建立表头节点表*/
    {
        scanf("%c",&g->vertex[i].data);                /*读入顶点信息*/
        getchar();
        g->vertex[i].firstarc=NULL;                    /*边表置为空表*/
    }
    getchar();
    printf("请输入边的连接信息:\n");
    for(k=0;k<g->arcnum;k++)                           /*建立边表*/
    {
        printf("请按顺序输入边的连接信息:\n");
        scanf("%d,%d",&i,&j);                          /*读入边(vi,vj)的顶点对序号*/
        s=(ArcNode *)malloc(sizeof(ArcNode));          /*生成边表节点*/
        s->adjvex=j;                                   /*邻接点序号为j*/
        /*将新节点*s插入顶点vi的边表头部*/
        s->nextarc=g->vertex[i].firstarc;
        g->vertex[i].firstarc=s;                       /*将当前顶点的指针指向s*/
        //无向图一条边对应都是两个顶点
        s=(ArcNode *)malloc(sizeof(ArcNode));          /*生成边表节点*/
        s->adjvex=i;                                   /*邻接点序号为i*/
        s->nextarc=g->vertex[j].firstarc;     /*将s指针指向当前顶点指向的节点*/
        g->vertex[j].firstarc=s;                       /*将当前顶点的指针指向s*/

    }
```

```
}/* CreateALGraph */

/* 从第 i 个顶点出发深度优先遍历图 G,G 以邻接表表示 */
int visited [Maxsize]={0};
void DFS(AdjList *g, int i)
{
    ArcNode *s=NULL;
    printf("%3c",g->vertex[i].data);                /* 访问顶点 vi */
    visited[i]=1;
    s=g->vertex[i].firstarc;
    while(s!=NULL)
    {
        if(!visited [s->adjvex])
            DFS(g,s->adjvex);
        s=s->nextarc;                               /* 读取下一个连接节点 */
    }
}/* DFS */

/* 邻接表的广度优先遍历算法,邻接表从上到下遍历 */

void BFS(AdjList *G)
{
    int i;
    ArcNode *p=NULL;
    Queue Q;
    InitQueue(&Q);
    for(i=0;i<Maxsize;i++)
        visited[i]=0;                               //未输出的顶点标记为 0
    for(i=0; i <G->vexnum; i++)
    {
        if (!visited[i])
        {
            visited[i]=1;
            printf("%c ",G->vertex[i].data);   /* 打印顶点,也可以进行其他操作 */
            EnQueue(&Q,i);
            while(!QueueEmpty(Q))
            {
                DeQueue(&Q,&i);
                p=G->vertex[i].firstarc;       /* 找到当前顶点的边表链表头指针 */
                while(p)
                {
                    if(!visited[p->adjvex])     /* 若此顶点未被访问 */
                    {
                        visited[p->adjvex]=1;
                        printf("%c ",G->vertex[p->adjvex].data);
                        EnQueue(&Q,p->adjvex);  /* 将此顶点入队列 */
                    }
                    p=p->nextarc;               /* 指针指向下一个邻接点 */
                }
```

```
            }
        }
    }
}

int main(void)
{
    Queue Q;
    InitQueue(&Q);
    AdjList  G;
    int i;
    //建立无向图的邻接表
    CreateALGraph(&G);
    printf("\n 深度遍历,请输入起始顶点:");
    scanf("%d",&i);
    DFS(&G, i);
    printf("\n 广度遍历:");
    BFS(&G);
    return 0;
}
```

按照图 7.1(a)所示,本程序的输出结果如图 7.22 所示。

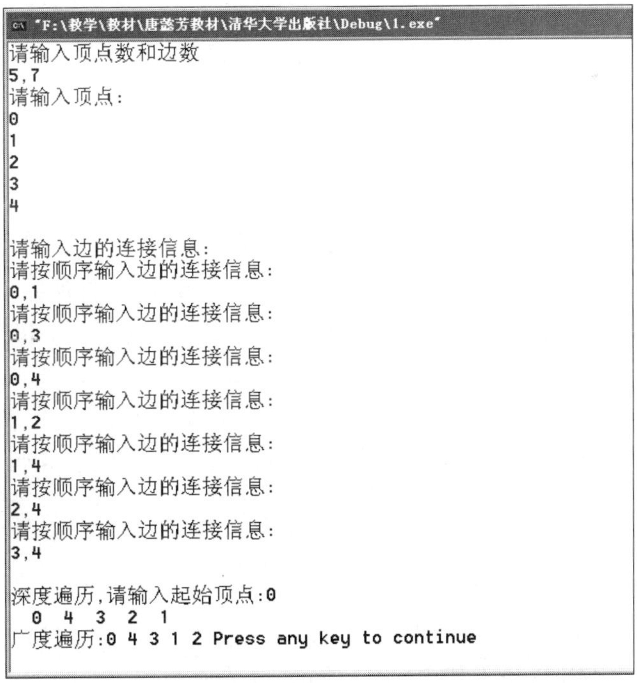

```
"F:\教学\教材\唐懿芳教材\清华大学出版社\Debug\1.exe"
请输入顶点数和边数
5,7
请输入顶点:
0
1
2
3
4

请输入边的连接信息:
请按顺序输入边的连接信息:
0,1
请按顺序输入边的连接信息:
0,3
请按顺序输入边的连接信息:
0,4
请按顺序输入边的连接信息:
1,2
请按顺序输入边的连接信息:
1,4
请按顺序输入边的连接信息:
2,4
请按顺序输入边的连接信息:
3,4

深度遍历,请输入起始顶点:0
  0  4  3  2  1
广度遍历:0 4 3 1 2 Press any key to continue
```

图 7.22　实训题 2 的输出结果

7.8 小　结

本章首先简要介绍了图的概念，然后介绍图的邻接矩阵存储结构，接着介绍了图的两种遍历方式、建立最小生成树的方法、求网中任意两点之间的最短路径和拓扑排序的方法，最后，本章给出了相关的应用案例，以便加深大家对图结构的理解。

7.9 习　题

1. 填空题

(1) 若无向图采用邻接矩阵存储方法，该邻接矩阵为一个________矩阵。

(2) 一个具有 n 个顶点的有向完全图的弧数为________。

(3) 在一个图中，所有顶点的度数之和等于所有边的数目的________倍。

(4) 图的深度优先搜索方法类似于二叉树的________遍历，图的广度优先搜索方法类似于二叉树的________遍历。

(5) 具有 n 个顶点的无向图至少要有________条边才能保证其连通性。

(6) 一个无向连通图有 5 个顶点 8 条边，则其生成树将要去掉________条边。

2. 选择题

(1) 具有 n 个顶点的无向完全图的弧数为(　　)。

A. $n(n-1)/2$　　B. $n(n-1)$

C. $n(n+1)/2$　　D. $n/2$

(2) 下列有关图遍历的说法中不正确的是(　　)。

A. 连通图的深度优先搜索是一个递归过程

B. 图的广度优先搜索中邻接点的寻找具有“先进先出”特征

C. 非连通图不能用深度优先搜索法

D. 图的遍历要求每一顶点仅被访问一次

3. 简答题

(1) 设有向图为 $G=(V,E)$。其中，$V=\{v_1,v_2,v_3,v_4\}$，$E=\{<v_2,v_1>,<v_3,v_1>,<v_4,v_3>,<v_4,v_2>,<v_1,v_4>\}$。

① 画出该图 G。

② 写出该图的邻接矩阵表示。

③ 分别写出每个顶点的入度和出度。

(2) 一个有向网的邻接矩阵如图 7.23 所示，包括顶点 $\{v_1,v_2,v_3,v_4,v_5,v_6\}$，根据最短路径算法，求出该有向网从顶点 v_1 到其他各顶点长度递增的最短路径。

(3) 拓扑排序的结果是不唯一的，对于图 7.19，你还能具体写出哪几种不同的拓扑排序？

(4) 对于图 7.24 所示的带权连通图,求出它的最小生成树。

$$\cos t = \begin{pmatrix} 0 & 20 & 15 & \infty & \infty & \infty \\ 2 & 0 & 4 & \infty & \infty & \infty \\ \infty & \infty & 0 & \infty & \infty & 10 \\ \infty & \infty & \infty & 0 & \infty & \infty \\ \infty & \infty & \infty & 15 & 0 & 10 \\ \infty & \infty & \infty & 4 & \infty & 0 \end{pmatrix}$$

图 7.23　拓扑排序

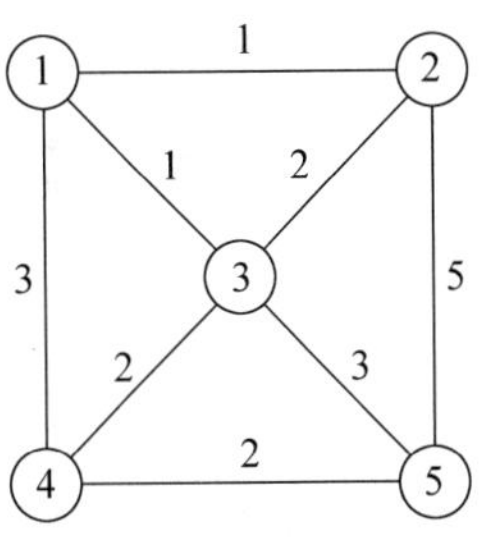

图 7.24　带权连通图

第8章 查　　找

本章是针对前几章数据结构的应用，采用顺序、堆栈、二叉树等结构来解决查找的问题。在本章中，将介绍顺序查找、折半查找、分块查找、二叉排序树查找、哈希表查找等几种基本的查找算法，并分析它们的时间和空间复杂度。

【技能目标】

- 会用顺序查找方法查找数据。
- 会使用折半查找解决有序序列查询问题。
- 会用分块查找解决数据量较大的查询。
- 掌握二叉排序树的查找方法。
- 会用哈希函数，能够解决一般哈希冲突。

8.1 查找的相关定义

小林想要在自己书柜里面找一本书，但是书是随机放的，如何才能让小林最快最方便地找到自己需要的书呢？

查找——也称为检索，就是要在大量的数据中找到“特定”的数据。

查找表——大量的数据组织为某种数据结构，这种数据结构就称为查找表，它由若干记录即数据元素构成，每条记录由若干数据项构成，“特定”的数据是由关键字标识的。

关键字——唯一标识一个记录的一个或一组数据项。在本章，假定关键字由单个数据项构成。

静态查找——若找到了，返回该记录的相关信息，否则给出“没找到”的信息。这样的查找称为静态查找，相应地，查找表称为静态查找表。

动态查找 ——若找到了，对该记录做相应的操作（例如修改某些数据项的值、删除该记录等）；否则，将该记录插入到查找表中。这样的查找称为动态查找，相应的查找表称为动态查找表。

8.2 顺序查找算法

顺序查找是所有查找中最简单、最直接的方式。假设要在以下数字中找出 90，放置顺序表即查找表如下：

ST＝(45,53,12,3,37,24,90,100,61,78)

此时,需要查找90这个数字,该如何查找呢?

8.2.1 顺序查找描述

上面的题目是个典型的查找算法,即元素表中查找是否存在90这个元素。如果存在,返回其索引;不存在,返回-1。

程序的运行,离不开设计良好的数据结构和算法。数据结构指的是采用什么类型的结构存储数据,而算法则是解决问题的思路,程序代码则是对这些思路的体现。在顺序查找算法设计中,通常把要查找的关键字放在ST表的0位置,然后才去从后往前查找的方法进行查找,即:

ST.elem[0].key=key;

接着,利用从后往前找的方法设计出循环查找算法:

```
i=ST.length;
while(!EQ(key, ST.elem[i].key)
--i ;
```

若表中不存在待查元素,则i=0。

8.2.2 数据结构定义

本章所有数据元素都包含一个关键字key,采用如下数据结构。

```
#define MaxSize  表长
typedef struct
{
    KeyType key;                    /*关键字域*/
    ⋮                               /*其他域*/
}RecordType[MaxSize];
```

8.2.3 典型算法与分析

在本段内容中,从顺序表的一端开始,把给定的值与顺序表的每个数据元素的关键字的值依次进行比较,若找到,返回该元素在顺序表中的序号,否则返回-1。

为提高查找效率,在顺序查找时,从最后一个位置开始向前查找,并且下标为0的位置不存放有用数据,而是存放给定的值,这个位置称为"监视哨"。

算法描述如下:

```
int SeqSearch(RecordType r, int n, KeyType k)
{   /*返回关键字值等于k的数据元素在表r中的位置,n为表中元素的个数*/
    i=n;
    r[0].key=k;                         /*监视哨*/
    while (r[i]. key!=k) i--;
    if (i>0) return (i);                /*查找成功*/
    else return (-1);                   /*查找失败*/
}/*SeqSearch*/
```

算法分析：顺序查找成功时最多比较次数为 n，即查找成功时的最大查找长度(Maximum Search Length，MSL)为 n；查找不成功时的最多比较次数为 $n+1$，即查找不成功时的最大查找长度为 $n+1$。在平均情况下，设表中每个元素的查找概率相等，即：

$$p_i = \frac{1}{n}$$

由于查找第 i 个记录需要比较 $n-i+1$ 次，即比较次数 $c_i=n-i+1$，则平均查找长度(Average Search Length，SAL)为：

$$\text{ASL} = \sum_{i=1}^{n} p_i c_i = \frac{1}{n}\sum_{i=1}^{n} i = \frac{1}{n}\cdot\frac{n(n+1)}{2} = \frac{n+1}{2}$$

公式表明顺序查找的平均查找长度是与记录个数成正比。分析中得到时间复杂度为 $O(n)$。

8.3 折半查找算法

前面所说的查找表没有一点规律，只能逐个查找，如果查找表有序存放，那么查找起来就会方便很多。就如小林的书柜如果是按照一定的归类来放置，那么查找起来也会事半功倍。

8.3.1 折半查找描述

折半查找(也叫二分查找)适用条件：采用顺序存储结构的有序表。

假设给定的一组关键字为(3，6，12，23，30，43，56，64，78，85，98)，要查找重量数据23。如果该数据存在，则返回其索引；不存在，则返回－1。

8.3.2 折半查找分析

折半查找最大的特点就是被查找表是一个有序的表，程序每次都可以排除一半不符合条件的数据。

折半查找过程如下。

初始化：low=1，high=11，mid=(1+11)/2=6。

折半查找初始化示意图见图8.1。

k 与 r[mid].key进行比较，由于 $k<43$，待查元素若存在，必在表的前半部分，即在区间[1，mid－1]范围内。令high=mid－1，此时，low=1，hig=5，重新求得mid=(1+5)/2=3，如图8.2所示。

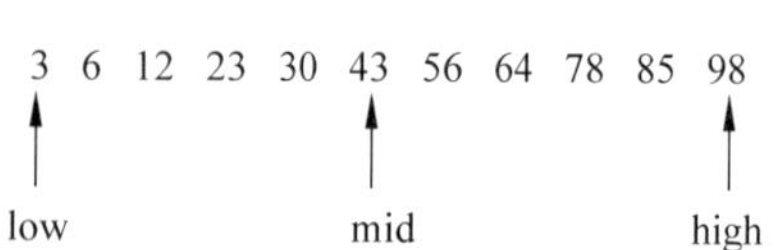

图8.1 折半查找初始化示意图

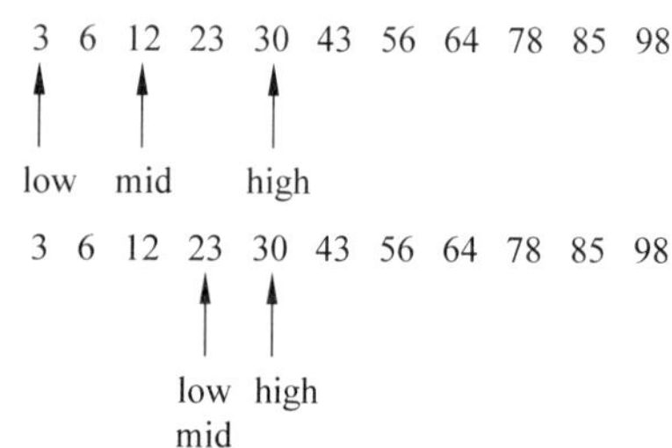

图8.2 折半查找中low、mid、high的变动情况

k 再与 r[mid]. key 进行比较，由于 $k>12$，待查元素若存在，必在当前查找范围的后半部分，即在区间[mid+1，high]范围内，令 low＝mid＋1，此时，low＝4，high＝5，重新求得 mid＝(4＋5)/2＝4。接着 k 再与 r[mid]. key 进行比较，由于 $k=23$，查找成功。所查找的记录在表中位置为 4。

8.3.3　数据结构定义

统一采用 8.2.2 小节介绍的数据结构定义。

8.3.4　典型算法与分析

基于有序顺序表的折半查找：设 n 个对象存放在一个有序顺序表中，并按其关键字从小到大放在一个有序顺序表中。采用折半查找时，先求位于查找区间正中的对象的下标 mid，用其关键字与给定值 key 比较，出现以下三种情况。

- ST. elem[mid]. key＝＝key：表示查找成功。
- ST. elem[mid]. key＞key：表示把查找区间缩小到表 ST. elem[mid]. key 的前半部分，再继续进行折半查找。
- ST. elem[mid]. key＜key：表示把查找区间缩小到表 ST. elem[mid]. key 的后半部分，再继续进行折半查找。

以上过程每比较一次，查找区间缩小一半。如果查找区间已缩小到一个对象，仍未找到想要查找的对象，则查找失败。

算法描述如下：

```
int BinSearch(RecordType r, int n, KeyType k)
{   /*在有序表 r 中折半查找关键字值等于 k 的数据元素*/
    int low,high,mid;
    low=1;high=n;
    while (low<=high)
    {   mid=(low+high)/2;           /*取表的中间位置*/
        if (k==r[mid].key)
            return (mid);           /*查找成功*/
        else
        if (k<r[mid].key)
            high=mid-1;             /*在左子表中查找*/
        else
            low=mid+1;              /*在右子表中查找*/
    }
    return (-1);                    /*查找失败*/
}/*BinSearch*/
```

折半查找过程可用二叉树描述，每个记录对应二叉树的一个节点，记录的位置作为节点的值，把当前查找范围的中间位置上的记录作为根，左边和右边的记录分别作为根的左子树和右子树，由此得到的二叉树，称为描述折半查找的判定树。上述折半查找的判定树如图 8.3 所示。

有 n 个节点的判定树的深度为 $\lfloor \log_2 n \rfloor+1$，由判定树可以看出，折半查找法在查找过程中进行的比较次数最多不超过其判定树的深度。

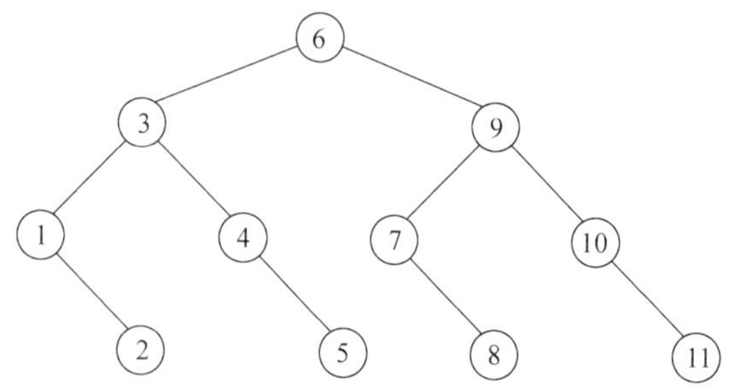

图 8.3　描述折半查找的判定树

设表长为：

$$n = 2^h - 1,\quad h = \log_2(n+1)$$

设表中每个记录的查找概率相等，则有：

$$p_i = \frac{1}{n}$$

则：

$$\mathrm{ASL} = \sum_{i=1}^{n} p_i c_i = \frac{1}{n}\sum_{i=1}^{n} c_i = \frac{1}{n}\sum_{j=1}^{h} j \cdot 2^{j-1} = \frac{n+1}{n}\log_2(n+1) - 1 \approx \log_2(n+1) - 1$$

所以折半查找算法的时间复杂度为 $O(\log_2 n)$，可见折半查找的效率比顺序查找高很多。

8.4 分块查找

8.4.1 分块查找描述

分块查找又称索引顺序查找，是介于顺序查找和折半查找之间的一种折中的查找方法，它不要求表中所有记录有序，但要求表中记录分块有序，它的基本思想是：首先查找索引表，索引表是有序表，可采用二分查找或顺序查找，以确定待查的节点在哪一块，然后在已确定的块中进行顺序查找，由于块内无序，只能用顺序查找。

如果分块有序的表如下：

ST=3,12,24,15,8,32,53,40,38,29,66,70,61,90,86

其基本表和索引表如图 8.4 所示。

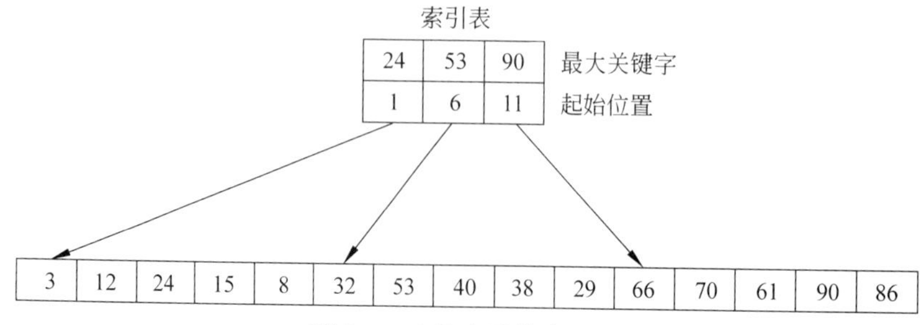

图 8.4　查找表及其索引表

8.4.2　分块查找分析

假设现在要查找数字 40，首先在索引表中查找记录所在的块，因为索引表是有序表，此时既可以使用顺序查找，也可以使用折半查找。找到记录所在的块后，再在相应的块中进行查找，由于不要求块中记录有序，因此，块中的查找只能是顺序查找。

8.4.3　数据结构定义

统一采用 8.2.2 小节介绍的数据结构定义。

8.4.4　典型算法与分析

分块查找分两个步骤：首先在索引表中查找所查记录所在的块，这部分可用折半查找；找到记录所在的块后，再在相应的块中进行查找，这部分只能使用顺序查找。

分块查找的平均长度等于两步查找的平均查找长度之和，即

$$\mathrm{ASL}_{bs} = L_b + L_w$$

式中：L_b——查找索引表确定所在块的平均查找长度。

L_w——在块中查找元素的平均查找长度。

若将表长为 n 的表平均分成 b 块，每块含 s 个记录，并设表中每个记录的查找概率相等，则：

（1）用顺序查找确定所在块。

$$\mathrm{ASL}_{bs} = \frac{1}{b}\sum_{j=1}^{b} j + \frac{1}{s}\sum_{i=1}^{s} i = \frac{b+1}{2} + \frac{s+1}{2} = \frac{1}{2}\left(\frac{n}{s}+s\right)+1$$

（2）用折半查找确定所在块。

$$\mathrm{ASL}_{bs} \approx \log_2\left(\frac{n}{s}+1\right)+\frac{s}{2}$$

分块查找的效率介于顺序查找和折半查找之间。

8.5　二叉排序树查找

如果数据越来越多，分块查找中索引表的维护越来越麻烦，而且表的数据越多，用部分顺序查找的方法也很麻烦。那么我们能不能用已有的知识实现一个更有效的查找呢？

利用第 6 章讲过的二叉树来构造一棵二叉排序树进行查找，效率将会有很大提高。

8.5.1　二叉排序树描述

二叉排序树(Binary Sort Tree)又称二叉查找树。它或者是一棵空树，或者是具有下列性质的二叉树：①若左子树不空，则左子树上所有节点的值均小于它的根节点的值；②若右子树不空，则右子树上所有节点的值均大于它的根节点的值；③左、右子树也分别为二叉排序树。

例如，给定一张数据表：

ST＝{50，70，20，10，60，30，80，5，75，35，95}

用二叉排序树的思想建立如图8.5所示的二叉树。

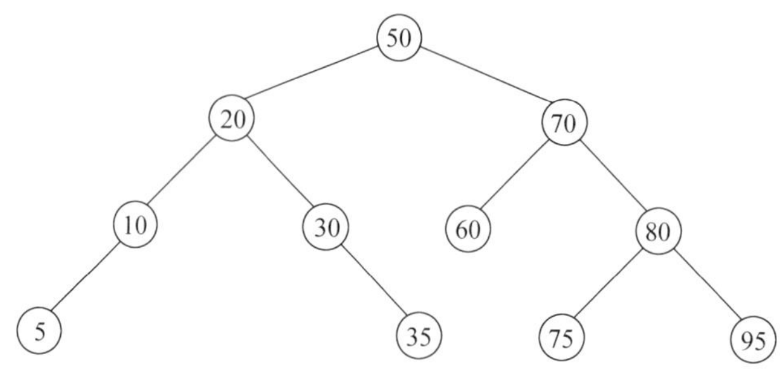

图8.5　二叉排序树

8.5.2　二叉排序树分析

要在二叉排序树中查找元素，首先必须建立二叉排序树，其次还会用到插入和删除操作，所以整个过程需要四个步骤。

1. 建立

建立一棵二叉排序树的过程就是根据给定的一组关键字，从一棵空树开始，不断插入节点的过程。图8.6给出了由关键字序列{50,70,20,10,60,30,80,5,75,35,95}构造二叉排序树的过程。

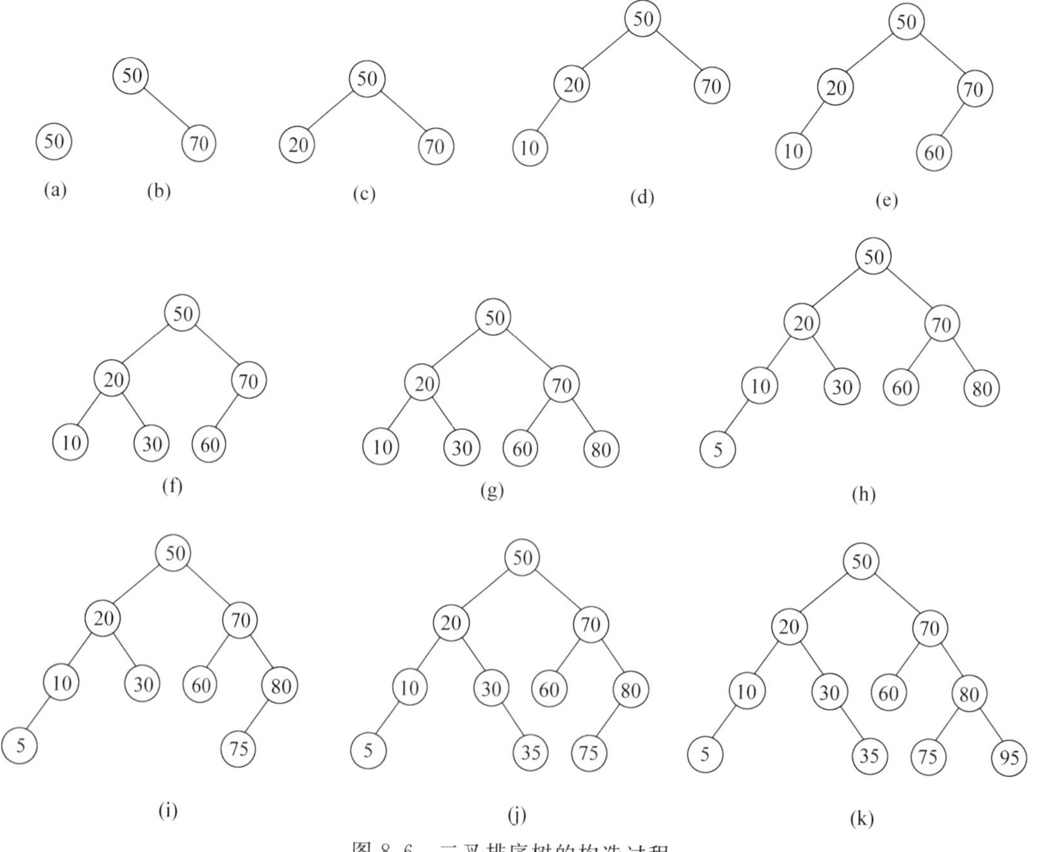

图8.6　二叉排序树的构造过程

2. 查找

假设要在上述二叉排序树中查找数字 90，那么需要从根节点开始比较，因为 90＞50，因此查找右子树。再与 70 进行比较，继续查找右子树，以此类推，直到找到 95，发现已经没有孩子节点，因此查找失败，返回－1。

3. 插入

插入的基本思想：若要在二叉排序树中插入一个具有给定关键字值 k 的新节点，先要查找二叉排序树中是否存在关键字值为 k 的节点，只有当二叉排序树中不存在关键字值等于结定值的节点时，即查找失败时，才进行插入操作。此时要根据 k 值的具体情况分别处理。若二叉排序树为空，则插入节点应为根节点；若二叉排序树不空，且该值小于根节点的值，则应往左子树中插入；若二叉排序树不空，且该值大于等于根节点的值，则应往右子树中插入。新插入的节点一定是一个新添加的叶子节点，并且是查找路径上访问的最后一个节点的左孩子或右孩子，插入新节点之后，该二叉树仍然是一棵二叉排序树。

4. 删除

假设数字被选走了，那么就要删除掉被选走的那个二叉树的节点，不能把以该节点为根的子树都删除，只能删除该节点本身，而且要保证删除后所得的二叉树仍是一棵二叉排序树。

删除操作首先进行查找，确定被删除节点是否在二叉排序树中。假定在查找过程结束时，指针 p 指向待删除的节点，指针 f 指向其双亲节点。下面分三种情况进行讨论。①叶子节点。②只有左子树或者只有右子树。③左右子树都不为空。

(1) 若待删除的节点 ＊p 是叶子节点，删除叶子节点不破坏二叉排序树的结构，可直接将其删除，同时修改被删除节点的双亲节点的指针：f－＞lchild＝NULL 或 f－＞rchild＝NULL，如图 8.7 所示。

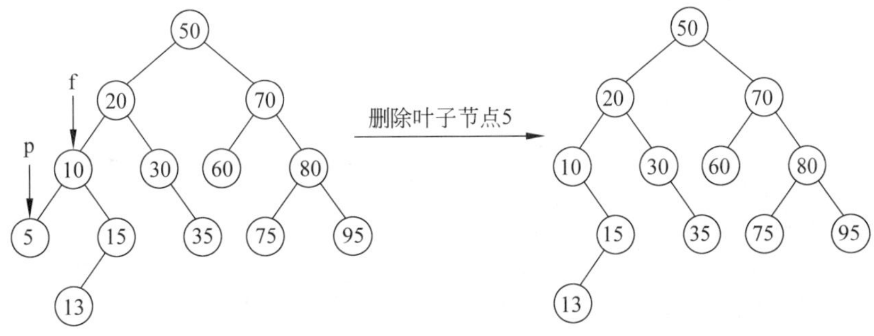

图 8.7 在二叉排序树中删除叶子节点

(2) 若被删除节点只有左子树或只有右子树，此时，只要令其左子树或右子树直接成为 f 的左子树或右子树即可。显然，进行此修改并不破坏二叉排序树的特性，如图 8.8 所示。

(3) 若被删除节点 ＊p 的左右子树均不空，在删除该节点前为了保持二叉排序树的结构不变，有两种处理方法。

方法 1：根据二叉排序树的特点，可以从 ＊p 节点的左子树中选择关键字最大的节点 ＊s(＊s 是节点 ＊p 在中序遍历序列中的直接前驱)或从 ＊p 节点的右子树中选择关键字最小的节点 ＊t(＊t 是节点 ＊p 在中序遍历序列中的直接后继)代替被删节点 ＊p，然后再从二叉排序树中删去 ＊p 的直接前驱或后继。以直接前驱为例进行描述，其具体过程如下：

① 被删除节点 ＊p 在中序遍历序列中的直接前驱是沿着 ＊p 的左孩子的右链方向一直找下去，直到找到没有右孩子的节点为止。＊p 的中序直接前驱节点 ＊s 一定没有右子树。

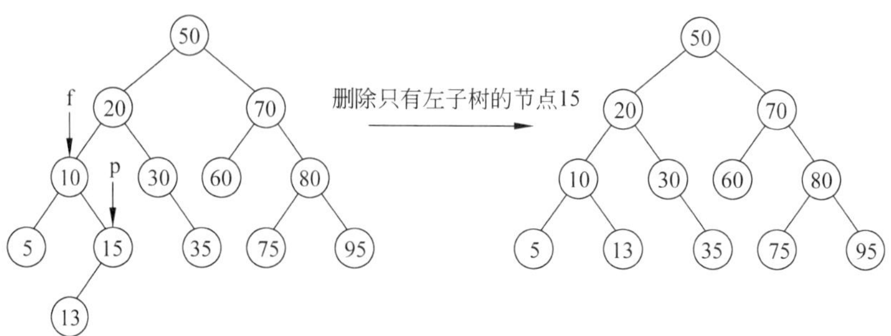

(a) 被删除节点只有左子树

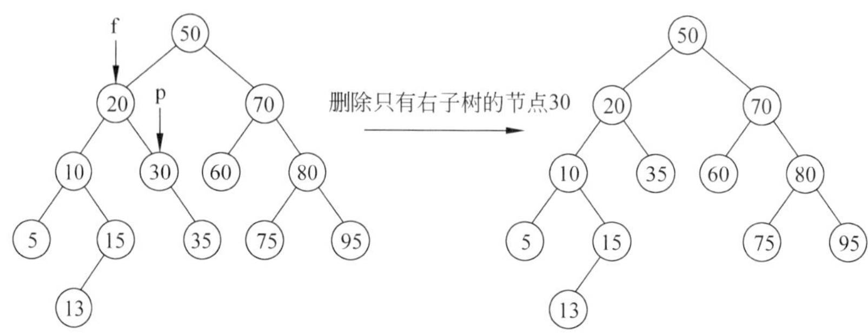

(b) 被删除节点只有右子树

图 8.8 在二叉排序树中删除只有左(右)子树的节点

② 用直接前驱节点 * s 取代被删除节点 * p。

③ 删除直接前驱节点 * s。若 * s 有左子树,令其为 * s 的双亲 * q 的右子树,如图 8.9(a)所示。

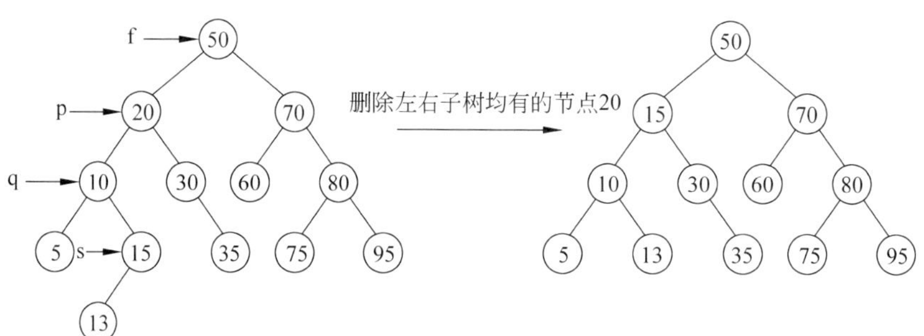

(a) 前驱节点的双亲不是被删除节点

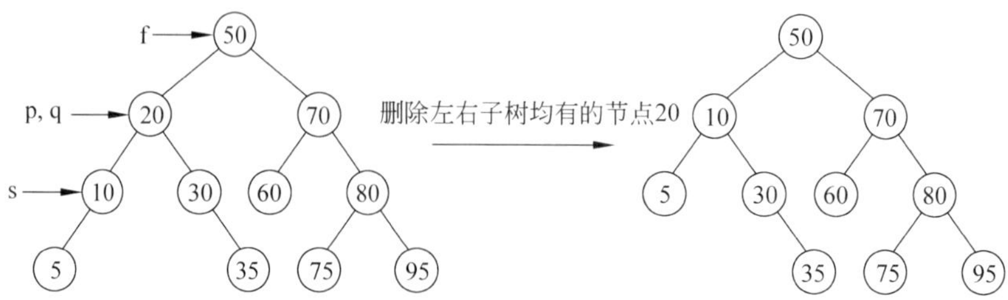

(b) 前驱节点的双亲是被删除节点

图 8.9 在二叉排序树中删除既有左子树又有右子树的节点(方法 1)

注意：如果被删节点＊p的直接前驱＊s的双亲＊q就是＊p，则令＊s的左子树为＊p的左子树即可。此时＊p的值是已替换后的前驱节点的值，如图8.9(b)所示。

方法2：找到节点＊p在中序遍历序列中的直接前驱＊s，将＊p的左子树作为节点＊f的左子树，而将＊p的右子树作为节点＊s的右子树，这样以保证二叉排树的特性不会改变。如图8.10所示。

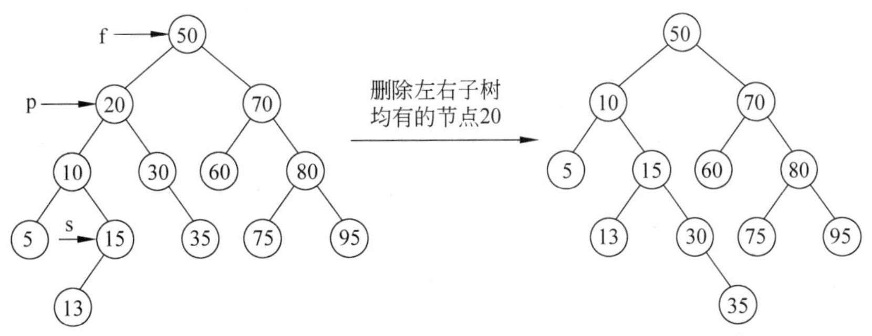

图8.10　在二叉排序树中删除既有左子树又有右子树的节点(方法2)

8.5.3　数据结构定义

统一采用8.2.2小节介绍的数据结构定义。

8.5.4　典型算法与分析

二叉排序树上查找某关键字等于节点值的过程，其实就是走了一条从根到该节点的路径。若查找不成功，则是从根节点出发走了一条从根到某个叶子节点的路径。因此，二叉排序树的查找与折半查找过程类似。

8.6　哈希表查找

前面的查找都是通过比较得到，有没有哪种查找不需要太多比较就能知道数据存放在什么位置呢？直接通过key来计算出存放的位置，那么就不需要过多地进行比较了。

8.6.1　哈希表查找描述

哈希查找是通过在数据与其内存地址之间建立的关系进行查找的方法。

哈希函数是指将数据和具体物理地址之间建立的对应关系，利用这样的函数可使查找次数大大减少，提高查找效率。

给定一组数据为ST＝{24,8,37,19,55,42}，取哈希函数为$H(k)=k \bmod 7$，则所构造的哈希表如图8.11所示。

0	1	2	3	4	5	6
42	8	37	24		19	55

图8.11　哈希表示意图

8.6.2 哈希表查找分析

假设要查找的数据为19,只需要执行19 mod 7=5,所以查看地址为5的空间即可,存在返回地址5。同理,假设要查找数据25,则执行25 mod 7=4,地址为4的空间为空,没有找到,返回-1。

哈希表查找首先需要找到合适的哈希函数,哈希函数的构造在哈希查找中作用非常大,将直接影响数据与物理地址之间的关系,同时也会影响查找的效率。

构造哈希函数的原则是:①函数本身计算简单;②对关键字集合中的任意一个关键字k,$H(k)$对应不同地址的概率是相等的,即任意一个记录的关键字通过哈希函数的计算得到的存储地址的分布要尽量均匀,目的是为了尽可能减少冲突。冲突又叫同义词,即当key1≠key2时,H(key1)=H(key2)的现象。哈希函数通常是一种压缩映像,所以冲突不可避免,只能尽量减少;同时,冲突发生后,应该有处理冲突的方法。

哈希查找必须解决两个主要问题。

① 构造一个计算简单而且冲突尽量少的哈希函数。

② 给出处理冲突的方法。

1. 哈希函数的构造方法

(1) 直接定址法

构造:取关键字或关键字的某个线性函数作哈希地址,即H(key)=key或H(key)=a * key+b。

特点:直接定址法所得地址集合与关键字集合大小相等,不会发生冲突。实际中能用这种哈希函数的情况很少。

(2) 平方取中法

构造:先通过求关键字的平方值来扩大差别,然后再根据地址空间的范围取中间的几位或其组合作为哈希地址。

平方取中法适用于不知道全部关键字的情况。例如对于关键字集合{1100,0110,1011,1001,0011},若将它们进行平方运算,然后取中间的3位作为哈希地址,则得到如表8.1所示的结果。

表8.1 平方取中法

关键字	关键字平方	哈希地址
1100	1210000	100
0110	0012100	121
1011	1022121	221
1001	1002001	020
0011	0000121	001

注意:如果计算出的哈希函数值不在存储区地址范围内,则要乘一个比例因子,把哈希函数值(哈希地址)放大或缩小,使其落在哈希表的存储地址范围内。

(3) 数字分析法

构造：对关键字进行分析，取关键字的若干位或其组合作为哈希地址。

数字分析法适用于关键字位数比哈希地址位数大，且可能出现的关键字事先知道的情况。例如有 80 个记录，关键字为 8 位十进制数，哈希地址为 2 位十进制数。见图 8.12。

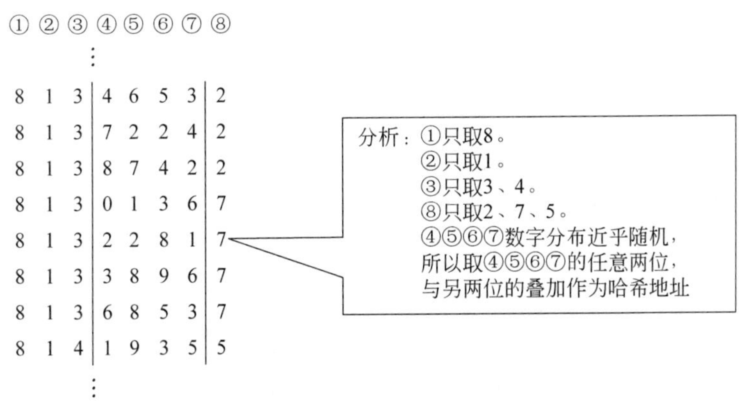

图 8.12　数字分析法示意图

(4) 除留余数法

构造：取关键字被某个不大于哈希表表长 m 的数 p 除后所得余数作哈希地址，即 $H(\text{key})=\text{key MOD } p, p\leqslant m$。

特点：简单、常用，可与上述几种方法结合使用。p 的选取很重要，p 选得不好，容易产生同义词。p 应取不大于哈希表长度 m 的素数或者是不包含小于 20 的质因子的合数。例如，若 $m=1000$，则 p 最好取 123 967 997 等素数。

例如，关键字集合为(75,27,44,14,78,50,40)，表长为 11，根据上述分析，选择 $p=11$，即 $H(k)=k \bmod 11$，则可得：

$H(75)=75 \bmod 11=9$　　$H(27)=27 \bmod 11=5$

$H(44)=44 \bmod 11=0$　　$H(14)=14 \bmod 11=3$

$H(78)=78 \bmod 11=1$　　$H(50)=50 \bmod 11=6$

$H(40)=40 \bmod 11=7$

相应的哈希表为：

44,78,14,27,50,40,75

(5) 随机数法

构造：取关键字的随机函数值作哈希地址，即 $H(\text{key})=\text{random}(\text{key})$。

该方法适合于关键字长度不等的情况。

对于各种构造哈希函数的方法，很难一概而论地评价其优劣，实际应用中应根据具体情况采用不同的哈希函数。选取哈希函数，通常考虑以下因素：计算哈希函数所需的时间、关键字长度、哈希表长度(哈希地址范围)、关键字分布情况、记录的查找频率。

2. 处理冲突的方法

(1) 开放定址法

当冲突发生时，形成一个探查序列；沿此序列逐个地址探查，直到找到一个空位置(开放的地

址),将发生冲突的记录放到该地址中,即

$$H_i=(H(\text{key})+d_i)\bmod m \quad (i=1,2,\cdots,k(k\leqslant m-1))$$

式中：$H(\text{key})$——哈希函数;

m——哈希表表长;

d_i——增量序列。

再次探查空位置,有如下方法。

① 线性探测再散列：$d_i=1,2,3,\cdots,m-1$。

② 二次探测再散列：$d_i=1^2,-1^2,2^2,-2^2,3^2,\cdots,\pm k^2(k\leqslant m/2)$。

③ 伪随机探测再散列：d_i=伪随机数序列。

例如,表长为 11 的哈希表中已填有关键字为 17、60、29 的记录,$H(\text{key})=\text{key} \bmod 11$,现有第 4 个记录,其关键字为 38,按第三种处理冲突的方法,将它填入图 8.13 中。

0	1	2	3	4	5	6	7	8	9	10
			38	38	60	17	29	38		

图 8.13 所用到的哈希表

① $H(38)=38 \bmod 11=5$ 冲突

$H1=(5+1) \bmod 11=6$ 冲突

$H2=(5+2) \bmod 11=7$ 冲突

$H3=(5+3) \bmod 11=8$ 不冲突

② $H(38)=38 \bmod 11=5$ 冲突

$H1=(5+1^2) \bmod 11=6$ 冲突

$H2=(5-1^2) \bmod 11=4$ 不冲突

③ $H(38)=38 \bmod 11=5$ 冲突

设伪随机数序列为 9,则有：

$H1=(5+9) \bmod 11=3$ 不冲突

(2) 拉链法

将所有关键字为同义词的记录存储在一个单链表中,并用一维数组存放头指针。

例如,关键字集合为{24,8,37,19,54,68,22,42,71},表长 $m=7$,哈希函数为 $H(k)=k \bmod 7$,使用拉链法处理冲突。则构造的哈希表如图 8.14 所示。

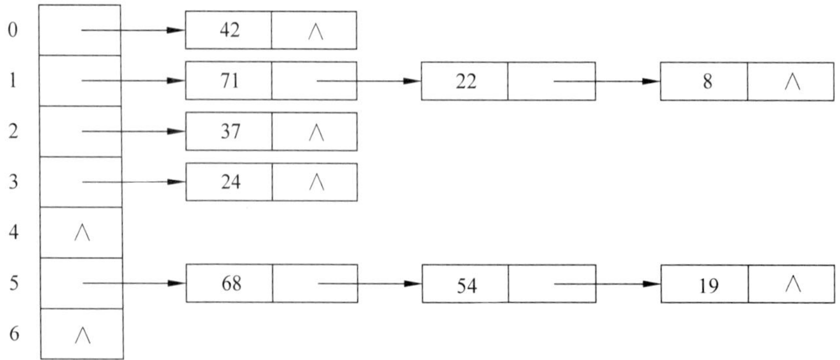

图 8.14 用拉链法处理冲突的哈希表

拉链法的优点：①拉链法处理冲突简单，且无堆积现象，即非同义词不会发生冲突，因此平均查找长度较短；②拉链法中各链表上的节点空间是动态申请的，所以它更适合于在建表前无法确定表长的情况；③在用拉链法构造的哈希表中，删除记录的操作易于实现，只需简单地删除链表上相应的节点即可。

8.6.3　数据结构定义

统一采用 8.2.2 小节介绍的数据结构定义。

8.6.4　典型算法与分析

在哈希表中查找元素的过程和构造哈希表的过程相似。假设给定的值为 k，根据造表时设定的哈希函数及算出哈希地址，如果哈希表中此地址为空，则查找不成功。否则将该地址中的关键字值与给定 k 值比较，若相等，则查找成功；若不相等，则根据造表时设定的处理冲突的方法找“下一地址”，直至哈希表中某个位置为“空”(查找失败)或者表中所填记录的关键字值等于给定值(查找成功)为止。

下面以除留余数法构造哈希函数，以开放定址法中的线性探测法处理冲突为例，给出哈希表的查找算法的描述。

算法描述如下：

```
typedef RecordType HTable[m];
int HSearch(HTable ht, KeyType key)
{   h0=key %m;                                          /*求哈希地址*/
    if(ht[h0].key==NULLKEY)
        return (-1) ;                                   /*NULLKEY 为空值,查找失败*/
    else
        if (ht[h0].key==key)
            return (h0);                                /*查找成功*/
    else                                                /*用线性探测法处理冲突*/
    {   for(i=1;i<=m-1;i++)
           {   hi=(h0+i) %m;
                   if(ht[hi].key==NULLKEY)
                   return (-1);                         /*查找失败*/
                else
                   if(ht[hi].key==key)  return(hi);     /*查找成功*/
           }/*for*/
          return (-1);
    }/*else*/
} /*HSearch*/
```

8.7 实训 应用各种查找算法

实训目的

(1) 掌握顺序表的查找方法。

(2) 掌握折半查找算法。

(3) 对于实际查找问题,学会选用一种合适的查找算法求解。

实训环境

(1) 硬件:普通个人计算机。

(2) 软件:Windows 系统平台;VC++ 6.0 或 Eclipse 或者 Visio Studio。

实训内容

掌握顺序和二分查找算法的基本思想及其实现方法。

(1) 顺序查找,在顺序表 $R[0..n-1]$中查找关键字为 k 的记录,成功时返回找到的记录位置,失败时返回−1。具体的算法如下:

```
int SeqSearch(SeqList R,int n,KeyType k)
{
    int i=0;
    while(i<n&&R[i].key!=k)
    {
        printf("%d",R[i].key);
        i++;
    }
    if(i>=n)
        return -1;
    else
    {
        printf("%d",R[i].key);
        return i;
    }
}
```

(2) 二分查找,在有序表 $R[0..n-1]$中进行二分查找,成功时返回记录的位置,失败时返回−1,具体的算法如下:

```
int BinSearch(SeqList R,int n,KeyType k)
{
    int low=0,high=n-1,mid,count=0;
    while(low<=high)
    {
        mid=(low+high)/2;
        printf("第%d次查找:在[ %d,%d]中找到元素 R[%d]:%d\n ",++count,low,high,
                mid,R[mid].key);
```

```
        if(R[mid].key==k)
            return mid;
        if(R[mid].key>k)
            high=mid-1;
        else
            low=mid+1;
    }
    return -1;
}
```

实训结果如图 8.15 所示。

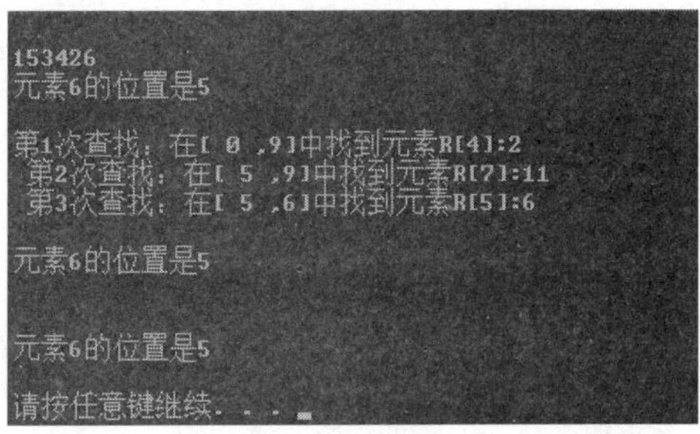

图 8.15　实训结果

参考代码如下：

```
#include<stdio.h>
#define MAXL 100
typedef int KeyType;
typedef char InforType[10];
typedef struct
{
    KeyType key;
    InforType data;
}NodeType;
typedef NodeType SeqList[MAXL];
int SeqSearch(SeqList R,int n,KeyType k)          /*顺序查找*/
{
    int i=0;
    while(i<n&&R[i].key!=k)
    {
        printf("%d",R[i].key);
        i++;
    }
    if(i>=n)
        return -1;
    else
    {
        printf("%d",R[i].key);
```

```
        return i;
    }
}
int BinSearch(SeqList R,int n,KeyType k)      /*二分查找*/
{
    int low=0,high=n-1,mid,count=0;
    while(low<=high)
    {
        mid=(low+high)/2;
        printf ("第%d次查找:在[ %d,%d]中找到元素 R[%d]:%d\n ",++count,low,high,
                mid,R[mid].key);
        if(R[mid].key==k)
            return mid;
        if(R[mid].key>k)
            high=mid-1;
        else
            low=mid+1;
    }
    return -1;
}
int BinSearch1(SeqList R,KeyType k, int low,int high)
{
    int mid;
    if(low>high)
        return -1;
    mid=(low+high)/2;
    if(k==R[mid].key)
        return mid;
    else if(k<R[mid].key)
        return BinSearch1(R,k,low,mid-1);
    else
        return BinSearch1(R,k,mid+1,high);
}

void main(){
    SeqList R;
    int n=10;
    KeyType k=7;
    int a[]={1,5,3,4,2,6,7,11,9,10},i;
    for(i=0;i<n;i++)
    R[i].key=a[i];
    printf("\n");
    if((i=SeqSearch(R,n,k))!=-1)
        printf("\n元素%d的位置是%d\n",k,i);
    else
        printf("\n元素%d的位置不在表中\n",k);
    printf("\n");
    if((i=BinSearch(R,n,k))!=-1)
        printf("\n元素%d的位置是%d\n",k,i);
```

```
    else
        printf("\n 元素%d 的位置不在表中\n",k);
    printf("\n");
    if((i=BinSearch1(R,k,0,7))!=-1)
        printf("\n 元素%d 的位置是%d\n",k,i);
    else
        printf("\n 元素%d 的位置不在表中\n",k);
    printf("\n");
}
```

8.8　小　　结

本章深入浅出介绍了五种查找方法，各种方法各有所长。对照表见表 8.2。

表 8.2　各种查找方法的比较

查找名称	条　　件	时间复杂度
顺序查找	无序或有序队列	$O(n)$
折半查找	有序数组	$O(\log_2 n)$
分块查找	将 n 个数据元素“按块有序”划分为 m 块（$m\leqslant n$）	介于顺序查找和折半查找之间
二叉排序树查找	先创建二叉排序树	$O(\log_2 n)$
哈希表查找（散列表）	先创建哈希表（散列表）	接近 $O(1)$，取决于产生冲突的多少

8.9　习　　题

1. 填空题

(1) 顺序查找法的平均查找长度为________；折半查找法的平均查找长度为________；哈希表查找法采用链接法处理冲突时的平均查找长度为________。

(2) 在各种查找方法中，平均查找长度与节点个数 n 无关的查找方法是________。

(3) 折半查找的存储结构仅限于________，且是________。

(4) 对于长度为 n 的线性表，若进行顺序查找，则时间复杂度为________；若采用折半法查找，则时间复杂度为________。

(5) 已知有序表为(12,18,24,35,47,50,62,83,90,115,134)，当用折半查找 90 时，需进行________次查找才可确定成功；查找 47 时，需进行________次查找才可确定成功；查找 100 时，需进行________次查找才能确定不成功。

(6) 二叉排序树的查找长度不仅与________有关，也与二叉排序树的________有关。

(7) 一个无序序列可以通过构造一棵________树而变成一个有序树，构造树的过程即为对无序序列进行排序的过程。

(8) ________法构造的哈希函数肯定不会发生冲突。

(9) 在散列函数 $H(\text{key})=\text{key}\%p$ 中,p 应取________。

(10) 在散列存储中,装填因子“?”的值越大,则________;装填因子“?”的值越小,则________。

2. 选择题

(1) 顺序查找法适合于存储结构为(　　)的线性表。

A. 散列存储　　　B. 顺序存储或链接存储

C. 压缩存储　　　D. 索引存储

(2) 对线性表进行二分查找时,要求线性表必须(　　)。

A. 以顺序方式存储

B. 以链接方式存储

C. 以顺序方式存储,且节点按关键字有序排序

D. 以链接方式存储,且节点按关键字有序排序

(3) 采用顺序查找方法查找长度为 n 的线性表时,每个元素的平均查找长度为(　　)。

A. n　　　B. $n/2$　　　C. $(n+1)/2$　　　D. $(n-1)/2$

(4) 采用二分查找方法查找长度为 n 的线性表时,每个元素的平均查找长度为(　　)。

A. $O(n_2)$　　　B. $O(n\log_2 n)$　　　C. $O(n)$　　　D. $O(\log_2 n)$

(5) 二分查找和二叉排序树的时间性能(　　)。

A. 相同　　　B. 不相同

(6) 有一个有序表为{1,3,9,12,32,41,45,62,75,77,82,95,100},当二分查找值为82的节点时,(　　)次比较后查找成功。

A. 1　　　B. 2　　　C. 4　　　D. 8

(7) 设哈希表长 $m=14$,哈希函数 $H(\text{key})=\text{key}\%11$。表中已有4个节点:addr (15)=4;addr (38)=5;addr (61)=6;addr (84)=7。如用二次探测再散列处理冲突,关键字为49的节点的地址是(　　)。

A. 8　　　B. 3　　　C. 5　　　D. 9

(8) 有一个长度为12的有序表,按二分查找法对该表进行查找,在表内各元素等概率情况下查找成功所需的平均比较次数为(　　)。

A. 35/12　　　B. 37/12　　　C. 39/12　　　D. 43/12

(9) 对于静态表的顺序查找法,若在表头设置岗哨,则正确的查找方式为(　　)。

A. 从第0个元素往后查找该数据元素

B. 从第1个元素往后查找该数据元素

C. 从第 n 个元素往开始前查找该数据元素

D. 与查找顺序无关

(10) 解决散列法中出现的冲突问题常采用的方法是(　　)。

A. 数字分析法、除余法、平方取中法

B. 数字分析法、除余法、线性探测法

C. 数字分析法、线性探测法、多重散列法

D. 线性探测法、多重散列法、链地址法

(11) 采用线性探测法解决冲突问题，所产生的一系列后继散列地址(　　)。

A. 必须大于等于原散列地址

B. 必须小于等于原散列地址

C. 可以大于或小于但不能等于原散列地址

D. 地址大小没有具体限制

(12) 对于查找表的查找过程中，若被查找的数据元素不存在，则把该数据元素插入到集合中。这种方式主要适合于(　　)。

A. 静态查找表　　B. 动态查找表

C. 静态查找表与动态查找表　　D. 两种表都不适合

(13) 散列表的平均查找长度(　　)。

A. 与处理冲突方法有关而与表的长度无关

B. 与处理冲突方法无关而与表的长度有关

C. 与处理冲突方法有关而与表的长度有关

D. 与处理冲突方法无关而与表的长度无关

3. 简答题

(1) 顺序查找时间为 $O(n)$，二分法查找时间为 $O(\log_2 n)$，散列法为 $O(1)$，为什么有高效率的查找方法时，低效率的方法仍不被放弃？

(2) 对含有 n 个互不相同元素的集合同时找最大元和最小元，至少需进行多少次比较？

(3) 若对具有 n 个元素的有序的顺序表和无序的顺序表分别进行顺序查找，试在下述两种情况下分别讨论两者在等概率时的平均查找长度。

① 查找不成功，即表中无关键字等于给定值 K 的记录。

② 查找成功，即表中有关键字等于给定值 K 的记录。

(4) 设有序表为(a,b,c,d,e,f,g,h,i,j,k,p,q)，请分别画出对给定值 a、g 和 n 进行折半查找的过程。

(5) 假定一个待散列存储的线性表为(32,75,29,63,48,94,25,46,18,70)，散列地址空间为 HT[13]，若采用除留余数法构造散列函数和线性探测法处理冲突，试求出每一元素的初始散列地址和最终散列地址，画出最后得到的散列表，求出平均查找长度。

(6) 散列表的地址区间为 0～15，散列函数为 $H(\text{key})=\text{key}\%13$。设有一组关键字{19,01,23,14,55,20,84}，采用线性探测法解决冲突，依次存放在散列表中。请问：

① 元素 84 存放在散列表中的地址是多少？

② 搜索元素 84 需要的比较次数是多少？

第9章 排　　序

本章的排序是针对前几章数据结构的应用，采用顺序、堆栈、二叉树等结构来解决排序的问题。学习完本章之后，要求掌握插入排序中直接插入排序和希尔排序方法的思想及其程序实现；掌握交换排序中冒泡排序和快速排序方法的思想及其程序实现；掌握选择排序中直接选择排序和了解堆排序方法的思想及其程序实现；了解归并排序的思想及其程序实现，了解基数排序的思想。

【技能目标】

- 会用直接插入排序、希尔排序。
- 会用交换排序和快速排序。
- 掌握直接选择排序，了解堆排序。
- 了解归并排序。
- 了解多关键字排序。

9.1 插 入 排 序

每次考试后，都需要对成绩进行排序，如何快速准确地将这些成绩按从大到小的顺序排序呢？

排序(sorting)就是通过某种方法整理记录，使之按关键字递增或递减次序排列，其定义如下：假定由 n 个记录组成的序列为$\{R_1, R_2, \cdots, R_n\}$，其相应的关键字序列是$\{k_1, k_2, \cdots, k_n\}$，排序就是确定一个排列$\{p_1, p_2, \cdots, p_n\}$使得 $k_{p1} \leqslant k_{p2} \leqslant \cdots \leqslant k_{pn}$（或 $k_{p1} \geqslant k_{p2} \geqslant \cdots \geqslant k_{pn}$），从而得到一个按关键字有序的序列$\{R_{p1}, R_{p2}, \cdots, R_{pn}\}$。

由于待排序记录的数量不同，按排序过程中涉及的存储器不同，可将排序分为两大类：内部排序和外部排序。对于内部排序来说，待排序的记录数量不是很大，在排序过程中，所有数据是放在计算机内存中处理的，不涉及数据的内外存交换；而在外部排序中，待排序序列的记录的数量很大，不能同时全部放入内存，排序时涉及进行内外存数据的交换。

评价一个排序算法好坏的标准有两个：①对 n 个记录排序执行时间的长短。②排序时所需辅助存储空间的大小。

插入排序的基本思想是：将一个待排序序列中的记录，逐个按其关键字的大小插入到一个已排序好的子序列中，直到全部记录插入完为止，在整个插入过程中记录的有序性保持不变。插入排序有直接插入排序和希尔排序两种方法。

9.1.1 直接插入排序

1. 引入

以下是 7 位同学的考试成绩：(31,23,89,10,47,68,8)。

首先取出 31 和 23 作比较，按从小到大排序，调整顺序为(23,31)。再取出 89，通过比较得到顺序(23,31,89)。继续取出 10，通过比较并调整顺序为(10,23,31,89)。以此类推，最后得到排好的顺序。排序过程如图 9.1 所示。

图 9.1　直接插入排序过程

抽象出上述排序过程思想：假设记录 $R[1..i]$是已排序的记录序列(有序区)，$R[i+1..n]$是未排序的记录序列(无序区)，将 $R[i+1..n]$中每个记录依次插入到已排序的序列 $R[1..i]$中的适当位置，得到一个已排序的记录序列 $R[1..n]$。初始化时，把记录 $R[1]$看作有序区，$R[2..n]$看作无序区，将 $R[2]$插入到 $R[1]$的适当位置，得到两个记录组成的有序区。然后将 $R[3]$与有序区里的记录进行比较，找到适当的位置，插入到有序区，得到 3 个记录的有序区。以此类推，将剩余的记录全部插入到有序区，最终得到一个有序序列。每完成一个记录的插入称为一趟排序，该排序算法中要解决的主要问题是怎样插入记录，同时要保证插入后序列仍然有序。最简单的方法就是，在当前有序区 $R[1..i]$中找到记录 $R[i+1]$的正确位置 $k(1\leqslant k\leqslant i)$，然后将 $R[k..i]$中的记录全部后移一位，空出第 k 个位置，再把 $R[i+1]$插入到该位置。

2. 典型算法与分析

在本段内容中，从顺序表的一端开始，把给定的值与顺序表的每个数据元素的关键字的值依次进行比较，若找到，返回该元素在顺序表中的序号，否则返回－1。

为提高查找效率，在顺序查找时，从最后一个位置开始向前查找，并且下标为 0 的位置不存放有用数据，而是存放给定的值，这个位置称为“监视哨”。

算法描述如下：

```
void InsertSort (RecData r,int n)
/* 对记录数组 r[1..n]做直接插入排序 */
{   int  i,j;
    for (i=2;i<=n;i++)
    {   r[0]=r[i];       /* r[i]存入监视哨 r[0] */
        j=i-1;
```

```
        while (r[0].key<r[j].key)
            {   r[j+1]=r[j];
                /*将关键字大于 r[i].key 的记录后移*/
                j--;
            }
        r[j+1]=r[0];          /*r[i]插入到正确的位置*/
    }
}  /*InsertSort*/
```

顺序查找性能分析：直接插入排序算法简单，容易操作。在本算法中，为了提高效率，设置了一个监视哨 $R[0]$，使 $R[0]$始终存放待插入的记录。如果从时间效率上衡量，该排序算法主要时间耗费在关键字比较和移动记录上，对 n 个记录序列进行排序，如果待排序列已按关键字排好，则每趟排序过程中仅做一次关键字的比较，移动次数为 2 次(仅有的两次移动是将待插入的记录移动到监视哨，再从监视哨移出)，所以总的比较次数是 $n-1$ 次，移动次数是 $2(n-1)$次；如果待排序列是逆序的，将 $r[i]$插入到合适位置，要进行 $i-1$ 次关键字的比较，记录移动次数为 $i-1+2$。

直接插入排序的时间复杂度为 $O(n^2)$。另外，该算法只使用了存放监视哨的 1 个附加空间，它的空间复杂度为 $O(1)$，直接插入排序是一种稳定的排序方法。

提示：下面介绍折半插入排序。

学习了查找算法之后，上述直接插入排序算法中，在有序序列 $R[1..i]$中寻找 $R[i+1]$的正确位置时，可使用前面所讲过的折半查找算法，相应的排序算法称为折半插入排序，算法描述如下：

```
void BinSort(RecData r,int n)
    /*对记录数组 r[1..n]进行折半插入排序*/
  {  int i, j, low, high, mid;
     for (i=2;i<=n;i++)
     {  r[0]=r[i];low=1;high=i-1;
        while (low<=high)              /*确定插入位置*/
            {   mid=(low+high)/2;
                if (r[0].key<r[mid].key)
                    high=mid-1;
                else
                    low=mid+1;
            }
        for (j=i-1;j>=low;--j)         /*记录依次向后移动*/
            r[j+1]=r[j];
        r[low]=r[0];                   /*待排记录插入到已排序序列*/
     }
  }/*BinSort*/
```

采用折半插入排序，可以减少关键字的比较次数，关键字的比较次数最多为 $n/2$ 次，移动记录的次数和直接插入排序相同，故时间复杂度仍为 $O(n^2)$，所需要的附加存储空间仍为 1 个记录空间，它的空间复杂度为 $O(1)$。折半插入排序是一种稳定的排序方法。

9.1.2 希尔排序

前面排序方法一趟只找一个数据进行交换，速度太慢了，能否一趟有很多数据进行交换呢？希尔排序(shell sort)实际上也是一种插入排序，其基本思想是：设待排序的序列有 n 个记录，先取一个小于 n 的正整数 d_1 作为第一个增量，把待排序记录分成 d_1 个组，所有位置相差为 d_1 的倍数的记录放在同一组中，在每一组内进行直接插入排序，完成第一趟排序；然后，取第二个增量 $d_2(d_2<d_1)$。重复上述过程，直到所取增量 $d_t=1(d_t<d_{t-1}<d_{t-2}<\cdots<d_2<d_1)$ 为止，此时所有记录只有一个组，再进行直接插入排序，就得到一个有序序列。

设待排序序列有 10 个记录，其关键字分别是(31,29,97,38,13,07,19,59,100,45)。

第 1 趟排序时先设 $d_1=10/2=5$，将序列分成 5 组：$(R_1,R_6),(R_2,R_7),\cdots,(R_5,R_{10})$，对每一组分别做直接插入排序，使各组成为有序序列；以后每次让 d 缩小一半。

第 2 趟排序时设 $d_2=3$，将序列分三组：$(R_1,R_4,R_7,R_{10}),(R_2,R_5,R_8),(R_3,R_6,R_9)$，每组做直接插入排序。

第 3 趟取 $d_3=1$，对整个序列做直接插入排序，最后得到有序序列(排序过程见图 9.2)。

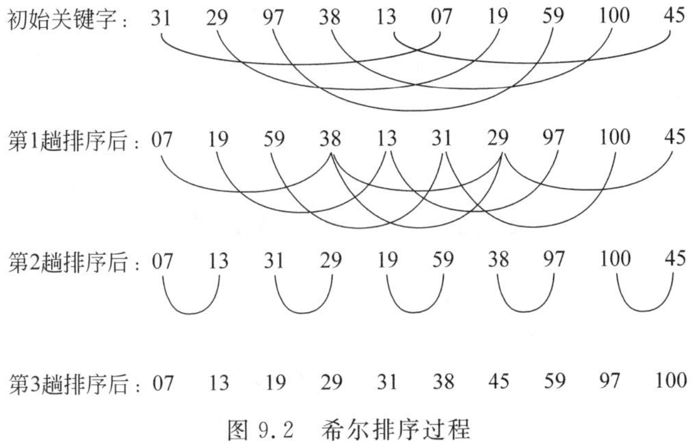

图 9.2 希尔排序过程

一趟希尔排序算法描述如下：

```
void ShellInst (RecData r,int d,int n)
/*对数据记录 r[1..n]做一趟希尔排序,d 为增量*/
{   int i, j;
    for (i=d+1; i<=n; i++)
    /*d+1 是第一个子序列的第二个记录的下标*/
        if (r[i].key<r[i-d].key)
        {   r[0]=r[i];      /*r[0]不是监视哨,仅做备份 r[i]*/
            j=i-d;
            while (j>0 && r[0].key<r[j].key)
            {   r[j+d]=r[j];
                j=j-d;
            }
            r[j+d]=r[0];
        }
}/*ShellInst*/
```

希尔排序算法描述如下：

```
void ShellSort (RecData r,int d[ ],int k,int n)
/* 对记录 r[1..n]做希尔排序,d 为增量数组,k 为增量数组的大小 */
{   int i;
    for (i=1;i<=k;++i)
        ShellInst(r,d[i],n);        /* 以 d[i]为增量 */
}/* ShellSort */
```

希尔排序的执行时间依赖于所取增量序列。如何选择该序列使得比较和移动的次数最少？增量序列有各种取法，有取奇数的，也有取质数的，但需要注意：尽量避免增量序列中的值互为倍数，最后一个增量必须是1。

希尔排序中关键字的比较次数与记录移动次数也依赖于增量序列的选取，通过大量的实践证明，直接插入排序在序列初态基本有序或者序列中记录个数比较少时所需比较和移动次数较少，而希尔排序正是利用了这一点，根据不同增量序列，多次分组，各个组内记录要么比较少，要么基本有序，一趟排序过程较快，因此，希尔排序在时间性能上优于直接插入排序，其时间复杂度为 $O(n^{1.3})$。希尔排序也只用了1个记录的辅助空间，故空间复杂度为 $O(1)$，但是希尔排序是不稳定的。

9.2 交换排序

排序的思路很多，还可以有以下的思路：对待排序序列中的记录两两比较其关键字，发现两个记录呈现逆序时就交换两记录的位置，直到没有逆序的记录为止。这就是最原始的交换排序思想。交换排序有两种：冒泡排序和快速排序。

9.2.1 冒泡排序

冒泡排序是一种简单的交换排序方法，其基本思想是：对待排序序列的相邻记录的关键字进行比较，使较小关键字的记录往前移，而较大关键字的记录往后移。设待排序记录为 $(R_1,R_2,\cdots,R_n)$，其对应的关键字是 $(k_1,k_2,\cdots,k_n)$，从第一个记录开始对相邻记录的关键字 k_i 和 k_{i+1} 进行比较 $(1\leqslant i\leqslant n-1)$，若 $k_i>k_{i+1}$，则 R_i 和 R_{i+1} 交换位置，否则不进行交换。最后将待排序序列中关键字最大的记录移到第 n 个记录的位置上，完成第一趟排序。第二趟排序时只对前 $n-1$ 个记录 $(R_1,R_2,\cdots,R_{n-1})$ 进行同样的操作，将前 $n-1$ 个记录中关键字最大的记录移到第 $n-1$ 个记录的位置上。重复上述过程（共进行 $n-1$ 趟），直到全部记录排好序为止。

例如，待排记录关键字为(78,31,13,29,89,7)，其冒泡排序的过程如图9.3所示。

冒泡排序算法描述如下：

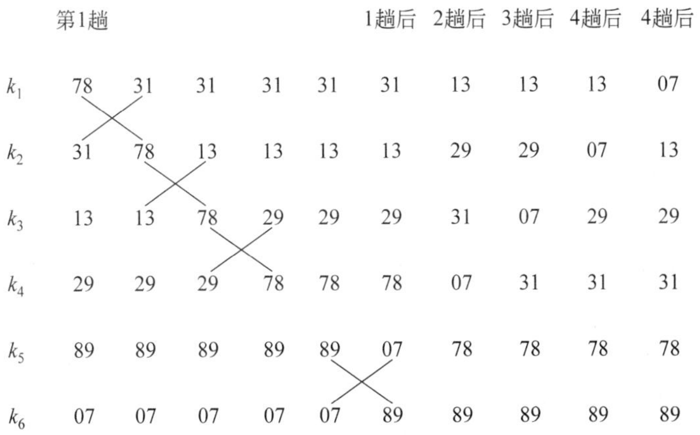

	第1趟					1趟后	2趟后	3趟后	4趟后	4趟后
k_1	78	31	31	31	31	31	13	13	13	07
k_2	31	78	13	13	13	13	29	29	07	13
k_3	13	13	78	29	29	29	31	07	29	29
k_4	29	29	29	78	78	78	07	31	31	31
k_5	89	89	89	89	89	07	78	78	78	78
k_6	07	07	07	07	07	89	89	89	89	89

图 9.3　冒泡排序过程

```
void BubbleSort (RecData r,int n)
/*对记录 r[1..n]进行冒泡排序*/
{   int i,j,swap;                         /*swap 为交换标志*/
    for (i=1; i<n; i++)
    {   swap=0;                           /*每趟排序开始前,swap=0*/
        for (j=1 ;j<=n-i;j++)
            if (r[j+1].key<r[j].key)
            {   r[j+1]<->r[j];            /*交换记录*/
                swap=1;                   /*发生过记录交换*/
            }
        if (!swap)                        /*本趟不发生记录交换,提前终止*/
        return;
    }
}/*BubbleSort*/
```

对 n 个记录排序时，如果待排序的初始记录已按关键字的递增次序排列，则经过 1 趟排序即可完成，关键字的比较次数为 $n-1$，相邻记录没有发生交换操作，移动次数为 0；如果待排序的初始序列是逆序，则对 n 个记录的序列要进行 $n-1$ 趟排序，每趟要进行 $n-i(1\leqslant i\leqslant n-1)$ 次关键字比较，且每次比较后记录均要进行 3 次移动。算法的时间复杂度为 $O(n^2)$。虽然对 n 个记录的序列，有时不必经过 $n-1$ 趟排序，但是冒泡排序中记录的移动次数较多，所以排序速度慢，冒泡排序只需 1 个中间变量作为辅助空间，它的空间复杂度为 $O(1)$，冒泡排序是稳定的排序算法。

9.2.2　快速排序

冒泡排序相邻两两比较泡泡冒得太慢，于是，为了提高效率，还有一种快速排序，快速排序是对冒泡排序的一种改进，其基本思想是：从待排序序列的 n 个记录中任取一个记录 R_i 作为基准记录，其关键字为 k_i，经过一趟排序，以基准记录为界限，将待排序序列划分成两个子序列，所有关键字小于 k_i 的记录移到 R_i 的前面，所有关键字大于 k_i 的记录移到 R_i 的后面，记录 R_i 位于两子序列中间，该基准记录不再参加以后的排序，这个过程称作一趟快速排序；然后用同样的方法对两个子序列排序，得到 4 个子序列；依次类推，直到每个子序列只有一个记录为止，此时就得到 n 个记录的有序序列。

快速排序中划分子序列的方法是：通常取待排序序列的第1个记录 $R[1]$ 为基准记录，在进行划分时，设两个指针 i 和 j 分别指向序列的第1个和最后1个记录，先将 i 指向的记录存放到变量 $R[0]$ 中，将指针 j 从右向左开始扫描，直到遇到 $R[j]$.key<$R[0]$.key 时，将 $R[j]$ 移到 i 所指的位置，此时指针 i 从 $i+1$ 的位置由左向右扫描，直到 $R[i]$.key>$R[0]$.key 时，将 $R[i]$ 移到 j 所指的位置。然后，再令 j 从 $j-1$ 的位置由右向左扫描。如此交替进行，让 i 和 j 从两端向中间靠拢，直到 $i=j$ 为止，此时 $R[i]$ 左边的所有记录的关键字均小于 $R[0]$.key，$R[i]$ 右边的所有记录关键字均大于 $R[0]$.key，将 $R[0]$.key 放入 i 和 j 同时所指的位置，这样一趟排序结束，并且待排序序列被划分成两个子序列 $R[1..i-1]$，$R[i+1..n]$。对这两个子序列继续这种划分，直到所有划分的子序列中只剩1个记录为止。例如，待排序序列为(29,07,47,53,21,36,98,16)，对其进行快速排序的过程见图9.4。

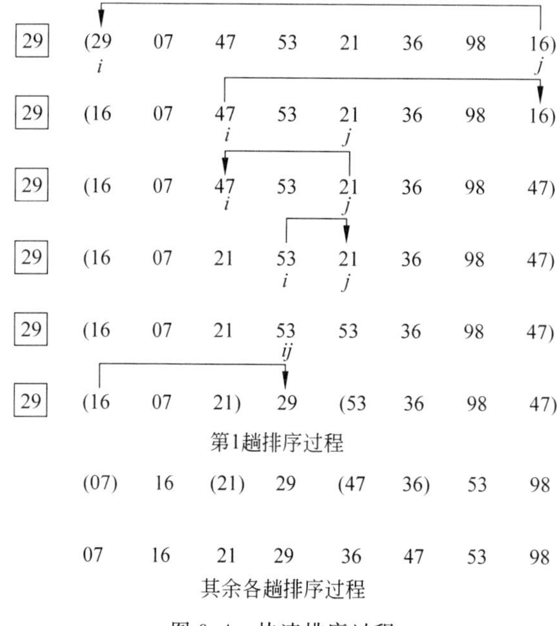

图 9.4 快速排序过程

```
int QuickPass (RecData r,int i,int j)
/*对序列 r[i..j]进行一趟快速排序*/
{   r[0]=r[i];                    /*选择第 i 个记录做基准记录*/
    while (i<j)
      {   while (i<j && r[j].key>=r[0].key)
             j--;                 /*j 从右向左找小于 r[0].key 的记录*/
             if (i<j)
             {   r[i]=r[j];       /*找到小于 r[0].key 的记录后进行交换*/
                 i++;
             }
             while (i<j && r[i].key<r[0].key)
                 i++;             /*i 从左向右找大于 r[0].key 的记录*/
           if (i<j)
```

```
            {   r[j]=r[i];      /* 找到大于 r[0].key 的记录并交换 */
                j--;
            }
            r[i]=r[0] ;
            return i;
        }
}/* QuickPass */
```

一趟快速排序的递归算法描述如下：

```
void QuickSort (RecData r,int l,int h)
{   int k;
    if (l<h)
    {   k=QuickPass (r,l,h);            /* 对 r[l..h]划分 */
        QuickSort (r,l,k-1);            /* 对左区间递归排序 */
        QuickSort (r,k+1,h);            /* 对右区间递归排序 */
    }
}/* QuickSort */
```

快速排序算法的执行效率取决于划分子序列的次数，对于有 n 个记录的序列进行划分，共需 $n-1$ 次关键字的比较，在最好情况下，假设每次划分得到两个大致等长的记录子序列，时间复杂度为 $O(n\log_2 n)$。在最坏情况下，若每次划分的基准记录是当前序列中的最大值或最小值，经过依次划分仅得到一个左子序列或一个右子序列，子序列的长度比原来的少1，因此快速排序必须做 $n-1$ 趟，第 i 趟需进行 $n-i$ 次比较。

9.3 选择排序

至此，我们已经学习了至少 4 种排序方法，其实排序还有其他很多思路，比如生活中常见的选择排序，其基本思想是：每一趟从待排序记录中选出关键字最小的记录，按顺序放到已排好序的子序列中，直到全部记录排序完毕。选择排序有两种：直接选择排序和堆排序。

9.3.1 直接选择排序

直接选择排序的基本思想是：假设待排序序列有 n 个记录($R_1,R_2,\cdots,R_n$)，先从 n 个记录中选出关键字最小的记录 R_k，将该记录与第 1 个记录交换位置，完成第 1 趟排序；然后从剩下的 $n-1$ 个记录中再找出一个关键字最小的记录与第 2 个记录交换位置。依此反复，第 i 趟从剩余的 $n-i+1$ 个记录中找出一个关键字最小的记录和第 i 个记录交换，对 n 个记录经过 $n-1$ 趟排序即可得到有序序列。

例如，对初始关键字(47,29,89,03,11,76,45)进行简单选择排序，其排序过程如图 9.5 所示。

直接选择排序算法的描述如下：

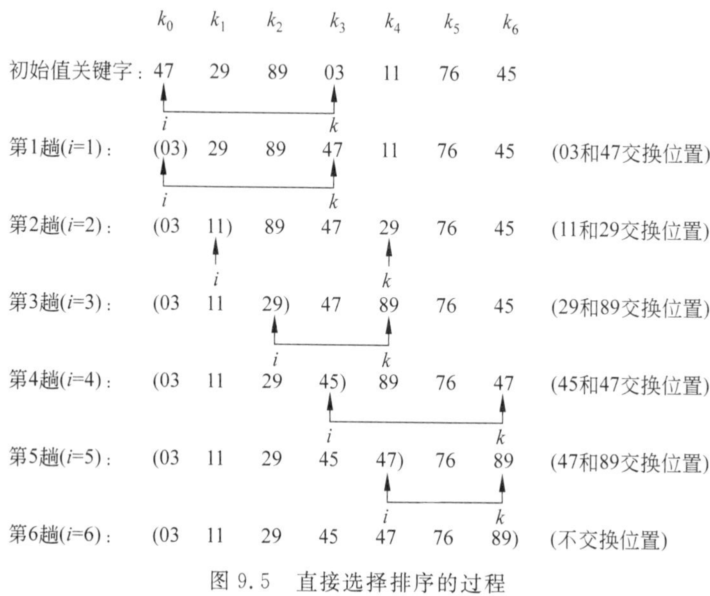

图 9.5　直接选择排序的过程

```
void SelectSort (RecData r,int n)
{   int i,j,k;
    for (i=1;i<=n-1;++i)
    {   k=i;
        for (j=i+1;j<=n;++j)
            if (r[j].key<r[k].key)          /* 选出关键字最小的记录 */
                k=j;                        /* k保存当前找到的最小关键字的记录位置 */
            if (k!=i)
            {    r[i] <->r[k];              /* 交换 r[i]和 r[k] */
            }
    }
}/* SelectSort */
```

在直接选择排序过程中，所需移动记录的次数比较少。在最理想的情况下，即待排序序列顺序排列时，该算法记录移动的次数为 0；反之，当待排序序列逆序排列时，该算法记录移动次数为 $3(n-1)$。

在直接选择排序过程中需要的关键字的比较次数与序列原始顺序无关，当 $i=1$ 时(外循环执行第一次)，内循环比较 $n-1$ 次。$i=2$ 时，内循环比较 $n-2$ 次。依次类推，算法的总比较次数为$(1+2+3+\cdots+n-1)=n(n-1)/2$。因此，直接选择排序的时间复杂度为 $O(n^2)$，由于只用一个变量作辅助空间，故空间复杂度为 $O(1)$，直接选择排序是不稳定的。

9.3.2　堆排序

堆排序是在直接选择排序的基础上作进一步的改进，在直接选择排序中，为了在 $R[1..n]$中选出关键字最小的记录，必须进行 $n-1$ 次比较，然后在 $R[2..n]$中再做 $n-2$ 次比较选出关键字最小的记录。事实上，后面的比较中，有许多比较可能在前面的 $n-1$ 次比较中已经做过，但是由于前一趟排序时未保留这些比较的结果，所以后一趟排序时，又重复做了这些比较操作。堆排序可以克服这一缺点。在堆排序中，将待排序的数据记录 $R[1..n]$ 看成一棵完全二叉树的顺序存储结构，可以利用完全二叉树中双亲节点和孩子节点的内在关系来选择关键字最小（最大）的记录。

n 个元素的序列 $\{k_1, k_2, \cdots, k_n\}$，满足以下的性质时称之为堆。

$$k_i \geqslant k_{2i} \text{且} k_i \geqslant k_{2i+1} \quad \text{或} \quad k_i \leqslant k_{2i} \text{且} k_i \leqslant k_{2i+1} \quad (1 \leqslant i \leqslant n)$$

堆实质上就是具有如下性质的完全二叉树。

(1) 根节点（即堆顶记录）的关键字值是所有节点关键字中最大（或最小）的。

(2) 每个非叶子节点（记录）的关键字大于等于（或小于等于）它的孩子节点（如果左右孩子存在）的关键字。

这种堆分别称大顶堆或小顶堆。图 9.6(a)是一个大顶堆，图 9.6(b)是一个小顶堆。

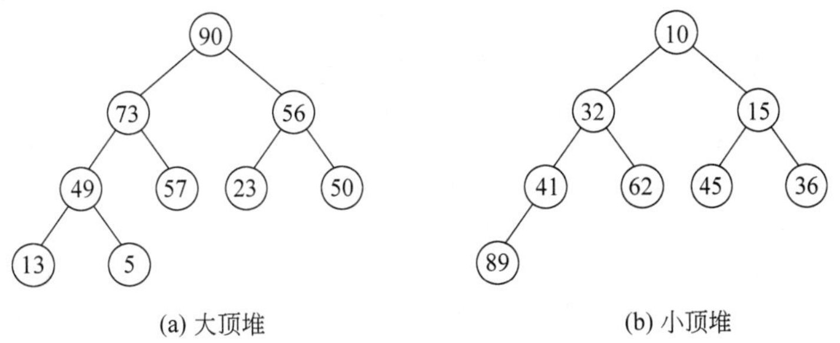

图 9.6　堆的示意图

实现堆排序需解决两个问题。

(1) 怎样将待排序列记录构成一个初始堆。

(2) 输出堆顶元素后，怎样调整剩余的 $n-1$ 个元素，使其按关键字重新整理成一个新堆。

由于完成这两项工作，都要调用筛选算法，所以先讨论筛选算法。

筛选就是将以节点 i 为根节点的子树调整为一个堆，此时节点 i 的左右子树必须已经是堆。筛选算法的基本思想是：将节点 i 与其左、右孩子节点比较，若节点 i 的关键字小于其中任意一个孩子节点的关键字，就将节点 i 与左右孩子中关键字较大的节点交换；若与左孩子交换，则左子树的堆被破坏，且仅左子树的根节点不满足堆的性质，若与右孩子交换，则右子树堆被破坏，且仅右子树的根节点不满足堆的性质；继续对不满足堆性质的子树进行上述交换操作，直到该节点为叶子节点或它的关键字大于其孩子节点的关键字。称这个自根节点到叶子节点的调整过程为筛选。

筛选过程实例如下，图 9.7 所示是筛选过程。在图 9.7(a)中根节点 15 的左右子树分别是堆，由于 15 小于 89、67，又由于 89>67，则 89 与 15 交换位置，这时新根节点的右子树没变，仍是一个堆，但是 15 下沉一层后，使得新根节点的左子树不再是堆，继续调整，15 小于它的新的左右孩子关键字，同时 46>32，于是 15 与 46 交换，由于 46 的新的左子树仍是堆，新的右子树只有一个节点，调整完成，得到图 9.7(b)所示的新堆。

筛选算法描述如下：

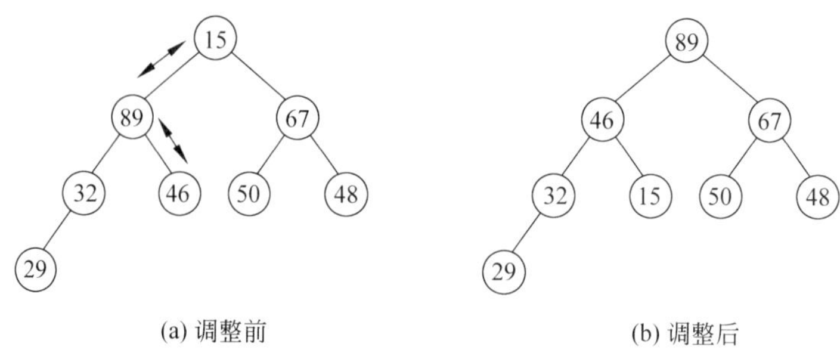

图 9.7　筛选过程

```
void  Sift(RecData r,int low,int high)
/*设 r[low..high]是以 r[low]为根节点的完全二叉树,调整 r[low],使二叉树成为新堆*/
{
    int i,j;
    r[0]=r[low];                        /*暂存堆顶记录*/
    i=low;
    j=2*i;                              /*r[i]的左孩子的位置*/
    while (j<=high)
    {
        if (j<high && r[j].key<r[j+1].key)
            j++;                        /*选择左右孩子中的较大者*/
        if (r[0].key<r[j].key)          /*当前节点小于左右孩子的大者*/
        {
            r[i]=r[j];i=j;j=2*i;
        }
        else                            /*当前节点不小于左右孩子*/
            j=high+1;
    }
    r[i]=r[0];                          /*堆顶记录填入适当位置*/
}/*Sift*/
```

利用筛选算法可以将 n 个记录的序列建成一个初始堆,对初始序列建堆的过程,就是一个反复进行筛选的过程。例如,图 9.8 显示了对初始序列(23,30,10,35,50,59,45,78)创建初始堆的过程。

创建大顶堆算法的描述如下:

```
void BuildHeap(RecData r,int n)
{
    int i;
    for (i=n/2;i>0;i--)            /*建立初始堆*/
        Sift (r,i,n);
}/*BuildHeap*/
```

初始堆建成后,就可以进行堆排序了。

堆排序的思想是:对待排序记录 $R[1..n]$ 构造一个初始堆,将关键字最大的第 1 个记录 $R[1]$(堆顶记录)与初始堆的最后一个记录 $R[n]$交换位置,得到无序区 $R[1..n-1]$和有

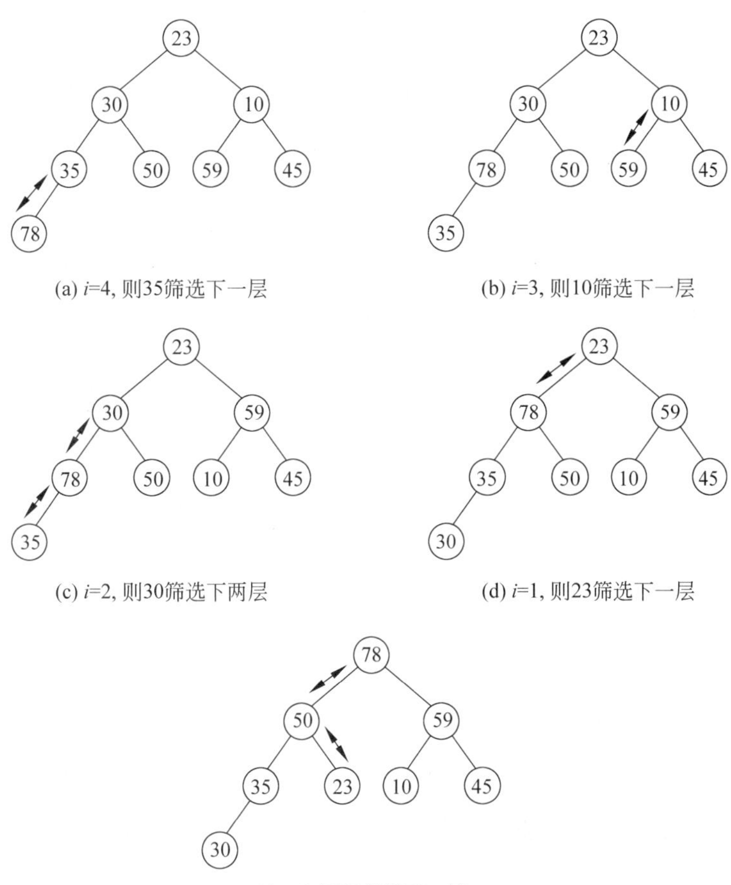

图 9.8　大顶堆的创建过程

序区 $R[n]$，此时满足前 $n-1$ 个记录 $R[1..n-1]$ 的关键字均小于或等于 $R[n]$的关键字，交换后序列 $R[1..n-1]$不符合堆的定义，将无序区 $R[1..n-1]$调整为堆；将 $R[1..n-1]$中关键字最大的第 1 个记录 $R[1]$与该区间最后 1 个记录 $R[n-1]$交换，又得到一个新的无序区 $R[1..n-2]$和有序区 $R[n-1,n]$。同样将 $R[1..n-2]$（如果不符合堆的定义）调整成新堆。依此类推，直到新产生的堆只剩下一个记录为止，此时所有记录已排好序。

堆排序算法的描述如下：

```
void HeapSort (RecData r,int n)
{
    int i;
    BuildHeap(r,n);
    for (i=n;i>1;i--)
    {   t=r[0],r[0]=r[i],r[i]=t;          /*将堆顶记录与最后一个记录交换*/
        sift(r,1,i-1);                     /*调整堆*/
    }
}/*HeapSort*/
```

下面给出一个堆排序的实例,设待排序序列为(17,20,10,60,48,59,27,31),将它构造成一棵完全二叉树,如图 9.9(a)所示,将以节点 60、20、10、17 为根节点的子树分别调整成堆(20 与 60 交换;20 与 31 交换;10 与 59 交换,得到图 9.9(b),此时左右子树为堆;再将 17 与 60 交换,然后将 17 与 48 交换),得到图 9.9(c)所示的初始堆;此时根节点 60 和最后节点 20 交换以后,如图 9.9(d)所示;除 60 以外,剩余节点的完全二叉树不符合堆定义,将它调整成一个堆,如图 9.9(e)所示;用新调整的堆的根节点 59 与 20 交换,得到图 9.9(f);除 60,59 外,将剩余节点的完全二叉树再调整为一个堆。重复上述方法,直到最后得到有序递增序列(10,17,20,27,31,48,59,60),如图 9.9(p)所示。

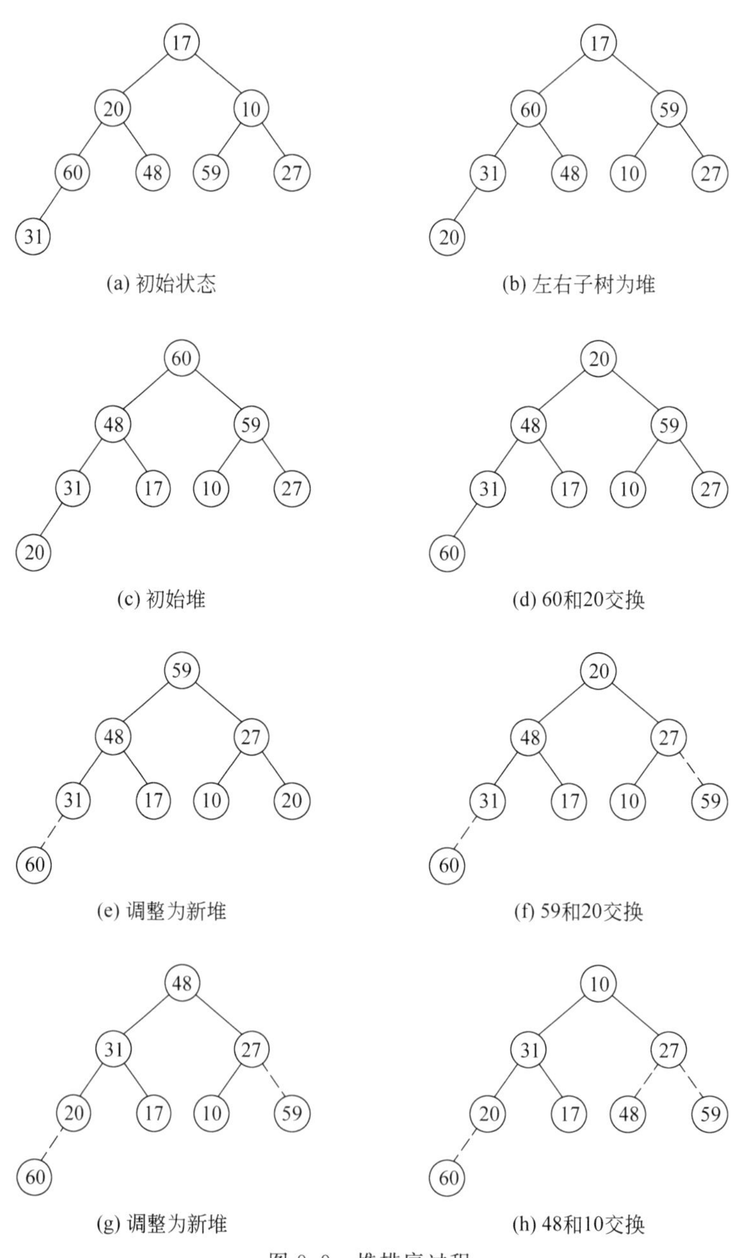

图 9.9　堆排序过程

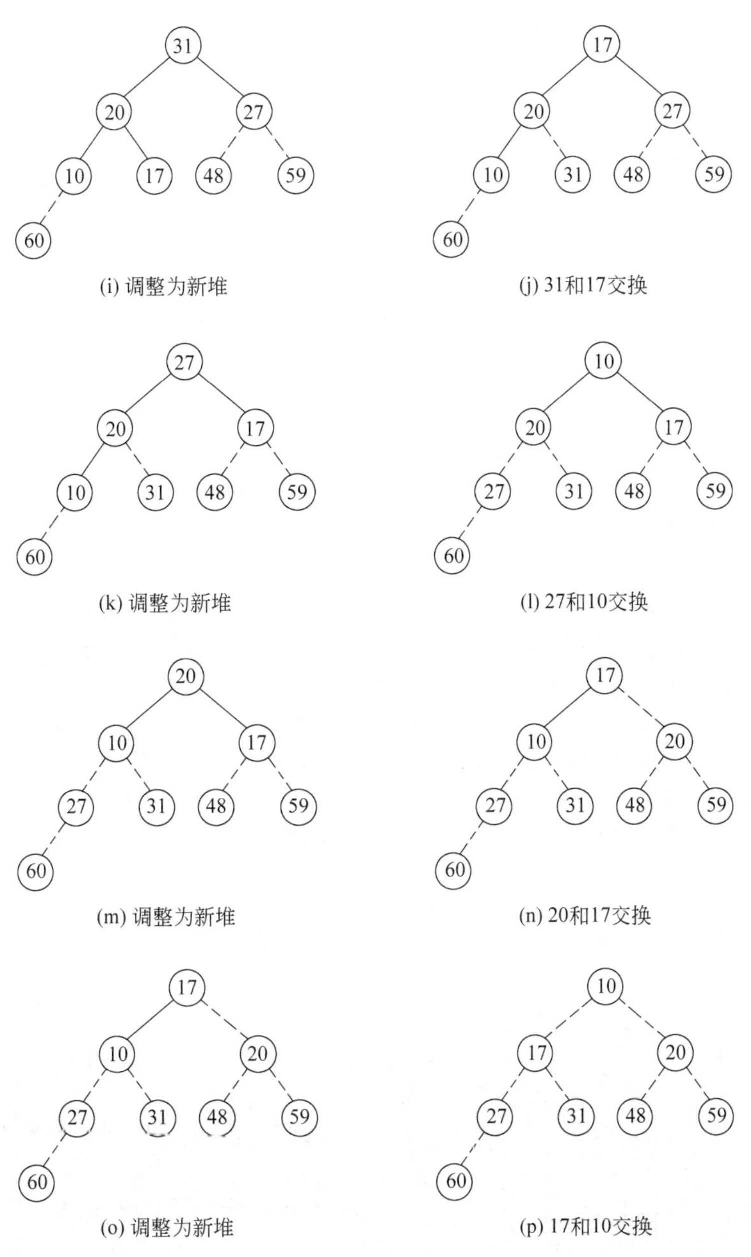

图　9.9(续)

堆排序的时间主要花费在建立初始堆和反复调整堆的工作上。对深度为 k 的堆，从根到叶的筛选，关键字的比较次数至多为 $2(k-1)$ 次，n 个节点的完全二叉树的深度 $k=\lfloor \log_2 n \rfloor+1$，堆排序算法 HeapSort 中调整建新堆时调用 Sift 算法共 $n-1$ 次，因此总的比较次数满足：

$$2(\lfloor \log_2(n-1) \rfloor+\lfloor \log_2(n+1) \rfloor+\cdots+\lfloor \log_2 2 \rfloor) < 2n\lfloor \log_2 n \rfloor$$

堆排序的时间复杂度为 $O(n\log_2 n)$。由于堆排序中，在建立初始堆和调整新堆时反复进行筛选，故它不适合记录较少的序列排序。堆排序占用的辅助空间为 1 个记录大小，空间复杂度为 $O(1)$，它是一种不稳定的排序方法。

9.3.3 归并排序

归并排序的基本思想是：将 $n(n\geqslant 2)$ 个有序子序列合并为一个有序序列。例如将两个有序子序列 R[low..m]和 R[m+1..high]合并成一个有序序列 $R1$[low..high]。在归并过程中设三个变量 i、j、p 分别指向三个序列的起始位置，归并时依次比较记录 $R[i]$和记录 $R[j]$的关键字，取两个记录关键字值较小的记录复制到 $R1[p]$中，然后将被复制记录的指针 i 或 j 加 1，同时 p 加 1，重复上述过程，直到 R[1..m]和 R[m+1..n]有一个为空，此时，将另一个非空的子序列中剩余记录按次序复制到 $R1$[p..n]中即可。

例如，有 A(12,21,35,45,78)和 B(8,26,40,65)两个有序序列，将其合并为一个有序序列 R(8,12,21,26,35,40,45,65,78)。归并过程是：比较 $A[1]$与 $B[1]$记录的关键字，将其中关键字小的记录 $B[1]$复制到 R 中，成为 $R[1]$；然后再比较 $A[1]$和 $B[2]$记录的关键字的大小，仍将关键字小的移到 R 序列，直到序列 A 和 B 有一个为空，最后将 A 或 B 序列中剩余记录按顺序复制到 R 序列中。二路归并算法如下：

```
void Merge (RecData r1,int low,int mid,int high,RecData r)
/*将两个有序序列 r1[low..mid]和 r1[mid+1..high]归并为一个有序序列 r[low..high]*/
{   int i=low,j=mid+1,k=low;
    while ((i<=mid) && (j<=high))
    {   if (r1[i].key<=r1[j].key)          /*比较两个子序列的当前记录*/
        {   r[k]=r1[i];
            ++i;
        }
        else
        {   r[k]=r1[j];
            ++j;
        }
        ++k;
    }
    while (i<=mid)                          /*复制 r1[low..mid]中的剩余记录*/
    r[k++]=r1[i++];
    while (j<=high)                         /*复制 r1[mid+1..high]中的剩余记录*/
    r[k++]=r1[j++];
}/*Merge*/
```

利用二路归并可以实现归并排序。其算法思想是：第 1 趟归并排序时，将待排序序列 R[1..n]看成 n 个长度为 1 的有序子序列，将这些子序列两两进行归并，若 n 为偶数，则产生 $n/2$ 个长度为 2 的有序子序列；若 n 为奇数，最后一个子序列轮空不参与归并，本趟归并完成后，原序列产生个长度为 2 的有序子序列和一个长度为 1 的有序子序列；第 2 趟归并时，将第 1 趟产生的有序子序列再两两归并。如此反复，最后得到一个长度为 n 的有序序列并完成排序。例如，有一个待排序序列为(39,28,18,60,27,03,49)，其二路归并排序过程如图 9.10 所示。

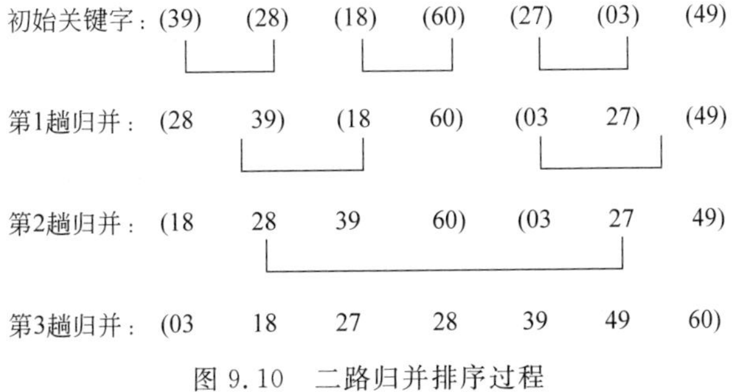

图 9.10　二路归并排序过程

一趟归并算法描述如下：

```
void MergePass (RecData r1,RecData r,int len,int n)
/* 对 r1[1..n]进行一趟排序,排序结果存入 r[1..n]中,len 为有序子序列长度 */
{   int i;
    i=1;
    while ((i+2*len-1)<=n)     /* 两两归并长度为 len 的子序列 */
    {   Merge (r1,i,i+len-1,i+2*len-1,r);
        i=i+2*len;
    }
    if ((i+len-1)<n)             /* 归并长度为 len 和长度不足 len 的最后两个子序列 */
        Merge (r1,i,i+len-1,n,r);
    else
    while (i<=n)                 /* 复制最后一个子序列,长度小于 length */
    {   r[i]=r1[i];  i++;
    }
}/* MergePass */
```

归并排序算法描述如下：

```
void MergeSort (RecData r,int n)
/* 对记录 r[1..n]二路归并排序,r2 为辅助空间 */
{   RecData  r2;
    int l=1;                      /* l 为子序列长度,初始值为 1 */
    while (l<n)
    {   MergePass(r,r2,l,n);      /* 将 r 归并到 r2 中 */
        l=l*2;                    /* 修改子序列的长度 */
        MergePass(r2,r,l,n);      /* 将 r2 归并到 r 中 */
        l=l*2;
    }
}/* MergeSort */
```

归并排序需要一个和原始数据所占空间同样大小的辅助数组空间，故其空间复杂度为 $O(n)$。对 n 个记录的序列，则要经过 $\log_2 n$ 趟归并，每趟归并比较次数不超过 n 次，故总比较次数为 $O(n\log_2 n)$，算法的时间复杂度是 $O(n\log_2 n)$。归并排序是稳定排序。

9.4 基数排序

前面的排序都只有一个关键字，那么，如果要对多关键字排序该怎么办？比如一副扑克，有花色和大小两个关键字，又该怎么排序呢？基数排序能够解决这个问题。基数排序和前面介绍的各类排序方法完全不同，前几节所讨论的排序算法主要是通过关键字的比较和移动记录来实现的，但是基数排序不需要进行记录之间关键字的比较，它是借助多关键字排序的方法对单关键字进行排序的。

9.4.1 多关键字排序

对多关键字排序问题可以通过一个实例说明。例如，对于日常生活中人们玩的扑克牌，一副牌中有黑桃、红桃、方块、梅花四种花色，每种花色有13种面值，共52张牌，即52个记录，每个记录有两个关键字：花色和面值。若要将它们进行排序，规定如下。

花色的次序：

黑桃＞红桃＞梅花＞方块

面值的次序：

K＞Q＞J＞10＞…＞4＞3＞2＞A

为得到排序结果，可以有两种排序方法。

方法1：先对花色排序，将其分为4个组，即方块组、梅花组、红桃组、黑桃组。然后对每个组分别按面值大小进行排序，最后，将4个组连接起来即可。

方法2：在比较任意两张牌大小时，也可以先按不同面值分成13堆，然后将这13堆牌按从小到大(或从大到小)叠在一起，然后按花色分成四堆，最后将四堆牌按从小到大次序合在一起。每副扑克牌由小到大顺序是：黑桃A＜黑桃2＜…＜黑桃K＜红桃A＜红桃2＜…＜红桃K＜梅花A＜梅花2＜…＜梅花K＜方块A＜方块2＜…＜方块K。

基数排序是通过“分配”和“收集”两种操作来实现的。它的基本思想是：假设待排序序列中记录的关键字为$R[i]$.key，$R[i]$.key是由d位数字组成，即key=$k_d \cdots k_3 k_2 k_1 k_0$，$k_d$是最高位，$k_0$是最低位，每一位的值都在$0 \leqslant k_d \leqslant r_d$之间，$r_d$是不同进制数的基数，若关键字是十进制整数，基数$r_d=10$。

9.4.2 基数排序方法

首先将所有记录按顺序存储在一个单链表中，第1趟排序时，先“分配”，按每个记录关键字的个位数字大小不同，分别将链表中记录分配到相应的r_d个链式队列里，$h[i]$和$t[i]$分别是第i个队列的头指针和尾指针，此时每个队列中记录关键字的个位值相同，也就是将个位数字等于0的记录分配到以$h[0]$为头指针的队列中，将个位数字等于1的记录分配到以$h[1]$为头指针的队列中，每个队列中的节点对应的记录的个位数相同；第1趟收集时按顺序将所有非空队列的队尾指针指向下一个非空队列的队头记录，重新将全部队列链成一个新单链表；第2趟排序时，按关键字的十位数字不同进行上述“分配”和“收集”操作。此种方法称为最低位优先法LSD(least signifcant digit first)。如果排序序列是按关键字的位从k_d到

k_0 则称为最高位优先法 MSD(most signifcant digit first)。

例如，待排序序列为(270,389,427,315,032,796,262,008,196,653)(不足三位数字的左边补零)，每个关键字由 $k_2k_1k_0$ 组成，排序过程如图 9.11 所示。

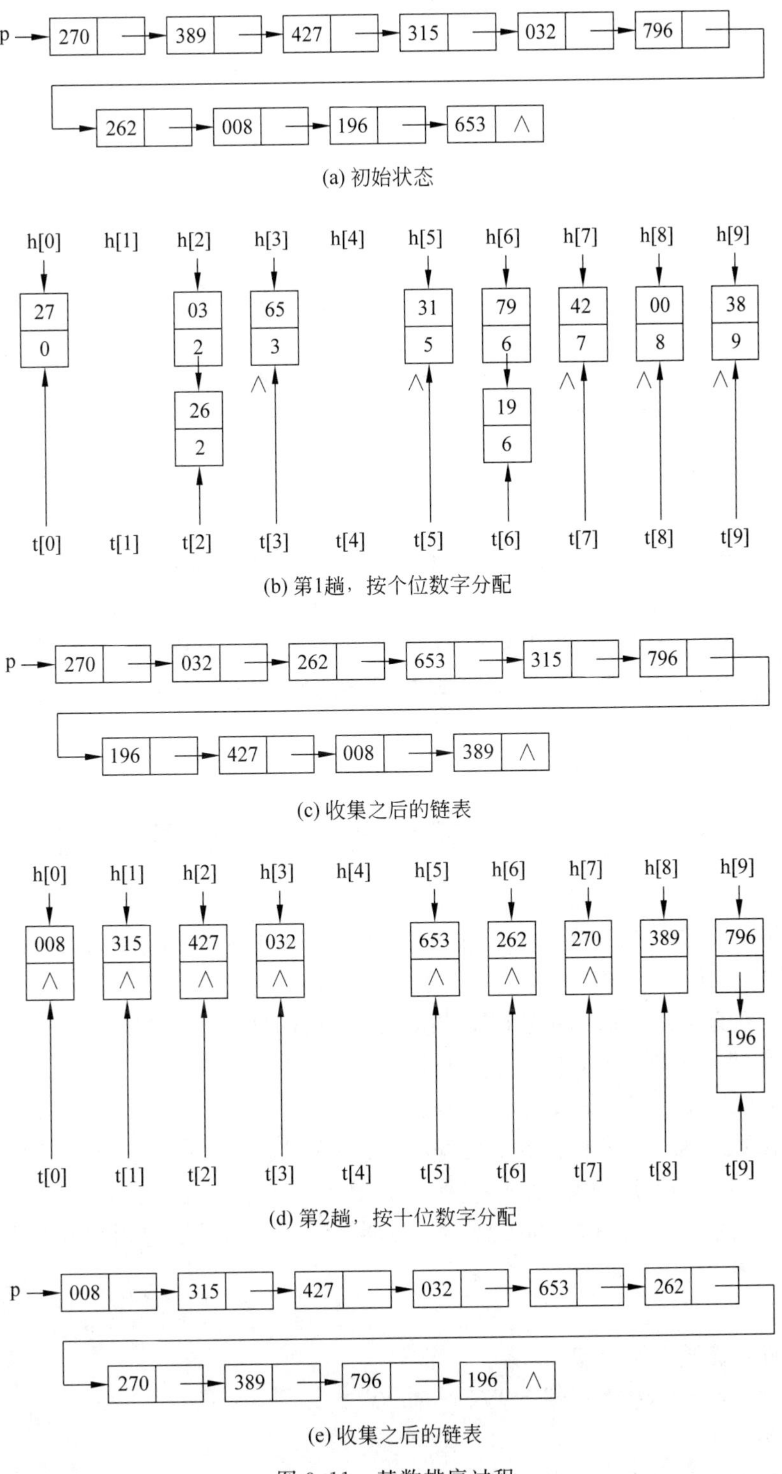

(a) 初始状态

(b) 第1趟，按个位数字分配

(c) 收集之后的链表

(d) 第2趟，按十位数字分配

(e) 收集之后的链表

图 9.11　基数排序过程

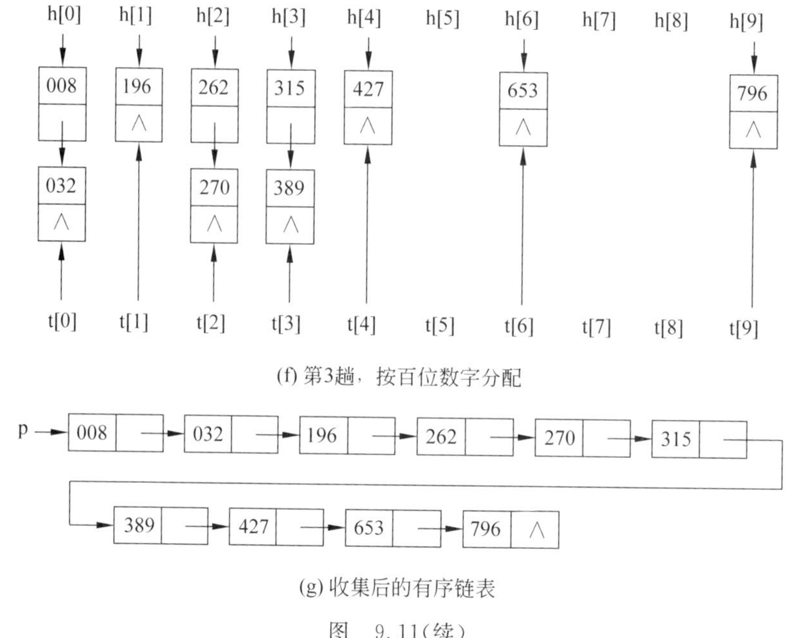

(f) 第3趟，按百位数字分配

(g) 收集后的有序链表

图 9.11(续)

基数排序所需时间不仅与序列的大小有关，而且还与关键字的位数和基数有关，把 n 个记录进行一趟“分配”和“收集”的时间为 $O(n+r_d)$，若每个关键字有 d 位数字，需要进行 d 趟排序，所以基数排序时间复杂度为 $O(d\times(r_d+n))$。由于基数排序需要 $2\times r_d$ 个指向队列的辅助空间，以及链表的 n 个指针，故基数排序的空间复杂度为 $O(n+2r_d)$。基数排序是一种稳定的排序方法。

9.5 实训　实现不同的排序算法

对输入的一组数字实现不同的排序方法，使其按由小到大的顺序输出。

实训目的

(1) 分别对直接插入排序、希尔排序、冒泡排序、快速排序、选择排序、堆排序算法进行编写。

(2) 对存储的函数即输入的数字进行遍历。

(3) 初始化函数对输入的数字进行保存。

(4) 主函数实现使用者操作界面的编写，对输入、选择、保存、输出的各种实现。这当中还包括了各个函数的调用的实现。

(5) 程序所能达到的功能：完成对输入的数字的生成，并通过对各排序的选择实现数字从小到大的输出。

实训环境

(1) 硬件：普通个人计算机。

(2) 软件：Windows 系统平台；VC++ 6.0。

实训内容

本程序包含了以下几个函数，它们分别是：

(1) 直接插入排序的算法函数 InsertSort()。

(2) 折半排序的算法函数 BinSort()。

(3) 希尔排序的算法函数 ShellSort()。

(4) 冒泡排序算法函数 BubbleSort()。

(5) 快速排序的算法函数 QuickSort()。

(6) 选择排序算法函数 SelectSort()。

(7) 堆排序算法函数 HeapSort()。

(8) 对存储数字的遍历函数 Visit()。

(9) 初始化函数 init()。

(10) 主函数 main()。

(11) 输出数组函数 printAll()。

实训最后结果参考如下：

(1) 输入的界面(见图 9.12)。

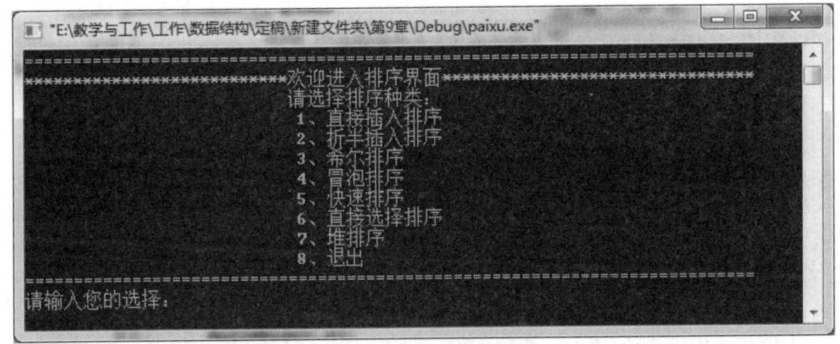

图 9.12　输入界面

(2) 各种排序的结果(见图 9.13)。

```
请输入您的选择：
4

冒泡排序前： 31  23  89  10  47  68  8
第1趟冒泡排序后的结果： 23  31  10  47  68  8  89

第2趟冒泡排序后的结果： 23  10  31  47  8  68  89

第3趟冒泡排序后的结果： 10  23  31  8  47  68  89

第4趟冒泡排序后的结果： 10  23  8  31  47  68  89

第5趟冒泡排序后的结果： 10  8  23  31  47  68  89

第6趟冒泡排序后的结果： 8  10  23  31  47  68  89

冒泡排序结果： 8  10  23  31  47  68  89
```

图 9.13　各种排序的结果

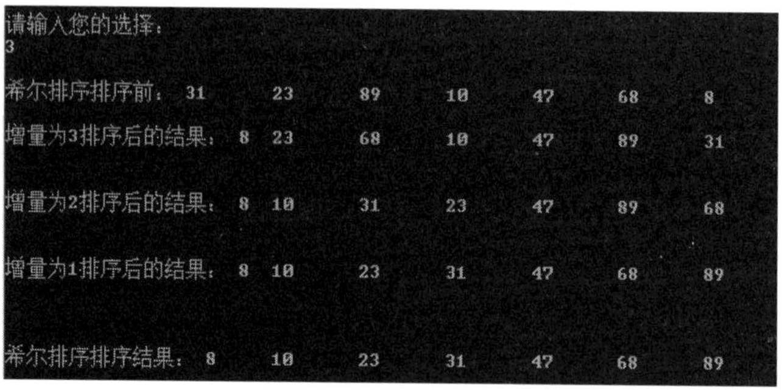

```
请输入您的选择：
3

希尔排序排序前： 31      23      89      10      47      68      8
增量为3排序后的结果： 8  23      68      10      47      89      31

增量为2排序后的结果： 8  10      31      23      47      89      68

增量为1排序后的结果： 8  10      23      31      47      68      89


希尔排序排序结果： 8    10      23      31      47      68      89
```

图 9.13(续)

参考程序如下：

```
#include<stdlib.h>
#include<stdio.h>

#define MAX_NUM 100                    //用于定义表的长度
#define keytype int
typedef struct elemtype{
    keytype key;
} RecordType[MAX_NUM];

void init(RecordType r, int n,int a[]){
    int i=1;
    for(i=1;i<=n;i++){
        r[i].key=a[i-1];
    }
}
void printAll(RecordType  r,int n){
    int i=1;
    for(;i<=n;i++){
        printf(" %d\t",r[i].key);
    }
    printf("\n\n");
}

void InsertSort (RecordType  r,int n)
/*对记录数组 r[1..n]做直接插入排序*/
{   int  i,j;
    for (i=2;i<=n;i++)
    {   r[0]=r[i];                   /*r[i]存入监视哨 r[0]*/
        j=i-1;
        while (r[0].key<r[j].key)
        {   r[j+1]=r[j];
            /*将关键字大于 r[i].key 的记录后移*/
            j--;
        }
```

```
        r[j+1]=r[0];                    /* r[i]插入到正确的位置 */
        printf("\n 第%d 趟插入排序后的结果:",i-1);
        printAll(r,n);
    }
}   /* InsertSort */
void BinSort(RecordType r,int n)
/* 对记录数组 r[1..n]进行折半插入排序 */
{   int  i, j, low, high, mid;
    for (i=2;i<=n;i++)
    {   r[0]=r[i];low=1;high=i-1;
        while (low<=high)               /* 确定插入位置 */
        {   mid=(low+high)/2;
            if (r[0].key<r[mid].key)
                high=mid-1;
            else
                low=mid+1;
        }
        for (j=i-1;j>=low;--j)          /* 记录依次向后移动 */
            r[j+1]=r[j];
        r[low]=r[0];                    /* 待排记录插入到已排序序列 */
    }
}/* BinSort */

void ShellInst (RecordType r,int d,int n)
/* 对数据记录 r[1..n]做一趟希尔排序,d 为增量 */
{   int i, j;
    for (i=d+1; i<=n; i++)              /* d+1 是第一个子序列的第二个记录的下标 */
        if (r[i].key<r[i-d].key)
        {
            r[0]=r[i];                  /* r[0]不是监视哨,仅做备份 r[i] */
            j=i-d;
            while (j>0 && r[0].key<r[j].key){
                r[j+d]=r[j];
                j=j-d;
            }
            r[j+d]=r[0];
        }

}/* ShellInst */

void ShellSort (RecordType r,int d[],int k,int n)
/* 对记录 r[1..n]做希尔排序,d 为增量数组,k 为增量数组的大小 */
{   int i;
    for (i=0;i<=k;++i){
        ShellInst(r,d[i],n);                /* 以 d[i]为增量 */
        printf("增量为%d 排序后的结果:",d[i]);
        printAll(r,7);
        printf("\n");
    }
}/* ShellSort */
```

```
void BubbleSort (RecordType r,int n)
/*对记录 r[1..n]进行冒泡排序*/
{   int i,j,swap;                         /*swap 为交换标志*/
    for (i=1; i<n; i++){
        swap=0;                           /*每趟排序开始前,swap=0*/
        for (j=1;j<=n-i;j++)
        if (r[j+1].key<r[j].key){
            r[0]=r[j+1];
            r[j+1]=r[j];
            r[j]=r[0];
            //r[j+1]<-->r[j];             /*交换记录*/
            swap=1;                       /*发生过记录交换*/
        }
        printf("第%d趟冒泡排序后的结果:",i);
        printAll(r,7);
        printf("\n");
        if (!swap)                        /*本趟不发生记录交换,提前终止*/
            return;
    }
}/*BubbleSort*/

int QuickPass (RecordType r,int i,int j)
/*对序列 r[i..j]进行一趟快速排序*/
{   r[0]=r[i];                            /*选择第 i 个记录作为基准记录*/
    while (i<j)
    {
        while (i<j && r[j].key>r[0].key)
            j--;                          /*j 从右向左找小于 r[0].key 的记录*/
        if (i<j){
            r[i]=r[j];                    /*找到小于 r[0].key 的记录,交换*/
            i++;
        }
        while (i<j && r[i].key<=r[0].key)
            i++;                          /*i 从左向右找大于 r[0].key 的记录*/
        if (i<j){
            r[j]=r[i];                    /*找到大于 r[0].key 的记录,交换*/
            j--;
        }

    }
    r[i]=r[0];
    return i;

}/*QuickPass*/

void QuickSort(RecordType r,int l,int h)
{
    int k;
    static int count=1;
    if (l<h)
```

```
    {
        k=QuickPass (r,l,h);                /* 对 r[l..h]划分 */
        printf("第%d 趟快排结果:",count++);
        printAll(r,7);
        printf("\n");
        QuickSort (r,l,k-1);                /* 对左区间递归排序 */
        QuickSort (r,k+1,h);                /* 对右区间递归排序 */
    }
}/* QuickSort */

void SelectSort(RecordType r,int n)
{
    int i,j,k;
    for (i=1;i<=n-1;++i){
        k=i;
        for (j=i+1;j<=n;++j)
            if (r[j].key<r[k].key)          /* 选出关键字最小的记录 */
                k=j;                        /* k 保存当前找到的最小关键字的记录位置 */
        if (k!=i){
            r[0]=r[i];
            r[i]=r[k];
            r[k]=r[0];                      /* 交换 r[i]和 r[k] */
        }
        printf("第%d 趟选择排序结果:",i);
        printAll(r,7);
        printf("\n");
    }
}/* SelectSort */

void Sift(RecordType r,int low,int high)
/* 设 r[low..high]是以 r[low]为根节点的完全二叉树,调整 r[low],使二叉树成为新堆 */
{   int i,j;
    r[0]=r[low];                            /* 暂存堆顶记录 */
    i=low;
    j=2*i;                                  /* r[i]的左孩子的位置 */
    while (j<=high)
    {   if (j<high && r[j].key<r[j+1].key)
            j++;                            /* 选择左右孩子中较大者 */
        if (r[0].key<r[j].key)              /* 当前节点小于左右孩子的大者 */
        {   r[i]=r[j];i=j;j=2*i;
        }
        else                                /* 当前节点不小于左右孩子 */
            j=high+1;
    }
    r[i]=r[0];                              /* 堆顶记录填入适当位置 */
}/* Sift */
void BuildHeap(RecordType r,int n)
{   int i;
    for (i=n/2;i>0;i--){                    /* 建立初始堆 */
```

```
        Sift (r,i,n);

    }
}/*BuildHeap*/

void HeapSort (RecordType r,int n)
{   int i;
    BuildHeap(r,n);
    printf("初始堆排序结果:");
        printAll(r,7);
        printf("\n");
        for (i=n;i>1;i--)
        {   r[0 ]=r[i];                     /*将堆顶记录与最后一个记录交换*/
            r[i]=r[1];
            r[1]=r[0];
            Sift(r,1,i-1);                  /*调整堆*/

            printf("第%d次堆排序结果:",n-i+1);
            printAll(r,7);
            printf("\n");
        }
}/*HeapSort*/

void main(){
    int a[]={31,23,89,10,47,68,8};
    int d[]={3,2,1};
    RecordType r[MAX_NUM];

    int select=0;
    do{
        printf("===========================================\n");
        printf("**************欢迎进入排序界面****************\n");
        printf("                请选择排序种类:\n");
        printf("                1. 直接插入排序\n");
        printf("                2. 折半插入排序\n");
        printf("                3. 希尔排序\n");
        printf("                4. 冒泡排序\n");
        printf("                5. 快速排序\n");
        printf("                6. 直接选择排序\n");
        printf("                7. 堆排序\n");
        printf("                8. 退出\n");
        printf("==============================================\n");
        printf("请输入您的选择:\n");
        scanf("%d",&select);
        switch(select)
        {
            case 1:
                init(r,7,a);
                printf("直接插入排序前:");
```

```
        printAll(r,7);
        InsertSort(r,7);
        printf("\n 直接插入排序结果:");
        printAll(r,7);
        break;
    case 2:
        printf("\n 折半插入排序前:");
        init(r,7,a);
        printAll(r,7);
        BinSort(r,7);
        printf("\n 折半插入排序结果:");
        printAll(r,7);
        break;
    case 3:
        printf("\n 希尔排序前:");
        init(r,7,a);
        printAll(r,7);
        ShellSort(r,d,2,7);
        printf("\n 希尔排序结果:");
        printAll(r,7);
        break;
    case 4:
        printf("\n 冒泡排序前:");
        init(r,7,a);
        printAll(r,7);
        BubbleSort(r,7);
        printf("\n 冒泡排序结果:");
        printAll(r,7);
        break;
    case 5:
        printf("\n 快速排序前:");
        init(r,7,a);
        printAll(r,7);
        QuickSort(r,1,7);
        printf("\n 快速排序结果:");
        printAll(r,7);
        break;
    case 6:
        printf("\n 直接选择排序前:");
        init(r,7,a);
        printAll(r,7);
        SelectSort(r,7);
        printf("\n 直接选择排序结果:");
        printAll(r,7);
        break;
    case 7:
        printf("\n 堆排序前:");
        init(r,7,a);
        printAll(r,7);
```

```
                HeapSort(r,7);
                printf("\n堆排序结果:");
                printAll(r,7);
                printf("\n");
                break;
            case 8:
                printf("谢谢使用!\n");
                break;
            default:
                printf("您的输入有误,请重新输入!");
                break;
        }
    }while(select !=8);

}
```

9.6 小　　结

从表9.1可以得到如下结论。

表9.1　各种排序方法的比较

排序方法	平均时间复杂度	最坏时间复杂度	辅助存储空间	稳定性
直接插入排序	$O(n^2)$	$O(n^2)$	$O(1)$	稳定
希尔排序	$O(n^{1.3})$	$O(n^{1.4})$	$O(1)$	不稳定
冒泡排序	$O(n^2)$	$O(n^2)$	$O(1)$	稳定
快速排序	$O(n\log_2 n)$	$O(n^2)$	$O(n\log_2 n)$	不稳定
直接选择排序	$O(n^2)$	$O(n^2)$	$O(1)$	不稳定
堆排序	$O(n\log_2 n)$	$O(n\log_2 n)$	$O(1)$	不稳定
归并排序	$O(n\log_2 n)$	$O(n\log_2 n)$	$O(n)$	稳定
基数排序	$O(d\times(r_d+n))$	$O(d\times(r_d+n))$	$O(n+r_d)$	稳定

(1) 如果待排序记录的初始状态基本有序,选择直接插入排序法和冒泡排序法。

(2) 如果待排序记录n较小,选择直接插入排序法。

(3) 对于记录个数n较大的序列,不要求稳定性,同时内存容量不宽余时,可以选择快速排序和堆排序;当n值很大,稳定性有要求,容量宽余时,用归并排序最合适,当n值较大但关键字较小,可以用基数排序法。

(4) 从方法的稳定性看,直接插入排序法、冒泡排序法是稳定的,希尔排序、快速排序、堆排序是不稳定的。

(5) 从平均时间上讲,快速排序是所有排序方法中最好的,但快速排序在最坏情况下时间复杂度比堆排序和归并排序大,当n值较大时,归并排序比堆排序省时,但要较大的辅助空间。

9.7 习 题

1. 填空题

(1) 若待排序的序列中存在多个记录具有相同的键值,经过排序,这些记录的相对次序仍然保持不变,则称这种排序方法是________的,否则称为________的。

(2) 按照排序过程涉及的存储设备的不同,排序可分为________排序和________排序。

(3) 直接插入排序用监视哨的作用是________________。

(4) 对 n 条记录的表 $r[1..n]$进行简单选择排序,所需进行的关键字间的比较次数为________。

(5) 下面的排序算法的思想是:第 1 趟比较将最小的元素放在 $r[1]$中,最大的元素放在 $r[n]$中,第 2 趟比较将次小的放在 $r[2]$中,将次大的放在 $r[n-1]$中……依次下去,直到待排序列为递增序。(注:<-->代表两个变量的数据交换)。

```
void sort(SqList &r,int n)
{
    i=1;
    while(__①__)
    {
        min=max=1;
        for (j=i+1;__②__;++j)
        {
            if(__③__) min=j;
            else if(r[j].key>r[max].key)  max=j;
        }
        if(__④__) r[min] <---->r[j];
        if(max!=n-i+1)
        {
            if (__⑤__) r[min] <---->r[n-i+1];
            else (__⑥__);
        }
        i++;
    }
}
```

(6) 下列算法为奇偶交换排序,思路如下:第 1 趟对所有奇数的 i,将 a[i]和 a[i+1]进行比较。第 2 趟对所有偶数的 i,将 a[i]和 a[i+1]进行比较。每次比较时若 a[i]>a[i+1],将二者交换;以后重复上述两趟过程,直至整个数组有序。

```
void sort (int a[n])
{
    int flag,i,t;
```

```
    do
    {
        flag=0;
        for(i=1;i<n;i++,i++)
            if(a[i]>a[i+1])
            {
                flag= ___①___;
                t=a[i+1];
                a[i+1]=a[i];
                ___②___;
            }
        for ___③___
            if (a[i]>a[i+1])
            {
                flag= ___④___;
                t=a[i+1];
                a[i+1]=a[i];
                a[i]=t;}
            }
    }
    while ___⑤___;
}
```

2. 选择题

(1) 从未排序序列中依次取出一个元素与已排序序列中的元素进行比较,然后将其放在已排序序列的合适位置,该排序方法称为(　　)排序法。

A. 直接插入　　B. 简单选择　　C. 希尔　　D. 二路归并

(2) 直接插入排序在最好情况下的时间复杂度为(　　)。

A. $O(\log n)$　　B. $O(n)$　　C. $O(n*\log n)$　　D. $O(n^2)$

(3) 设有一组关键字值(46,79,56,38,40,84),则用堆排序的方法建立的初始堆为(　　)。

A. 79,46,56,38,40,80　　B. 84,79,56,38,40,46

C. 84,79,56,46,40,38　　D. 84,56,79,40,46,38

(4) 设有一组关键字值(46,79,56,38,40,84),则用快速排序的方法,以第一个记录为基准得到的一次划分结果为(　　)。

A. 38,40,46,56,79,84　　B. 40,38,46,79,56,84

C. 40,38,46,56,79,84　　D. 40,38,46,84,56,79

(5) 将两个各有 n 个元素的有序表归并成一个有序表,最少进行(　　)次比较。

A. n　　B. $2n-1$　　C. $2n$　　D. $n-1$

(6) 下列排序方法中,排序趟数与待排序列的初始状态有关的是(　　)。

A. 直接插入　　B. 简单选择　　C. 起泡　　D. 堆

(7) 下列排序方法中,不稳定的是(　　)。

A. 直接插入　　B. 起泡　　C. 二路归并　　D. 堆

(8) 若要在 $O(n\log_2 n)$的时间复杂度上完成排序,且要求排序是稳定的,则可选择下列排序方法中的(　　)。

A. 快速　　B. 堆　　C. 二路归并　　D. 直接插入

(9) 设有 1000 个无序的数据元素,希望用最快的速度挑选出关键字最大的前 10 个元素,最好选用(　　)排序法。

A. 起泡　　B. 快速　　C. 堆　　D. 基数

(10) 若待排元素已按关键字值基本排列有序,则下列排序方法中效率最高的是(　　)。

A. 直接插入　　B. 简单选择　　C. 快速　　D. 二路归并

(11) 数据序列(8,9,10,4,5,6,20,1,2)只能是下列排序算法中的(　　)的两趟排序后的结果。

A. 选择排序　　B. 冒泡排序　　C. 插入排序　　D. 堆排序

(12) (　　)占用的额外空间的空间复杂性为 $O(1)$。

A. 堆排序算法　　B. 归并排序算法

C. 快速排序算法　　D. 以上答案都不对

(13) 对一组数据(84,47,25,15,21)排序,数据的排列次序在排序的过程中的变化为:

(a) 84,47,25,15,21　　(b) 15,47,25,84,21

(c) 15,21,25,84,47　　(d) 15,21,25,47,84

则采用的排序是(　　)。

A. 选择　　B. 冒泡　　C. 快速　　D. 插入

(14) 一个排序算法的时间复杂度与(　　)有关。

A. 排序算法的稳定性　　B. 所需比较关键字的次数

C. 所采用的存储结构　　D. 所需辅助存储空间的大小

(15) 适合并行处理的排序算法是(　　)。

A. 选择排序　　B. 快速排序　　C. 希尔排序　　D. 基数排序

(16) 下列排序算法中,(　　)算法可能会出现下面的情况:初始数据有序时,花费的时间反而最多。

A. 快速排序　　B. 堆排序　　C. 希尔排序　　D. 起泡排序

(17) 有些排序算法在每趟排序过程中,都会有一个元素被放置在其最终的位置上,下列算法不会出现此情况的是(　　)。

A. 希尔排序　　B. 堆排序　　C. 起泡排序　　D. 快速排序

(18) 在文件“局部有序”或文件长度较小的情况下,最佳内部排序的方法是(　　)。

A. 直接插入排序　　B. 起泡排序

C. 简单选择排序　　D. 快速排序

(19) 下列排序算法中,(　　)算法可能会出现下面情况:在最后一趟开始之前,所有元素都不在其最终的位置上。

A. 堆排序　　B. 冒泡排序　　C. 快速排序　　D. 插入排序

(20) 下列排序算法中,占用辅助空间最多的是(　　)。

A. 归并排序　　B. 快速排序　　C. 希尔排序　　D. 堆排序

(21) 从未排序序列中依次取出一个元素与已排序序列中的元素依次进行比较,然后将其放在已排序序列的合适位置,该排序方法称为(　　)排序法。

A. 插入　　B. 选择　　C. 希尔　　D. 二路归并

(22) 用直接插入排序方法对下面四个序列进行排序(由小到大),元素比较次数最少的是(　　)。

A. 94,32,40,90,80,46,21,69　　B. 32,40,21,46,69,94,90,80

C. 21,32,46,40,80,69,90,94　　D. 90,69,80,46,21,32,94,40

(23) 对序列{15,9,7,8,20,−1,4}用希尔排序方法排序,经一趟后序列变为{15,−1,4,8,20,9,7},则该次采用的增量是(　　)。

A. 1　　B. 4　　C. 3　　D. 2

(24) 在含有 n 个关键字的小根堆(堆顶元素最小)中,关键字最大的记录有可能存储在(　　)位置上。

A. $\lfloor n/2 \rfloor$　　B. $\lfloor n/2 \rfloor-1$　　C. 1　　D. $\lfloor n/2 \rfloor+2$

(25) 对 n 个记录的线性表进行快速排序为减少算法的递归深度,以下叙述正确的是(　　)。

A. 每次分区后,先处理较短的部分　　B. 每次分区后,先处理较长的部分

C. 与算法每次分区后的处理顺序无关　　D. 以上三者都不对

(26) 从堆中删除一个元素的时间复杂度为(　　)。

A. $O(1)$　　B. $O(\log_2 n)$　　C. $O(n)$　　D. $O(n\log_2 n)$

3. 简答题

设有关键字序列(503,087,512,061,908,170,897,275,653,426),试用下列各内部排序方法对其进行排序,要求写出每趟排序结束时关键字序列的状态。

(1) 直接插入法。

(2) 希尔排序法,增量序列为(5,3,1)。

(3) 快速排序法。

(4) 堆排序法。

(5) 二路归并排序法。

附录　对应章节的 Java 代码

第　2　章

1. 顺序表

```
//线性表抽象数据类型的接口定义
public interface List{
    public void insert(int i,Object obj) throws Exception;   //在 i 位置插入元素
    public Object delete(int i) throws Exception;             //删除 i 位置的元素
    public Object getData(int i) throws Exception;            //取 i 位置的数据元素
    public void print()throws Exception;                      //输出顺序表的元素
    public int size();                                        //求元素个数
    public boolean isEmpty();                                 //确定是否为空
}

//顺序表类
public class SeqList implements List{
    final int defaultSize=10;
    int maxSize;                                              //顺序表最大长度
    int size;
    Object[] listArray;
    //构造方法
    public SeqList(){
        initiate(defaultSize);
    }
    public SeqList(int size){
        initiate(size);
    }
    private void initiate(int sz){
        maxSize=sz;
        size=0;
        listArray=new Object[sz];
    }
    //在 i 位置插入元素
    public void insert(int i,Object obj) throws Exception{
        if (size==maxSize){
            throw new Exception("顺序表已满而无法插入!");
        }
        if (i <0 || i >size){
            throw new Exception("参数错误!");
```

```
        }

        for(int j=size; j >i; j--){
            listArray[j]=listArray[j-1];
        }

        listArray[i]=obj;
        size++;
    }
    //删除位置 i 的元素
    public Object delete(int i) throws Exception{
        if(size==0){
            throw new Exception("顺序表已空而无法删除!");
        }
        if (i <0 || i >size-1){
            throw new Exception("参数错误!");
        }
        Object it=listArray[i];
        for(int j=i; j <size-1; j++){
            listArray[j]=listArray[j+1];
        }
        size--;
        return it;
    }
    //取 i 位置的数据元素
    public Object getData(int i) throws Exception{
        if(i <0 || i >=size){
            throw new Exception("参数错误!");
        }
        return listArray[i];
    }
    //求元素个数
    public int size(){
        return size;
    }
    //确定是否为空
    public boolean isEmpty(){
        return size==0;
    }
    public void print()throws Exception{
      System.out.println("顺序表元素为:");
        for(int i=0; i <size; i++){
            System.out.print(getData(i)+"    ");
        }
    }
}

//建立一个线性表,依次输入数据元素 1、2、3、…、10,删除元素 5,最后显示当前元素
```

```
public class SeqListTest{
    public static void main(String args[]){
        SeqList seqList=new SeqList(100);
        int n=10;
        try{
            for(int i=0; i <n; i++){
                seqList.insert(i,new Integer(i+1));
            }
            seqList.print();
            //删除第 5 个元素
            seqList.delete(4);
            System.out.println();
            System.out.print("删除后");
            seqList.print();
        }
        catch(Exception e){
            System.out.println(e.getMessage());
        }
    }
}
```

2. 单链表

```
//单链表的节点类
public class Node{
    Object data;                              //数据元素
    Node next;                                //表示下一个节点的对象引用
    //构造函数
    Node(Node nextval){                       //用于头节点的构造函数 1
        next=nextval;
    }

    Node(Object obj,Node nextval){            //用于其他节点的构造函数 2
        data=obj;
        next=nextval;
    }

    public Object getElement(){               //取 data
        return data;
    }

    public void setElement(Object obj){       //置 data
        data=obj;
    }

    public String toString(){                 //转换 data 为 String 类型
        return data.toString();
    }
}
```

```
//线性表抽象数据类型的接口定义
public interface List{
    public void insert(int i,Object obj) throws Exception; //在 i 位置插入元素
    public Object delete(int i) throws Exception;          //删除 i 位置的元素
    public Object getData(int i) throws Exception;         //取 i 位置的数据元素
    public void print()throws Exception;                   //输出单链表的数据元素
    public int size();                                     //求元素个数
    public boolean isEmpty();                              //确定是否为空
}
//单链表类的设计
public class LinList implements List {
    Node head;
    Node current;
    int size;
    LinList(){
        head=current=new Node(null);
    }
    public void index(int i) throws Exception{
        if(i <-1 || i >size -1){
            throw new Exception("参数错误!");
        }
        if(i==-1){
            current=head;
            return;
        }
        current=head.next;
        int j=0;
        while((current !=null) && j <i){
            current=current.next;
            j ++;
        }
    }
    //插入
    public void insert(int i,Object obj) throws Exception{
        if(i <0 || i >size){
            throw new Exception("参数错误!");
        }
        index(i -1);
        Node s=new Node(obj,null);                         //分配新节点
        s.next=current.next;                               //插入新节点
        current.next=s;
        size ++;
    }
    //删除
    public Object delete(int i) throws Exception{
        if(size==0){
            throw new Exception("链表已空而无元素可删!");
        }
```

```
        if(i <0 || i >size -1){
            throw new Exception("参数错误!");
        }
        index(i -1);
        Object obj=current.next.getElement();
        current.next=current.next.next;     //重新链接节点
        size --;
        return obj;
    }

    public int size(){
        return size;
    }
    public void print()throws Exception{
        System.out.println("单链表元素为:");
        for(int i=0; i <size; i++){
            System.out.print(getData(i)+"     ");
        }
    }
    public boolean isEmpty(){
        return size==0;
    }

    public Object getData(int i) throws Exception{
        if(i <-1 || i >size -1){
            throw new Exception("参数错误!");
        }
        index(i);
          return current.getElement();
    }
}
//建立一个线性表,依次输入数据元素 1、2、3、…、10,删除元素 5,最后显示当前元素
public class LinListTest{
    public static void main(String args[]){
        LinList linList=new LinList();
        int n=10;
        try{
            for(int i=0; i <n; i++){
                linList.insert(i,new Integer(i+1));
            }
            linList.print();
            //删除第 5 个元素
            linList.delete(4);
            System.out.println();
            System.out.print("删除后");
            linList.print();
        }
        catch(Exception e){
            System.out.println(e.getMessage());
        }
    }
}
```

第 3 章

1. 顺序堆栈

```
//堆栈抽象数据类型的Java代码
public interface Stack{
    public void push(Object obj) throws Exception;        //入栈
    public Object pop() throws Exception;                 //出栈
    public Object getTop() throws Exception;              //取栈顶元素
    public boolean notEmpty();                            //判断堆栈是否为空
}

//顺序堆栈类的设计
public class SeqStack implements Stack{
    final int defaultSize=10;
    int top;                                              //栈顶指示
    Object[] stack;                                       //数组对象
    int maxStackSize;                                     //最大数据元素个数
    public SeqStack(){
        initiate(defaultSize);
    }
    //构造函数
    public SeqStack(int sz){
        initiate(sz);
    }
    //初始化
    private void initiate(int sz){
        maxStackSize=sz;
        top=0;
        stack=new Object[sz];
    }
    //入栈
    public void push(Object obj) throws Exception{
        if(top==maxStackSize){
            throw new Exception("堆栈已满!");
        }
        stack[top]=obj;                                   //保存栈顶元素
        top ++;                                           //产生新栈顶指示
    }
    //出栈
    public Object pop() throws Exception{
        if(top==0){
            throw new Exception("堆栈已空!");
        }
        top --;
        return stack[top];
    }
```

```
    //取栈顶元素
    public Object getTop() throws Exception{
        if(top==0){
            throw new Exception("堆栈已空!");
        }
        return stack[top -1];
    }
    //判断堆栈是否为空
    public boolean notEmpty(){
        return (top >0);
    }
}
//在堆栈中压入 5 个元素,输出栈顶元素,依次输出出栈元素
public class SeqStackTest{
    public static void main(String[] args){
        SeqStack myStack=new SeqStack();
        int test[]={1, 2, 3, 4, 5};
        int n=5;
        try{
            for(int i=0; i <n; i ++)
                myStack.push(new Integer(test[i]));

            System.out.println("当前栈顶元素为:"+myStack.getTop());

            System.out.print("出栈元素序列为:");
            while(myStack.notEmpty())
                System.out.print(myStack.pop()+"  ");
        }
        catch(Exception e){
            System.out.println(e.getMessage());
        }
    }
}
```

2. 链式堆栈

```
//堆栈抽象数据类型的 Java 代码
public interface Stack{
    public void push(Object obj) throws Exception;      //入栈
    public Object pop() throws Exception;               //出栈
    public Object getTop() throws Exception;            //取栈顶元素
    public boolean notEmpty();                          //判断堆栈是否为空
}
//节点类
public class Node{
    Object data;                                        //数据域
    Node next;                                          //指针域
//构造函数
```

```
    Node(Object obj,Node nextval){
        data=obj;
        next=nextval;
    }
    Node(Node nextval){
        next=nextval;
    }
    //取下一节点指针
    public Node getNext(){
        return next;
    }
    //给指针赋值
    public void setNext(Node nextval){
        next=nextval;
    }

    public Object getElement(){
        return data;
    }

    public void setElement(Object obj){
        data=obj;
    }
    public String toString(){
        return data.toString();
    }
}

//定义链式堆栈类
public class LinStack implements Stack{
    Node head;                                          //堆栈头
    int size;                                           //节点个数
    //构造函数
    public void LinStack(){
        head=null;
        size=0;
    }

    public void push(Object obj){                       //入栈
        head=new Node(obj, head);                       //新节点作为新栈顶
        size ++;
    }

    public Object pop() throws Exception{               //出栈
        if(size==0){
            throw new Exception("堆栈已空！");
        }
        Object obj=head.data;                           //原栈顶数据元素
        head=head.next;                                 //原栈顶节点脱链
```

```
        size --;
        return obj;
    }

    public boolean notEmpty(){                          //判断堆栈是否为空
        return head !=null;
    }

    public Object getTop(){
        return head.data;
    }
}
//随机产生 1~100 的 5 个数,压入堆栈中,输出栈顶元素,依次将各元素出栈并分别输出元素
import java.util.Random;
public class LinStackTest{
    public static void main(String[] args){
        LinStack myStack=new LinStack ();
        Random r=new Random();
        int n=5;
        try{
            for(int i=0; i <n; i ++)
                myStack.push(new Integer(r.nextInt(100)));

            System.out.println("当前栈顶元素为:"+myStack.getTop());

            System.out.print("出栈元素序列为:");
            while(myStack.notEmpty())
                System.out.print(myStack.pop()+"  ");
        }
        catch(Exception e){
            System.out.println(e.getMessage());
        }
    }
}
```

3. 顺序队列的基本运算

```
class CirQueue
{
    /* SeqList 的字段声明 */
    final int MaxSize=6;     /* 该循环队列最多能放 5 个元素(另一个留作 front 指示位) */
    Object[] elem=new Object[MaxSize];
    int front;               /* 队首指示 */
    int rear;                /* 队尾指示 */
}
```

根据循环顺序队列的运算定义,可实现以下操作。

(1) 队列初始化

Java 语言的代码实现如下:

```
class CirQueue
{
    //CirQueue 的字段声明
    public void InitQueue()
    {
        front=0;
        rear=0;
    }
}
```

(2) 判断队列是否为空

在判断队列是否为空时,只需比较队首指示 front 和队尾指示 rear 是否相等即可,若相等,则表示队列中不包含任何元素。

Java 语言的代码实现如下:

```
class CirQueue
{
    /* CirQueue 的字段声明 */
    public boolean QueueEmpty()
    {
        return (front==rear);
    }
}
```

(3) 求队列的长度

Java 语言的代码实现如下:

```
class CirQueue
{
    /* CirQueue 的字段声明 */
    public int QueueLength()
    {
        return (rear+MaxSize -front) %MaxSize;
    }
}
```

(4) 读队首元素

Java 语言的代码实现如下:

```
class CirQueue
{
    //CirQueue 的字段声明
    public Object GetHead()
```

```
        {
            if (QueueEmpty())
                return null;
            return elem[(front+1)%MaxSize];
        }
    }
```

（5）入队操作

Java 语言的代码实现如下：

```
class CirQueue
{
    /*CirQueue 的字段声明*/
    public void AddQueue(Object e)
    {
        if (front==(rear+1)%MaxSize)
            System.out.println("Full");
        else
        {
            rear=(rear+1)%MaxSize;
            elem[rear]=e;
        }
    }
}
```

（6）出队操作

Java 语言的代码实现如下：

```
class CirQueue
{
    //CirQueue 的字段声明
    public Object DeleteQueue()
    {
        if (front==rear)
            return null;
        else
        {
            Object e=elem[(front+1)%MaxSize];
            front=(front+1)%MaxSize;
            return e;
        }
    }
}
```

要测试上述这些方法，可以使用如下语句。

```
public static void main(String[] args)
{
    CirQueue cq=new CirQueue();
    cq.InitQueue();
    System.out.println("队列是否为空:"+cq.QueueEmpty ());
    System.out.println("队列的长度:"+cq.QueueLength ());
    cq.AddQueue("a");
    cq.AddQueue("b");
    cq.AddQueue("c");
    System.out.println("队列是否为空:"+cq.QueueEmpty());
    System.out.println("队列的长度:"+cq.QueueLength());
    System.out.println("队首元素为"+cq.GetHead ());
    System.out.println ("出队元素为"+cq .DeleteQueue ());
    System.out.println("队列的长度:"+cq.QueueLength());
    System.out.println("队首元素为"+cq.GetHead());
    cq.AddQueue(1);
    cq.AddQueue(2);
    cq.AddQueue(3);
    System.out.println("队列的长度:"+cq.QueueLength());
    System.out.println("队首元素为"+cq.GetHead());
    cq.AddQueue(4);
    System.out.println();
}
```

第 4 章

1. 串的线性存储结构和基本运算的实现

```
public class MyString {
    private char[] value;
    private int count;

    public MyString(){
        value=new char[0];
        count=0;
    }
    public MyString(String str){            //构造函数 4
        char[] chararray=str.toCharArray();
        value=chararray;
        count=chararray.length;
    }
    public char charAt(int index) {          //取字符
        if ((index <0) || (index >=count)) {
                throw new StringIndexOutOfBoundsException(index);
```

```
        }
        return value[index];
    }

    public int length() {              //取串长度
        return count;
    }

    public int indexOf(MyString subStr,int start){
        int i=start,j=0,v;
        while(i<this.length()&&j<subStr.length()){
            if(this.charAt(i)==subStr.charAt(j)){
                i++;
                j++;
            }
            else{
                i=i-j+1;
                j=0;
            }
        }
            if(j==subStr.length())
                v=i-subStr.length();
            else v=-1;
            return v;
    }
}


//测试类
public class Test2 {
    public static void main(String[] args) {
        MyString s=new MyString("cddcdc");
        MyString t=new MyString("cdc");
        System.out.println("位置为:"+s.indexOf(t, 0));
    }
}
```

2. Brute-Force 算法的实现过程

```
class SeqString
{
    public int BFIndex(SeqString t, int pos)
    {
        int i=pos;
        int j=0;
        while (i <=StrLength && j <StrLength)
```

```
            {
                if (ch[i]==t.ch[j])
                {
                    ++i;
                    ++j;
                }
                else
                {
                    i=i -j+1;     /* i 退回到上次匹配首位的下一位 */
                    j=1;
                }
            }
            if (j >t.StrLength)
                return i -t.StrLength;
            else
                return 0;
        }
    }
    public class SeqString
    {
        final int MaxSize=100;
        char[] ch=new char[MaxSize];
        int StrLength;

        public void Assign(char[] t)
        {
            int j=0;
            for (; t[j] !='\0'; j++)
            {
                ch[j]=t[j];
            }
            ch[j]=t[j];
            StrLength=j;
        }

        public int BFIndex(SeqString t, int pos)
        {
            int i=pos;
            int j=1;
            while (i <=StrLength && j <=StrLength)
            {
                if (ch[i]==t.ch[j])
                {
                    ++i;
                    ++j;
                }
                else
                {
                    i=i -j+2;
                    j=1;
```

```
            }
        }
        if (j >t.StrLength)
            return i -t.StrLength;
        else
            return -1;
    }
}
class Program
{
    public static void main(String[] args)
    {
        char[] S_String=" ABCDEHAPWESHAPPY!\0".toCharArray();
        char[] T_String=" HAPPY!\0".toCharArray();
        SeqString ssObj1=new SeqString();
        SeqString ssObj2=new SeqString();
        int x;
        ssObj1.Assign(S_String);
        ssObj2.Assign(T_String);
        x=ssObj1.BFIndex(ssObj2,2);
        System.out.println(x);
    }
}
```

第 5 章

1. MyVector 类

```
public class MyVector {
    private Object[] elementData;
    private int elementCount;
    public MyVector(){                                    //构造函数
        this(10);
    }
    public MyVector(int initialCapacity){                 //构造函数
        elementData=new Object[initialCapacity];
        elementCount=0;
    }
    public void add(int index,Object element){            //在 index 处添加
        if (index >=elementCount+1) {
            throw new ArrayIndexOutOfBoundsException(index+" >" +elementCount);
        }
        ensureCapacity(elementCount+1);
        System.arraycopy(elementData, index, elementData,
```

```
        index+1, elementCount -index);
        elementData[index]=element;
        elementCount++;
    }
    private void ensureCapacity(int minCapacity){      //扩充内存
        int oldCapacity=elementData.length;
        if (minCapacity >oldCapacity) {
                Object oldData[]=elementData;
                int newCapacity=oldCapacity * 2;
                    if (newCapacity <minCapacity) {
                        newCapacity=minCapacity;      }
                elementData=new Object[newCapacity];
                System.arraycopy(oldData, 0, elementData, 0, elementCount);
        }
    }
    public void add(Object element){                    //在最后添加
        add(elementCount,element);
    }
    public void set(int index,Object element){          //重置元素
        if (index >=elementCount) {
            throw new ArrayIndexOutOfBoundsException(index+" >=" +elementCount);
        }
        elementData[index]=element;
    }
    public Object get(int index){                       //取 index 处的元素
        if (index >=elementCount)
            throw new ArrayIndexOutOfBoundsException(index);
            return elementData[index];
    }
    public int size(){                                  //取元素个数
        return elementCount;
    }
}
```

2. 稀疏矩阵的转置运算

稀疏矩阵的转置运算就是变换元素位置，即把位于(i,j)的元素换到(j,i)位置上。对于一个 $m\times n$ 的矩阵M，它的转置矩阵是一个 $n\times m$ 的举止N，且 $N[i][j]=M[j][i]$，其中 $0\leqslant i\leqslant n$，$0\leqslant j\leqslant m$。具体算法如下：

```
//稀疏矩阵类
public class SpaMatrix {
int rows;                          //行数
int cols;                          //列数
int dNum;                          //非零元的个数
MyVector v;                        //数组
```

```
    SpaMatrix(int max){                              //构造函数
        rows=cols=dNum=0;
        v=new MyVector(max);
    }
    public void evaluate(int r, int c, int d, Three[] item)
    throws Exception{                                //给矩阵赋值
      rows=r;
      cols=c;
      dNum=d;
      for(int i=0; i <d; i ++){
        v.add(i, item[i]);
      }
    }
    public SpaMatrix transpose(){                    //转置
        SpaMatrix a=new SpaMatrix(v.size());
        a.cols=rows;
        a.rows=cols;
        a.dNum=dNum;
        for(int i=0; i <dNum; i ++){
            Three t=(Three)v.get(i);
            a.v.add(i,new Three(t.col, t.row, t.value));
        }
        return a;
    }
    public void print(){                             //输出
        System.out.print("矩阵行数为:"+rows);
        System.out.print(" 矩阵列数为:"+cols);
        System.out.println(",非零元个数为:"+dNum);
        System.out.println("矩阵非零元三元组为:");
        for(int i=0;i<dNum;i++){
            System.out.println("a<"+((Three)v.get(i)).row+","+((Three)v.get(i)).
              col+">="+((Three)v.get(i)).value);
        }
    }
}
//三元组类
public class Three {
    public int row;                                  //行号
    public int col;                                  //列号
    public double value;                             //数值
    public Three(int r, int c, double v){            //构造函数 1
        row=r;
        col=c;
        value=v;
    }
    Three(){                                         //构造函数 2
        this(0,0,0.0);
    }
}
```

```
//转置矩阵
public class Test3 {
    public static void main(String[] args){
        SpaMatrix matrixA=new SpaMatrix(10);
        SpaMatrix matrixB;

        Three[] a=new Three[4];
        a[0]=new Three(0, 2, 2);
        a[1]=new Three(1, 0, 3);
        a[2]=new Three(2, 2, -1);
        a[3]=new Three(2, 3, 5);

        try{
            matrixA.evaluate(4, 4, 4, a);
            System.out.println("原矩阵:");
            matrixA.print();

            System.out.println("转置后的矩阵:");
            matrixB=matrixA.transpose();
            matrixB.print();

        }
        catch(Exception e){
            System.out.println(e.getMessage());
        }
    }
}
```

3. 实训

```
import java.util.*;

class Triple
{
    public final static int MaxSize=100;
    public int r, c;
    public float d;
}
class TSMatrix
{
    int rows, cols, nums;
    Triple[] data=new Triple[Triple.MaxSize];
    public static  TSMatrix Create()
    {
        TSMatrix t=new TSMatrix();
        int m, n, i, j;
        float x;
```

```
        Scanner input=new Scanner(System.in);
        System.out.println("请输入矩阵行数：");
        m=input.nextInt();
        System.out.println("请输入矩阵列数：");
        n=input.nextInt();
        t.rows=m;
        t.cols=n;
        t.nums=0;

        System.out.println("请输入用三元组表示的矩阵：");
        i=input.nextInt();
        j=input.nextInt();
        x=input.nextFloat();

        while (x !=-9999.0)
        {
            t.data[t.nums]=new Triple();
            t.data[t.nums].r=i;
            t.data[t.nums].c=j;
            t.data[t.nums].d=x;
            t.nums++;
            System.out.println("请继续输入：");
            i=input.nextInt();
            j=input.nextInt();
            x=input.nextFloat();
        }
        return t;
    }

    public static TSMatrix Add(TSMatrix ma, TSMatrix mb)
    {
        TSMatrix mc=new TSMatrix();
        int pa, pb, pc;
        float val;
        pa=0; pb=0; pc=0;
        mc.rows=ma.rows;
        mc.cols=ma.cols;
        mc.nums=0;
        while (pa <ma.nums && pb <mb.nums)
            if (ma.data[pa].r==mb.data[pb].r)          //行值相等
                if (ma.data[pa].c==mb.data[pb].c)      //行、列值相等
                {
                    val=ma.data[pa].d+mb.data[pb].d;
                    if (val !=0)
                    {
                        mc.data[pc]=new Triple();
                        mc.data[pc].r=ma.data[pa].r;
                        mc.data[pc].c=ma.data[pa].c;
                        mc.data[pc].d=val;
```

```
                pa++; pb++; pc++;
            }
            else
            {
                pa++; pb++;
            }
        }
        else if (ma.data[pa].c <mb.data[pb].c)
        {
            mc.data[pc]=new Triple();
            mc.data[pc].r=ma.data[pa].r;
            mc.data[pc].c=ma.data[pa].c;
            mc.data[pc].d=ma.data[pa].d;
            pa++; pc++;
        }
        else
        {
            mc.data[pc]=new Triple();
            mc.data[pc].r=mb.data[pb].r;
            mc.data[pc].c=mb.data[pb].c;
            mc.data[pc].d=mb.data[pb].d;
            pb++; pc++;
        }
    else
        if (ma.data[pa].r <mb.data[pb].r)
        {
            mc.data[pc]=new Triple();
            mc.data[pc].r=ma.data[pa].r;
            mc.data[pc].c=ma.data[pa].c;
            mc.data[pc].d=ma.data[pa].d;
            pa++; pc++;
        }
        else
        {
            mc.data[pc]=new Triple();
            mc.data[pc].r=mb.data[pb].r;
            mc.data[pc].c=mb.data[pb].c;
            mc.data[pc].d=mb.data[pb].d;
            pb++; pc++;
        }
while (pa <ma.nums)     //插入 ma 中剩余的元素
{
    mc.data[pc]=new Triple();
    mc.data[pc]=ma.data[pa];
    pa++; pc++;
}
while (pb <mb.nums)     //插入 mb 中剩余的元素
{
    mc.data[pc]=new Triple();
```

```
            mc.data[pc]=mb.data[pb];
            pb++; pc++;
        }
        mc.nums=pc;
        return mc;
    }

    public static void Print(TSMatrix t)
    {
        int i;
        System.out.println("(");
        for (i=0; i <t.nums; i++)
            System.out.println(t.data[i].r +","+t.data[i].c +","+t.data[i].d);
        System.out.println(")");
    }

    public static void main(String[] args)
    {
        TSMatrix ma, mb, mc;
        ma=Create();
        mb=Create();
        mc=Add(ma, mb);
        System.out.println("矩阵 ma 如下:");
        Print(ma);
        System.out.println("矩阵 mb 如下:");
        Print(mb);
        System.out.println("合并后的矩阵 mc 如下:");
        Print(mc);
    }
}
```

第 6 章

1. 创建二叉树节点类

```
public class BTNode {
    private BTNode leftChild;                //左孩子
    private BTNode rightChild;               //右孩子
    public Object data;                      //数据元素

    BTNode(){
        leftChild=null;
        rightChild=null;
    }
```

```
    BTNode(Object item, BTNode left, BTNode right){
        data=item;
        leftChild=left;
        rightChild=right;
    }

    public BTNode getLeft(){
        return leftChild;
    }

    public BTNode getRight(){
        return rightChild;
    }

    public Object getData(){
        return data;
    }
}

//建立二叉树类
public class BTree {
    private BTNode root;
    BTree(){
        root=null;
    }

BTree(Object item, BTree left, BTree right){
    BTNode l, r;
    if(left==null)
        l=null;
    else
        l=left.root;
    if(right==null)
        r=null;
    else
        r=right.root;
    root=new BTNode(item, l, r);
}
//取出节点值
public static BTNode getTreeNode(Object item, BTNode left, BTNode right){
    BTNode temp=new BTNode(item,left,right);
    return temp;
}

//创建树
public static BTNode makeTree(){
    BTNode b, c, d, e, f, g;
    g=getTreeNode(new Character('G'), null, null);
```

```
        d=getTreeNode(new Character('D'), null, g);
        b=getTreeNode(new Character('B'), d, null);
        e=getTreeNode(new Character('E'), null, null);
        f=getTreeNode(new Character('F'), null, null);
        c=getTreeNode(new Character('C'), e, f);
        return getTreeNode(new Character('A'), b, c);
    }
    //先根遍历
        public void preOrder(BTNode t){
            if(t !=null){
                System.out.print(t.data+" ");
                preOrder(t.getLeft());
                preOrder(t.getRight());
            }
        }
        //中根遍历
        public void inOrder(BTNode t){
            if(t !=null){
                inOrder(t.getLeft());
                System.out.print(t.data+" ");
                inOrder(t.getRight());
            }
        }
        //后根遍历
        public void postOrder(BTNode t){
            if(t !=null){
                postOrder(t.getLeft());
                postOrder(t.getRight());
                System.out.print(t.data+" ");
            }
        }
        //层序遍历
        public void levelOrder(BTNode t)throws Exception{
            LinQueue q=new LinQueue();              //创建链式队列对象
            if(t==null)
                return;
            BTNode curr;
            q.append(t);                            //根节点入队列
            while(!q.notEmpty()){
                curr=(BTNode)q.delete();
                System.out.print(curr.data+" ");    //访问节点
                if(curr.getLeft()!=null)
                    q.append(curr.getLeft());       //左孩子节点入队列
                if(curr.getRight()!=null)
                    q.append(curr.getRight());      //右孩子节点入队列
            }
        }
    }
```

```
//测试类
public class Test1 {
    public static void main(String[] args){
        BTree bt=new BTree();
        BTNode root1;
        BTNode temp;
        //创建树
        root1=bt.makeTree();
        System.out.print("先根遍历节点序列为:");
        bt.preOrder(root1);
        System.out.println();

        System.out.print("中序遍历节点序列为:");
        bt.inOrder(root1);
        System.out.println();

        System.out.print("后序遍历节点序列为:");
        bt.postOrder(root1);
        System.out.println();

        System.out.print("层序遍历节点序列为:");
        try{
            bt.levelOrder(root1);
            System.out.println();
        }
        catch(Exception e){
            e.printStackTrace();
        }
    }
}
```

如图 6.18 所示的二叉树,可得到结果如附图 1-1 所示。

```
先根遍历节点序列为: A B D E G C F
中序遍历节点序列为: D B G E A C F
后序遍历节点序列为: D G E B F C A
层序遍历节点序列为: A B C D E F G
```

附图 1-1　二叉树的遍历结果

2. 哈夫曼算法的实现

```
public class HaffNode{                          //哈夫曼树的节点类
    int weight;                                 //权值
    int flag;                                   //标记
    int parent;                                 //双亲节点下标
    int leftChild;                              //左孩子下标
    int rightChild;                             //右孩子下标
```

```
    public HaffNode(){
    }
}
//保存哈夫曼编码的哈夫曼编码类
public class Code{                                //哈夫曼编码类
    int[] bit;                                    //数组
    int start;                                    //编码的起始下标
    int weight;                                   //字符的权值

    public Code(int n){
        bit=new int[n];
        start=n -1;
    }
}

//构造哈夫曼树类
public class HaffmanTree{
    static final int maxValue=10000;              //最大权值
    private int nodeNum;                          //叶节点个数

    public HaffmanTree(int n){
        nodeNum=n;
    }

    public void haffman(int[] weight, HaffNode[] node){
    //构造权值为 weight 的哈夫曼树 haffTree
        int m1, m2, x1, x2;
        int n=nodeNum;

        //哈夫曼树 haffTree 初始化。n 个叶节点的哈夫曼树共有 2n-1 个节点
        for(int i=0; i <2 * n -1; i ++){
            HaffNode temp=new HaffNode();
            if(i <n)
                temp.weight=weight[i];
            else
                temp.weight=0;
            temp.parent=0;
            temp.flag=0;
            temp.leftChild=-1;
            temp.rightChild=-1;
            node[i]=temp;
        }

        //构造哈夫曼树 haffTree 的 n-1 个非叶节点
        for(int i=0; i <n -1; i++){
            m1=m2=maxValue;
            x1=x2=0;
            for(int j=0; j <n+i; j ++){
```

```
                if(node[j].weight <m1 && node[j].flag==0){
                    m2=m1;
                    x2=x1;
                    m1=node[j].weight;
                    x1=j;
                }
                else if(node[j].weight <m2 && node[j].flag==0){
                    m2=node[j].weight;
                    x2=j;
                }
            }

            //将找出的两棵权值最小的子树合并为一棵子树
            node[x1].parent=n+i;
            node[x2].parent=n+i;
            node[x1].flag=1;
            node[x2].flag=1;
            node[n+i].weight=node[x1].weight+node[x2].weight;
            node[n+i].leftChild=x1;
            node[n+i].rightChild=x2;
        }
    }

    public void haffmanCode(HaffNode[] node, Code[] haffCode){
        //由哈夫曼树 haffTree 构造哈夫曼编码 haffCode
        int n=nodeNum;
        Code cd=new Code(n);
        int child, parent;

        //求 n 个叶节点的哈夫曼编码
        for(int i=0; i <n; i ++){
            cd.start=n -1;                              //不等长编码的最后一位为 n-1
            cd.weight=node[i].weight;                   //取得编码对应的权值
            child=i;
            parent=node[child].parent;

            while(parent !=0){
            //由叶节点向上直到根节点循环
                if(node[parent].leftChild==child)
                    cd.bit[cd.start]=0;                 //左孩子节点编码 0
                else
                    cd.bit[cd.start]=1;                 //右孩子节点编码 1
                cd.start --;
                child=parent;
                parent=node[child].parent;
            }

            Code temp=new Code(n);

            //保存叶节点的编码和不等长编码的起始位
```

```
            for(int j=cd.start+1; j <n; j++)
            temp.bit[j]=cd.bit[j];
            temp.start  =cd.start;
            temp.weight=cd.weight;
            haffCode[i]=temp;
        }
    }
}
//应用案例 1 的哈夫曼编码
public class Test2 {
    public static void main(String[] args){
        int n=5;
        HaffmanTree myHaff=new HaffmanTree(n);
        int[] weight={2, 4, 2, 3, 3};
        HaffNode[] node=new HaffNode[2 * n+1];
        Code[] haffCode=new Code[n];
        myHaff.haffman(weight, node);
        myHaff.haffmanCode(node, haffCode);

        for(int i=0; i <n; i ++){
            System.out.print("Weight="+haffCode[i].weight+" Code=");
            for(int j=haffCode[i].start+1; j <n; j ++)
                System.out.print(haffCode[i].bit[j]);
            System.out.println();
        }
    }
}
```

第 7 章

1. 图的存储结构

```
//建立无向网的邻接矩阵
public class AdjMWGraph {
    static final int maxWeight=10000;
    private int[][] edge;                //存储边的二维数组
    private SeqList vertices;            //存储节点的顺序表
    private int numofEdges;              //边数
    int i,j;
    public AdjMWGraph(int maxV){         //构造函数。maxV 为节点个数
        vertices=new SeqList(maxV);      //创建顶点顺序表 vertices
        edge=new int[maxV][maxV];        //创建边的二维数组
        for(i=0;i<maxV;i++){
            for(j=0;j<maxV;j++){
                if(i==j) edge[i][j]=0;   //二维数组中对角线的情况
```

```
                else
                {
                    edge[i][j]=maxWeight;
                    edge[j][i]=maxWeight;          //如果是有向图,则省略这一行代码
                }
            }
        }
        numofEdges=0;                              //初始化边数为 0
    }
    //返回节点的个数
    public int getNumofVertices(){
        return vertices.size;
    }
    //返回边的个数
    public int getNumofEdges(){
        return numofEdges;
    }
    public int getWeight(int v1, int v2) throws Exception{
    //返回边<v1,v2>的权值
        if(v1 <0 || v1 >=vertices.size || v2 <0 || v2 >=vertices.size)
            throw new Exception("参数 v1 或 v2 越界出错!");
        return edge[v1][v2];
    }
    //插入节点
    public void insertVertex(Object vertex)throws Exception{
        vertices.insert(vertices.size, vertex);
    }
    //把边放入邻接矩阵中
    public void insertEdge(int v1,int v2,int weight)throws Exception{
        if(v1<0||v1>vertices.size||v2<0||v2>vertices.size)
            throw new Exception("边界越界!");
        edge[v1][v2]=weight;
        numofEdges++;
    }
}
```

2. 以图 7.6 所示的带权图为例,编写测试邻接程序

测试程序设计如下:

```
public class Test {
    public static void main(String[] args){
        int n=5,e=7;     //n 为顶点数,e 为边数
        AdjMWGraph g=new AdjMWGraph(n);
        String[]a={new String("V0"),
                new String("V1"),
                new String("V2"),
                new String("V3"),
```

```
            new String("V4")};
        RowColWeight[] rcw={new RowColWeight(0,1,30),
            new RowColWeight(0,3,60),
            new RowColWeight(0,4,20),
            new RowColWeight(1,2,10),
            new RowColWeight(1,4,90),
            new RowColWeight(2,3,50),
            new RowColWeight(3,4,70)};
        try{
            RowColWeight.createGraph(g, a, n, rcw, e);
            System.out.println("节点个数为:"+g.getNumofVertices());
            System.out.println("边的个数为:"+g.getNumofEdges());
            System.out.println("边的信息为:");
            for(int i=0;i<e;i++){
                if(rcw[i].weight!=0&&rcw[i].weight!=10000){
                    System.out.println(a[rcw[i].row].toString()+"-->"+a
                    [rcw[i].col]+":"+rcw[i].weight);
                }
            }
        }
        catch(Exception ex){
            ex.printStackTrace();
        }
    }
}
```

3. 图的遍历

(1) 连通图的深度优先搜索

深度优先搜索是递归定义的,所以很容易写出它的递归算法,以邻接矩阵作为图的存储结构的深度优先搜索遍历算法描述如下,在邻接矩阵图类 AdjMWGraph 中添加如下方法。

```
//以图 7.6 为例图,以 i 为起点的深度优先搜索,visited 数组代表顶点被访问的状态,false 表
  示未访问过
  public void DFS(int i,boolean [] visited)
  {
      System.out.print(vertices.listArray[i]+"-->");      //访问顶点 vi
      visited[i]=true;
      for (j=0;j<vertices.size;j++)
      if ((edge[i][j]!=0&&edge[i][j]!=1000)&&(!visited[j]))  //找出与 i 邻接的点 j
          DFS(j,visited);
  }/*DFS*/
```

(2) 连通图的广度优先搜索

```
/*以图 7.6 为例图,从第 i 个顶点出发广度优先遍历图 G*/
```

```
public void  BFS(int i,boolean [] visited)throws Exception{
        int k;
        SeqQueue queue=new SeqQueue();                         /* 创建顺序队列 */
        System.out.print(vertices.listArray[i]+"-->");  /* 访问顶点 vi */
        visited[i]=true;                                       /* 置已访问标记 */
        queue.append(new Integer(i));                          /* 节点 i 入队列 */
        while (!queue.isEmpty()){
            k=((Integer)queue.delete()).intValue();         /* 队头顶点出队列 */
            for (j=0;j<vertices.size;j++)
              if ((edge[k][j]!=0&&edge[k][j]!=10000)&&(!visited[j])){
                                                               //找出与 k 邻接的点 j
                  System.out.print(vertices.listArray[j]+"-->");
                                                               /* 输出连接的顶点 vj */
                  visited[j]=true;
                  queue.append(new Integer(j));                /* vj 入队列 */
              }
        }
} /* BFS */
```

(3) 测试程序

以图 7.6 所示的带权图为例，编写测试上述深度优先和广度优先遍历成员方法的程序。测试程序设计如下：

```
public class Test {
    public static void main(String[] args){
        int n=5,e=7;
        boolean visited[]=new boolean[20];     //标记节点是否已被访问过
        AdjMWGraph g=new AdjMWGraph(n);
        String[]a={new String("V0"),
                new String("V1"),
                new String("V2"),
                new String("V3"),
                new String("V4")};
        RowColWeight[] rcw={new RowColWeight(0,1,30),
                new RowColWeight(0,3,60),
                new RowColWeight(0,4,20),
                new RowColWeight(1,2,10),
                new RowColWeight(1,4,90),
                new RowColWeight(2,3,50),
                new RowColWeight(3,4,70)};
            try{
                RowColWeight.createGraph(g, a, n, rcw, e);
                System.out.println("节点个数为:"+g.getNumofVertices());
                System.out.println("边的个数为:"+g.getNumofEdges());
                System.out.println("边的信息为:");
                for(int i=0;i<e;i++){
                    if(rcw[i].weight!=0&&rcw[i].weight!=10000){
                        System.out.println(a[rcw[i].row].toString()+"-->"+a
                        [rcw[i].col]+":"+rcw[i].weight);
```

```
                    }
                }
                g.DFS(0, visited);
                System.out.println("end");
                for(int i=0;i<visited.length;i++)
                    visited[i]=false;      //在广度优先搜索前,重新设置节点为"未拜访"
                g.BFS(0, visited);
                System.out.println("end");
            }
            catch(Exception ex){
                ex.printStackTrace();
            }
    }
}
```

4. 最小生成树

(1) 最小生成树 MinSpanTree 类的定义

```
public class MinSpanTree{
    Object vertex;      //顶点数据
    int weight;
    MinSpanTree(){
    }
    MinSpanTree(Object obj, int w){
        vertex=obj;
        weight=w;
    }
}
```

(2) 普里姆方法的设计

```
public class Prim{
    static final int maxWeight=10000;
    //用 Prim 方法建立带权图 g 的最小生成树
    public static void prim(AdjMWGraph g, MinSpanTree[] closeVertex) throws
    Exception{
        int n=g.getNumofVertices();
        int minCost;
        int[] lowCost=new int[n];
        int k=0;
        for(int i=1; i <n; i ++)
            lowCost[i]=g.getWeight(0, i);          //lowCost 的初始值
        MinSpanTree temp=new MinSpanTree();
        //从节点 0 出发构造最小生成树
        temp.vertex=g.getValue(0);
        closeVertex[0]=temp;                        //保存节点 0
        lowCost[0]=-1;                              //标记节点 0
```

```
        //寻找当前最小权值的边所对应的弧头节点 k
        for(int i=1; i<n; i++){
            minCost=maxWeight;             //maxWeight 为定义的最大权值
            for(int j=1; j<n; j++){
                if(lowCost[j]<minCost && lowCost[j]>0){
                    minCost=lowCost[j];
                    k=j;
                }
            }

            MinSpanTree curr=new MinSpanTree();
            curr.vertex=g.getValue(k);     //保存弧头节点 k
            curr.weight=minCost;           //保存相应权值
            closeVertex[i]=curr;
            lowCost[k]=-1;                 //标记节点 k
            //根据加入集合 U 的节点 k 修改 lowCost 中的数值
            for(int j=1; j<n; j++){
                if(g.getWeight(k, j)<lowCost[j])
                    lowCost[j]=g.getWeight(k, j);
            }
        }
    }
}
```

(3) 以图 7.6 所示的无向连通带权图为例设计测试 prim()方法的程序

```
public class Exam7_3{
    static final int maxVertices=100;            //设置最大顶点数
    public static void createGraph(AdjMWGraph g, Object[] v, int n, RowColWeight[]
    rc, int e) throws Exception{
        for(int i=0; i<n; i++)
            g.insertVertex(v[i]);
        for(int k=0; k<e; k++)
            g.insertEdge(rc[k].row, rc[k].col, rc[k].weight);
    }

    public static void main(String[] args){
        int n=5,e=7;
        AdjMWGraph g=new AdjMWGraph(n);
        String[]a={new String("V0"),
                new String("V1"),
                new String("V2"),
                new String("V3"),
                new String("V4")};
        RowColWeight[] rcw={new RowColWeight(0,1,30),
                new RowColWeight(0,3,60),
                new RowColWeight(0,4,20),
                new RowColWeight(1,2,10),
```

```
                new RowColWeight(1,4,90),
                new RowColWeight(2,3,50),
                new RowColWeight(3,4,70)};
        try{
            createGraph(g,a,n,rcw,e);
            MinSpanTree[] closeVertex=new MinSpanTree[7];
            Prim.prim(g, closeVertex);
            System.out.println("初始顶点="+closeVertex[0].vertex);
            for(int i=1; i <n; i ++)
                System.out.println("顶点="+closeVertex[i].vertex+"  边的权值="+
                    closeVertex[i].weight);
        }
        catch (Exception ex){
            ex.printStackTrace();
        }
    }
}
```

程序运行结果如附图 1-2 所示。

```
初始顶点 = v0
顶点 = v4  边的权值 = 20
顶点 = v1  边的权值 = 30
顶点 = v2  边的权值 = 10
顶点 = v3  边的权值 = 50
```

附图 1-2 程序运行结果

5. 最短路径

(1) 采用邻接矩阵做存储结构,以图 7.16(a)为例,用迪杰斯特拉算法求最短路径的算法描述。

```
//dijkstra 算法,求有向网 G 的 v0 顶点到其余顶点 v 的最短路径 path[v]及带权长度 D[v]
/* path[v]的值为前驱顶点下标,D[v]表示 v0 到 v 的最短路径长度之和 */
public class Dijkstra{
    Static final int INFINITY=9999;
    public static void dijkstra(AdjMWGraph G, int v0, int path[], int D[])throws
    Exception{
        int v,w,k=0,min;                    //v、w 为循环变量
        int final1[]=new int[MAXVEX];/* final[w]=1 表示求得顶点 v0 至 w 的最短路径 */
        /* 初始化数据 */
        for(v=0; v<G.getNumofVertices(); v++){
            final1[v]=0;                    /* 全部顶点初始化为未知最短路径的状态 */
            D[v]=G.getWeight(v0, v);        /* 将与 v0 点有连线的顶点加上权值 */
            if(v!=v0 && D[v]<INFINITY)
                path[v]=v0;                 /* 初始的目标节点的前一节点均为 v0 */
            else
                path[v]=-1;
        }
```

```
        //D[v0]=0;                                      /* v0 至 v0 路径为 0 */
        final1[v0]=1;                                   /* v0 至 v0 不需要求路径 */
        /* 开始主循环,每次求得 v0 到某个 v 顶点的最短路径 */
        for(v=1; v<G.getNumofVertices(); v++)      {
            min=INFINITY;                               /* 当前所知离 v0 顶点的最近距离 */
            for(w=0; w<G.getNumofVertices(); w++) /* 寻找离 v0 最近的顶点 */
                if((final1[w]==0) && D[w]<min){
                    k=w;
                    min=D[w];                           /* w 顶点离 v0 顶点更近 */
                }

            final1[k]=1;                                /* 将目前找到的最近的顶点置为 1 */
            /* 修正当前最短路径及距离 */
            for(w=0; w<G.getNumofVertices(); w++)
                /* 如果经过 v 顶点的路径比现在这条路径的长度短 */
                if ((final1[w]==0) && (G.getWeight(k, w)<INFINITY)&&(D[k]+G.
                  getWeight(k, w)<D[w]))
                { /* 说明找到了更短的路径,修改 D[w]和 P[w] */
                    D[w]=D[k]+G.getWeight(k, w);   /* 修改当前路径的长度 */
                    path[w]=k;
                }
        }
    }/* dijkstra 方法 */
/* 这里可以添加下面的输出路径的方法为 PrintPath */
}* Dijkstra 类 *
```

输出最短路径的算法描述如下:

```
//输出源点 v0 到其余顶点的最短路径和路径长度,路径逆序输出
public static void PrintPath(AdjMWGraph G,int v0,int path[],int d[])
{
    int i,j;
    System.out.println("最短路径及最短路径长度为:");
    for(i=1;i<G.getNumofVertices();i++)
        if(d[i]<INFINITY&&i!=0)
        {
            System.out.print("v"+i+"<--");
            j=path[i];
            while(j!=v0)
            {
                System.out.print("v"+j+"<--");
                j=path[j];
            }
            System.out.print("v0");            //源点都是 v0
            System.out.println(":"+d[i]);
            System.out.println();
        }
}
```

(2) 以图 7.16(a)的有向带权图为例，设计测试上述 Dijkstra 最短路径方法，从 v_0 出发。因为这是有向图，要修改一下 AdjMWGraph 相应的代码，相应类名修改为 AdjMWGraph1 以示区分。

```
public class AdjMWGraph1 {
    static final int maxWeight=10000;
    private int[][] edge;
    private SeqList vertices;                  //存储节点的顺序表
    private int numofEdges;                    //边数
    int i,j;
    public AdjMWGraph1(int maxV){
        vertices=new SeqList(maxV);
        edge=new int[maxV][maxV];
        for(i=0;i<maxV;i++){
            for(j=0;j<maxV;j++){
                if(i==j) edge[i][j]=0;
                else
                    {edge[i][j]=maxWeight;}
            }
        }
        numofEdges=0;
    }
    //返回节点的个数
    public int getNumofVertices(){
        return vertices.size;
    }
    //返回边的个数
    public int getNumofEdges(){
        return numofEdges;
    }
    public int getWeight(int v1, int v2) throws Exception{
        //返回边<v1,v2>的权值
        if(v1 <0 || v1 >=vertices.size || v2 <0 || v2 >=vertices.size)
            throw new Exception("参数 v1 或 v2 越界出错!");
        return edge[v1][v2];
    }
    //插入节点
    public void insertVertex(Object vertex)throws Exception{
        vertices.insert(vertices.size, vertex);
    }
    //把边放入邻接矩阵中
    public void insertEdge(int v1,int v2,int weight)throws Exception{
        if(v1<0||v1>vertices.size||v2<0||v2>vertices.size)
            throw new Exception("边界越界!");
        edge[v1][v2]=weight;
        numofEdges++;
    }
}
```

```
//以图 7.16(a)的有向带权图为例,设计测试类
public class Exam7_4 {
    static final int maxVertices=100;
    public static void createGraph(AdjMWGraph1 g, Object[] v, int n, RowColWeight[]
    rc, int e) throws Exception{
        for(int i=0; i <n; i ++)
            g.insertVertex(v[i]);
        for(int k=0; k <e; k ++)
            g.insertEdge(rc[k].row, rc[k].col, rc[k].weight);
    }
    public static void main(String[] args){
        AdjMWGraph1 g=new AdjMWGraph1(maxVertices);
        String[]a={new String("V0"),
                new String("V1"),
                new String("V2"),
                new String("V3"),
                new String("V4"),
                new String("V5"),
                new String("V6")};
        RowColWeight[] rcw={new RowColWeight(0,1,8),
                new RowColWeight(0,3,30),
                new RowColWeight(0,5,13),
                new RowColWeight(0,6,32),
                new RowColWeight(1,2,5),
                new RowColWeight(2,3,6),
                new RowColWeight(3,4,2),
                new RowColWeight(5,4,9),
                new RowColWeight(5,6,7),
                new RowColWeight(6,4,17)};
                  int n=7,e=10;                    //7 个顶点 10 条边
            try{
                createGraph(g,a,n,rcw,e);
                int[] d=new int[n];
                int[] path=new int[n];
                Dijkstra.dijkstra(g, 0, path, d); //求从 v0 出发的最短路径
                Dijkstra.PrintPath(g,0,path,d);  //输出相应信息
            }
            catch(Exception ex){
              ex.printStackTrace();
            }
    }
}
```

第 8 章

1. 数据结构的定义

```
public class RecordType
```

```
{
    KeyType key;                    /* 关键字域 */
    ...                             /* 其他域 */
}
```

2. 典型算法与分析

```
int SeqSearch(RecordType[] r, KeyType k)
{                                   /* 返回关键字值等于 k 的数据元素在表 r 中的位置 */
    int n=r.length,                 /* n 为表中元素的个数 */
    i=n;
    r[0].key=k;                     /* 监视哨 */
    while (r[i]. key!=k)  i--;
    if (i>0) return  (i);           /* 查找成功 */
    else return(-1);                /* 查找失败 */
}/* SeqSearch */
```

3. 折半查找算法

```
int BinSearch(RecordType[] r, KeyType k)
{   /* 返回关键字值等于 k 的数据元素在表 r 中的位置 */
    int n=r.length,                         /* n 为表中元素的个数 */
    int low=0,high=0,mid=0;
    low=1;high=n;
    while (low<=high)
    {
        mid=(low+high)/2;                   /* 取表的中间位置 */
        if (k==r[mid].key)
            return (mid);                   /* 查找成功 */
        else
        if (k<r[mid].key)
            high=mid-1;                     /* 在左子表中查找 */
        else
            low=mid+1;                      /* 在右子表中查找 */
    }
    return (-1);                            /* 查找失败 */
}/* BinSearch */
```

4. 哈希表的查找

```
int hSearch(HTable[] ht, int key)
    {   int h0=key %m;                      /* 求哈希地址 */
        if(ht[h0].key==0)
            return -1;                      /* NULLKEY 为空值,查找失败 */
        else
            if (ht[h0].key==key)
```

```
            return h0;                          /*查找成功*/
        else                                    /*用线性探测法处理冲突*/
        {
            for(int i=1;i<=m-1;i++)
            {   int  hi=(h0+i)%m;
                if(ht[hi].key==0)
                    return -1;                  /*查找失败*/
                else
                    if(ht[hi].key==key)  return(hi);    /*查找成功*/
            }/*for*/
            return -1;
        }/*else*/
    } /*HSearch*/
```

第 9 章

1. 直接插入排序

```
//算法分析
void InsertSort (RecData  r)
/*对记录数组r[1..n]做直接插入排序*/
{   int  i,j;
    int n=r.length-1;
    for (i=2;i<=n;i++)
    {   r[0]=r[i];              /*将r[i]存入监视哨r[0]中*/
        j=i-1;
        while (r[0].key<r[j].key)
        {   r[j+1]=r[j];
            /*将关键字大于r[i].key的记录后移*/
            j--;
        }
        r[j+1]=r[0];            /*将r[i]插入到正确的位置*/
    }
}  /*InsertSort*/
```

2. 折半插入排序

```
void BinSort(RecData r)
    /*对记录数组r[1..n]进行折半插入排序*/
    {
        int  i, j, low, high, mid;
        int n=r.length-1;
        for (i=2;i<=n;i++)
```

```
        {   r[0]=r[i];low=1;high=i-1;
            while (low<=high)               /*确定插入位置*/
            {   mid=(low+high)/2;
                if (r[0].key<r[mid].key)
                    high=mid-1;
                else
                    low=mid+1;
            }
            for (j=i-1;j>=low;--j)          /*记录依次向后移动*/
                r[j+1]=r[j];
            r[low]=r[0];                    /*待排记录插入到已排序序列中*/
        }
    }/ *BinSort*/
```

3. 希尔排序

一趟希尔排序算法描述如下：

```
void ShellInst (RecData r,int d)
/*对数据记录 r[1..n]做一趟希尔排序,d 为增量*/
{   int i, j;
    int n=r.length -1;
    for (i=d+1; i<=n; i++)
    /*d+1 是第一个子序列的第二个记录的下标*/
        if (r[i].key<r[i-d].key)
        {   r[0]=r[i];      /*r[0]不是监视哨,仅做备份 r[i]*/
            j=i-d;
            while (j>0 && r[0].key<r[j].key)
            {   r[j+d]=r[j];
                j=j-d;
            }
            r[j+d]=r[0];
        }
}/*ShellInst*/
```

希尔排序算法描述如下：

```
void ShellSort (RecData r,int d[ ],int k)
/*对记录 r[1..n]做希尔排序,d 为增量数组,k 为增量数组的大小*/
{   int i;
    for (i=1;i<=k;++i)
        ShellInst(r,d[i]);          /*以 d[i]为增量*/
}/*ShellSort*/
```

4. 冒泡排序

```
void BubbleSort (RecData r)
/*对记录 r[1..n]进行冒泡排序*/
```

```
{   int i,j;                              /* swap为交换标志 */
    Boolean swap;
    int n=r.length;
    for (i=1; i<n; i++)
    {   swap=false;                       /* 每趟排序开始前,swap=false */
        for (j=1 ;j<=n-i;j++)
            if (r[j+1].key<r[j].key)
            {   r[j+1] <->r[j];           /* 交换记录 */
                swap=true;                /* 发生过记录交换 */
            }
        if (!swap)                        /* 本趟不发生记录交换,提前终止 */
        return;
    }
}/* BubbleSort */
```

5. 快速排序

```
public int QuickPass (RecData r,int i,int j)
/* 对序列 r[i..j]进行一趟快速排序 */
{   r[0]=r[i];                       /* 选择第 i 个记录做基准记录 */
    while (i<j)
    {   while (i<j && r[j].key>=r[0].key)
            j--;                     /* j 从右向左找小于 r[0].key 的记录 */
        if (i<j)
        {   r[i]=r[j];               /* 找到小于 r[0].key 的记录并交换 */
            i++;
        }
        while (i<j && r[i].key<r[0].key)
            i++;                     /* i 从左向右找大于 r[0].key 的记录 */
        if (i<j)
        {   r[j]=r[i];               /* 找到大于 r[0].key 的记录并交换 */
            j--;
        }
        r[i]=r[0] ;
        return i;
    }
}/* QuickPass */
```

快速排序的递归算法描述如下：

```
public void QuickSort (RecData r,int l,int h)
{   int k;
    if (l<h)
    {   k=QuickPass (r,l,h);                  /* 对 r[l..h]划分 */
        QuickSort (r,l,k-1);                  /* 对左区间递归排序 */
        QuickSort (r,k+1,h);                  /* 对右区间递归排序 */
    }
}/* QuickSort */
```

6. 直接选择排序

```
public void SelectSort (RecData r)
{   int i,j,k;
    int n=r.length;
    for (i=1;i<=n-1;++i)
    {   k=i;
        for (j=i+1;j<=n;++j)
            if (r[j].key<r[k].key)      /* 选出关键字最小的记录 */
                k=j;                    /* k 保存当前找到的最小关键字的记录位置 */
            if (k!=i)
            {   r[i] <->r[k];           /* 交换 r[i]和 r[k] */
            }
    }
}/* SelectSort */
```

7. 堆排序

筛选算法描述如下：

```
public void  sift(RecData[] r,int low,int high)
    /* 设 r[low..high]是以 r[low]为根节点的完全二叉树,调整 r[low],使二叉树成为新堆 */
    {
        int i,j;
        r[0]=r[low];                    /* 暂存堆顶记录 */
        i=low;
        j=2 * i;                        /* r[i]的左孩子的位置 */
        while (j<=high)
        {
            if (j<high && r[j].key<r[j+1].key)
                j++;                    /* 选择左右孩子中较大者 */
            if (r[0].key<r[j].key)      /* 当前节点小于左右孩子的较大者 */
            {
                r[i]=r[j];i=j;j=2 * i;
            }
            else                        /* 当前节点不小于左右孩子 */
                j=high+1;
        }
        r[i]=r[0];                      /* 堆顶记录填入适当位置 */
    }/* sift */
```

创建大顶堆算法的描述如下：

```
public void buildHeap(RecData[] r,int n)
{
    int i;
    for (i=n/2;i>0;i--)            /* 建立初始堆 */
        sift(r,i,n);
}/* buildHeap */
```

堆排序算法的描述如下：

```
public void heapSort (RecData[] r,int n)
{
    int i;
    buildHeap(r,n);
    for (i=n;i>1;i--)
    {   r[0]=r[i];          /*将堆顶记录与最后一条记录交换*/
        sift(r,1,i-1);      /*调整堆*/
    }
}/*heapSort*/
```

8. 归并排序

```
void Merge (RecData r1,int low,int mid,int high,RecData r)
/*将两个有序序列 r1[low..mid]和 r1[mid+1..high]归并为一个有序序列 r[low..high]*/
{   int i=low,j=mid+1,k=low;
    while ((i<=mid) && (j<=high))
    {   if (r1[i].key<=r1[j].key)           /*比较两个子序列的当前记录*/
        {   r[k]=r1[i];
            ++i;
        }
        else
        {   r[k]=r1[j];
            ++j;
        }
        ++k;
    }
    while (i<=mid)                          /*复制 r1[low..mid]中剩余的记录*/
    r[k++]=r1[i++];
    while (j<=high)                         /*复制 r1[mid+1..high]中剩余的记录*/
    r[k++]=r1[j++];
}/*Merge*/
```

一趟归并算法的描述如下：

```
void MergePass (RecData r1,RecData r,int len,int n)
/*对 r1[1..n]进行一趟排序,排序结果存入 r[1..n]中,len 为有序子序列长度*/
{   int i;
    i=1;
    while ((i+2*len-1)<=n)          /*两两归并长度为 len 的子序列*/
    {   Merge (r1,i,i+len-1,i+2*len-1,r);
        i=i+2*len;
    }
    if ((i+len-1)<n)            /*归并长度为 len 和长度小于 len 的最后两个子序列*/
        Merge (r1,i,i+len-1,n,r);
    else
```

```
    while (i<=n)              /*复制最后一个子序列,长度小于 length*/
    {
        r[i]=r1[i];  i++;
    }
}/*MergePass*/
```

归并排序算法的描述如下：

```
void MergeSort (RecData r,int n)
/*对记录 r[1..n]二路归并排序,r2 为辅助空间*/
{   RecData  r2;
    int l=1;                            /*l 为子序列长度,初始值为 1*/
    while (l<n)
    {   MergePass(r,r2,l,n);            /*将 r 归并到 r2 中*/
        l=l*2;                          /*修改子序列的长度*/
        MergePass(r2,r,l,n);            /*将 r2 归并到 r 中*/
        l=l*2;
    }
}/*MergeSort*/
```

习 题 答 案

第 1 章

1. 填空题

(1) 线性结构　树形结构　图形结构

(2) 一对一　一对多　多对多

(3) 效率　人对算法阅读理解的难易程度　对于非法的输入数据,算法能给出相应的响应,而不是产生不可预料的后果

(4) 时间复杂度

2. 选择题

(1) C　(2) C

3. 简答题

程序 1 答案:$n-1$　$O(n)$

程序 2 答案:$n-1$　$O(n)$

程序 3 答案:$11*n+1$　$O(n)$(n 为初始值 100)

程序 4 答案:$\lfloor\sqrt{n}\rfloor$　$O(\sqrt{n})$

第 2 章

1. 填空题

(1) 顺序存储　链式存储

(2) addr+m*i

(3) n-i+1

(4) [0,la]　[-1,lb-1]　[0,lc-1](其中,la、lb、lc 分别为三个顺序表的长度)

2. 选择题

(1) B　(2) A　C　(3) B

3. 算法设计题(略)

第 3 章

1. 填空题

(1) 1,2,4

(2) push,pop,push,push,pop,push,pop,pop

(3) 栈空　栈满

(4) s. top－－　s. top ＋＋

(5) 队尾　队头

(6) q. front＝＝q. rear　q. front＝＝(q. rear＋1)％MaxSize

(7) 21

2. 选择题

(1) D　(2) C　(3) A　(4) B　(5) A　(6) D　(7) C　(8) C

3. 算法设计题

(1) 算法设计题基本操作如下。

进队：

```
void  AddQueue(CirQueue * q, int r, int f, int x)
{
    Push(q,f,r,x,2)
}
```

出队：

```
Void  RemoveQueue(CirQueue * q, int r, int f)
{
    Pop(q,f,r,1)
}
```

将 x 下推进栈 i(i=1,2)：

```
Void  Push(stack * s, int t1, int t2,int x,int i)
{
    if (t2+1) mod n==t1
        printf("栈满")
    else
    {
        if (i==1)
        {  a[t1]=x;
           t1=(t1-1)mod n;
        }
        else
        {
            t2=(t2+1)mod n;
            a[t2]=x?;
        }
    }
}
```

将栈 i(i=1,2)的栈顶元素上托出栈：

```
Void  Pop (stack * s, int t1, int t2,int i)
{
    if (t1==t2)
        printf("栈空")
    else
    {
        if (i==1)
        {
            t1=(t1+1)mod n;
        }
        else
        {
            t2=(t211)mod n;
        }
    }
}
```

(2) 约瑟夫环

```
public void YueSeFu(int n,int k,int m) {
    int i;
    for(i=1;i<=n;i++)
        AddQueue(q,i);              //q为定义的顺序队列
    //前 k 个元素先出队再入队
    for(i=1;i<k;i++){
        Object x=DelQueue(q);   //出队
        AddQueue(q,x);              //入队
    }
    printf("出队序列:\n");
    while(!notEmpty()){
        for(i=1;i<m;i++){
            Object x=DelQueue(q);
            AddQueue(q,x);}
        //第 m 个出队并打印
        Object x=DelQueue(q);
        printf("%d ",x);
    }
}
```

第 4 章

1. 填空题

(1) 两个串的长度相等　对应位置的字符相等

(2) 含有 n 个字符的有限序列 $n \geqslant 0$

(3) 不含任何字符的串

(4) 仅含空格字符的字符串

(5) 固定长度　设置长度指针

2. 选择题

(1) B　(2) B　(3) D

3. 简答题

(1) 不含任何字符的串称为空串,其串长度为零;仅含有空格字符的串称为空格串,它的长度为串中空格符的个数。

空格符在字符串中可用来分隔一般的字符,便于阅读和识别,但空格符会占用有效串长。

空串在处理过程中可用于作为任意字符串的子串。

(2)

StrLength(s)=14

StrLength(t)=4

SubString(s,8,7)='STUDENT'

SubString(t,2,1)='O'

Index(s,'A')=3

Index(s,t)=0

4. 算法设计题

```
#include "stdafx.h"
#include <stdlib.h>
#include <stdio.h>

bool isdigit(char ch)
{
    if (ch <'0')
        return false;
    else if (ch >'9')
        return false;
    else
        return true;
}

int countint()
{
    int i=0;
    int a[100];
    int num=0;
    char ch='#';

    scanf("%c", &ch);
    while(ch !='#')
    {
        if (isdigit(ch))
```

```
        {
            num=0;
            while (isdigit(ch) && ch !='#')
            {
                num=num*10+(ch -'0');
                scanf("%c", &ch);
            }

            a[i]=num;
            i++;
        } //if

        if (ch !='#')
            scanf("%c", &ch);
    } //while

    printf("int count:%d:\n", i);

    for (int j=0; j <i; j++)
    {
        printf("%6d\n", a[j]);
    }

    return i;
}

int main(int argc, char* argv[])
{
    countint();
    return 0;
}
```

第 5 章

1. 填空题

(1) 线性结构　顺序结构　以行为主序　以列为主序

(2) $Loc(a[i][j])=Loc(a[0][0])+(j\times m+i)\times k$

(3) ((0,2,2),(1,0,3),(2,2,-1),(2,3,5))

(4) $n\times(n+1)/2$

(5) 41

2. 选择题

(1) C　(2) C　(3) B

3. 简答题

(1) 288字节　6×8×6=288(字节)

(2) 1282　Loc(a_{57})=1288−6=1282

(3) 1072　Loc(a_{14})=1000+(1×8+4)×6=1072

(4) 1276　Loc(a_{47})=1000+(7×6+4)×6=1276

4. 算法题

```
//chap05_xt01.cpp 为控制台程序定义入口指针

#include "stdafx.h"

#include <stdio.h>
#include <stdlib.h>

int main()
{
    int n, i, j, count=0;        //n 是数组的长度
    scanf("%d", &n);

    int * a=(int *)malloc(sizeof(int) * n);
    for (i=0; i <n; i++)
        scanf("%d", &a[i]);

    for (i=0; i <n; i++)
    {
        count=0;
        for (j=0; j <n; j++)
        {
            if (i==a[j])
            {
                count++;
            }
        }
        if (count==0)
            printf("%d does not appear in the array!\n", i);
        else
            printf("%d appear in the array for %d times\n", i, count);
    }
    free(a);
    return 0;
}
```

第 6 章

1. 填空题

(1) 16

(2) 34

(3) 2^{h-1}

(4) EFCGHDBA

(5) 2^h-1

2. 选择题

(1) C (2) A (3) D

3. 简答题

(1) 二叉树的叶节点有⑥、⑧、⑨。分支节点有①、②、③、④、⑤、⑦。节点①的层次为0;节点②、③的层次为1;节点④、⑤、⑥的层次为2;节点⑦、⑧的层次为3;节点⑨的层次为4。

(2) 节点个数为 n 时,高度最小的树的高度为1,有2层,它有 $n-1$ 个叶节点,1个分支节点。高度最大的树的高度为 $n-1$,有 n 层;它有1个叶节点,$n-1$ 个分支节点。

(3)

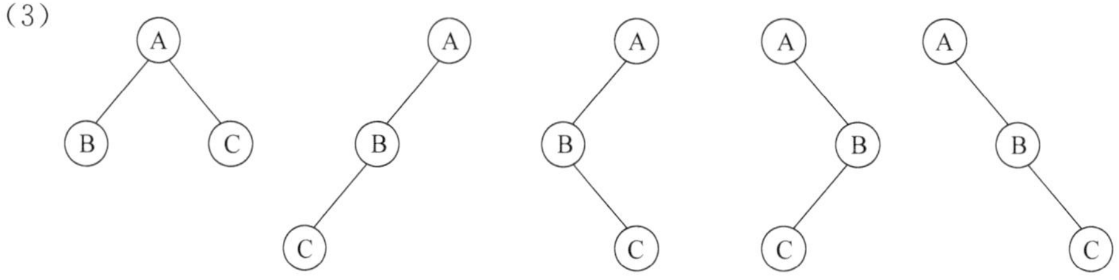

(4) 总节点数 $n=n_0+n_1+n_2+\cdots+n_m$

总分支数:$e=n-1=n_0+n_1+n_2+\cdots+n_m-1$

$=m*n_m+(m-1)*n_{m-1}+\cdots+2*n_2+n_1$

则有:$n_0=(\sum_{i=2}^{m}(i-1)n_i)+1$

(5)

① 二叉树的前序序列与中序序列相同:空树或缺左子树的单支树。

② 二叉树的中序序列与后序序列相同:空树或缺右子树的单支树。

③ 二叉树的前序序列与后序序列相同:空树或只有根节点的二叉树。

(6)

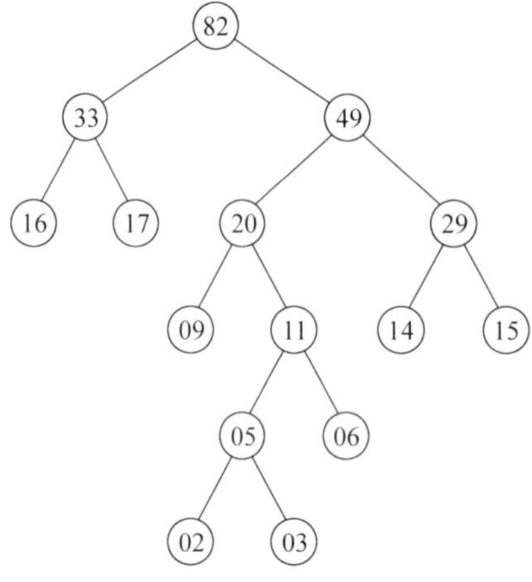

哈夫曼树的带权路径长度 WPL=229。

(7) 已知字母集{c1,c2,c3,c4,c5,c6,c7,c8},频率为{5,25,3,6,10,11,36,4},则

Huffman 编码为：

c1	c2	c3	c4	c5	c6	c7	c8
0110	10	0000	0111	001	010	11	0001

电文总码数为 4×5+2×25+4×3+4×6+3×10+3×11+2×36+4×4=257

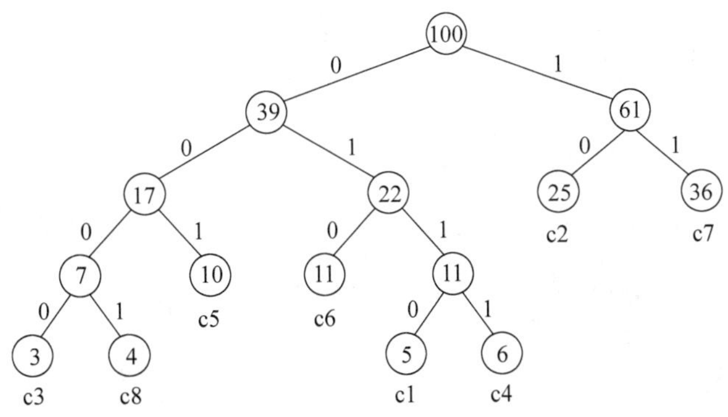

4. 算法设计题

非递归先根遍历树代码。

```
//定义堆栈,做非递归遍历算法
typedef struct
{
    SElemtype data[Maxsize];
    int top;
}SqStack;
//初始化堆栈
void Init1(SqStack * s)
{
    s->top=-1;
}
//判断是否为空
int Empty(SqStack s)
{
    return s.top==-1;
}
//压入堆栈
void Push(SqStack * s,SElemtype e)
{
    if(s->top==Maxsize-1)
    {printf("堆栈满\n");return;}
    s->top++;
    s->data[s->top]=e;
}
//弹出堆栈
void Pop(SqStack * s,SElemtype * e)
{
    if(s->top==-1)
```

```
    {printf("堆栈为空\n");return;}
     *e=s->data[s->top];
    s->top--;
}

//用非递归的方法做先根遍历
void Preorder2(BtNode  bt){
        BtNode p;
        SqStack s;
        p=bt;
        Init1(&s);                                  /*置栈空*/
        while (p || !Empty(s)) {
          if (p) {                                  /*二叉树非空*/
              printf("%c ",p->data);                /*访问根节点*/
                Push(&s,p);                         /*根指针进栈*/
              p=p->lchild;                          /*p移向左孩子*/
          }
          else{                                     /*栈非空*/
              Pop(&s,&p);                           /*双亲节点出栈*/
              p=p->rchild;                          /*p移向右孩子*/
          }
        } /*二叉树空且栈空*/
}
```

第　7　章

1. 填空题

(1) 对称

(2) $n\times(n-1)$

(3) 2

(4) 先根　层次

(5) $n-1$

(6) 4

2. 选择题

(1) A　(2) D

3. 简答题

(1)

①

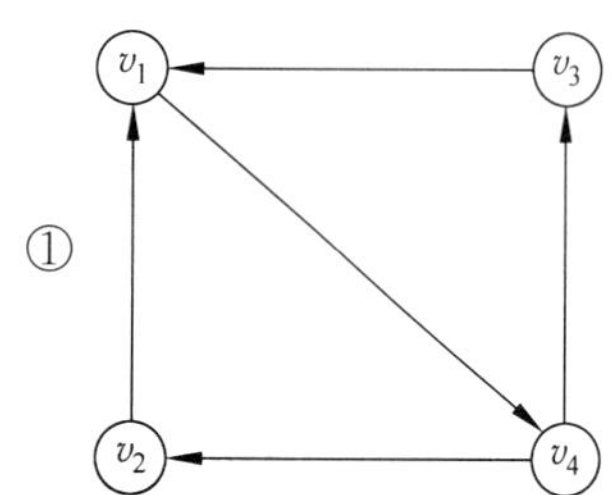

② $\begin{pmatrix} 0 & 0 & 0 & 1 \\ 1 & 0 & 0 & 0 \\ 1 & 0 & 0 & 0 \\ 0 & 1 & 1 & 0 \end{pmatrix}$

③ 每个顶点的入度和出度如下：

$ID(v_1)=2$， $OD(v_1)=1$，

$ID(v_2)=1$， $OD(v_2)=1$，

$ID(v_3)=1$， $OD(v_3)=1$，

$ID(v_4)=1$， $OD(v_4)=1$

(2) $dist(v_1,v_2)=20$；$dist(v_1,v_3)=15$；$dist(v_1,v_4)=29$；

$dist(v_1,v_5)=\infty$；$dist(v_1,v_6)=25$

(3) 对于图 7.19，还能写出多种不同的拓扑排序。例如：

$C_0,C_1,C_2,C_4,C_3,C_5,C_7,C_8,C_6$

$C_0,C_7,C_8,C_1,C_2,C_4,C_3,C_5,C_6$

还有很多拓扑有序序列，读者可自行写出。

(4) 最小生成树：

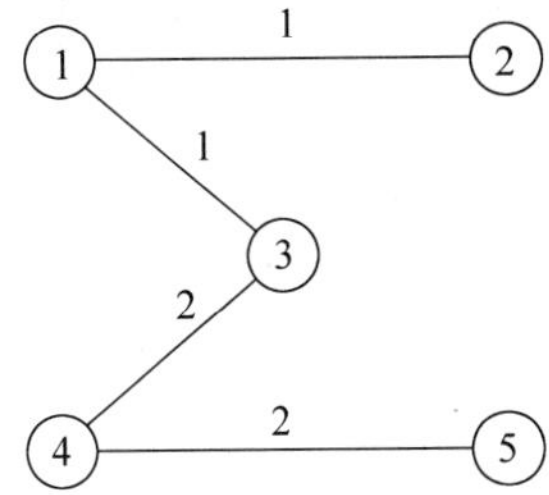

第 8 章

1. 填空题

(1) n $(n+1)/2$ $((n+1)*\log_2(n+1))/n-1$

(2) 哈希表查找法

(3) 顺序存储结构　有序的

(4) $O(n)$ $O(\log_2 n)$

(5) 2　4　3

(6) 节点个数 n　生成过程

(7) 二叉排序树

(8) 直接定址

(9) 素数

(10) 存取元素时发生冲突的可能性就越大　存取元素时发生冲突的可能性就越小

2. 选择题

(1) B　(2) C　(3) C　(4) D　(5) B

(6) C　(7) D　(8) B　(9) C　(10) D

(11) C　(12) B　(13) C

3. 简答题

(1) 不同的查找方法适用的范围不同,高效率的查找方法并不是在所有情况下都比其他查找方法效率要高,而且也不是在所有情况下都可以采用。

(2) $n-1$ 次

解析:设变量 max 和 min 用于存放最大元和最小元(的位置),第 1 次取两个元素进行比较,大的放入 max,小的放入 min。从第 2 次开始,每次取一个元素先和 max 比较,如果大于 max 则以它替换 max,并结束本次比较;若小于 max 则再与 min 相比较。在最好的情况下,比较下去都不用和 min 相比较,所以这种情况下,至少要进行 $n-1$ 次比较就能找到最大元和最小元。

(3) ① 不成功时需要 $n+1$ 次比较

② 成功时平均为$(n+1)/2$ 次

解析:有序表和无序表顺序查找时,都需要进行 $n+1$ 次比较才能确定查找失败。因此平均查找长度都为 $n+1$。查找成功时,平均查找长度都为$(n+1)/2$。有序表和无序表也是一样的。因为顺序查找与表的初始序列状态无关。

(4) ① 查找 a 的过程如下(圆括号表示当前比较的关键字)。经过三次比较,查找成功。

下标	1	2	3	4	5	6	7	8	9	10	11	12	13	区间
第 1 次比较	a	b	c	d	e	f	(g)	h	i	j	k	p	q	[a..q]
第 2 次比较	a	b	(c)	d	e	f	g	h	i	j	k	p	q	[a..f]
第 3 次比较	(a)	b	c	d	e	f	g	h	i	j	k	p	q	[a..b]

② 查找 g 的过程如下,一次即比较成功。

[a b c d ef (g) h i j k p q]

③ 查找 n 的过程如下。经过四次比较,查找失败。

下标	1	2	3	4	5	6	7	8	9	10	11	12	13	区间
第 1 次比较	a	b	c	d	e	f	(g)	h	i	j	k	p	q	[a..q]
第 2 次比较	a	b	c	d	e	f	g	h	i	(j)	k	p	q	[h..q]
第 3 次比较	a	b	c	d	e	f	g	h	i	j	k	(p)	q	[k..q]
第 4 次比较	a	b	c	d	e	f	g	h	i	j	(k)	p	q	[k]

(5) 通过公式"元素值 mod 13",得到如下表。

序号	1	2	3	4	5	6	7	8	9	10
元素值	32	75	29	63	48	94	25	46	18	70
初始地址	6	10	3	11	9	3	12	7	5	5
最终地址	6	10	3	11	9	4	12	7	5	8

构造的散列表如下：

0	1	2	3	4	5	6	7	8	9	10	11	12
			29	94	18	32	46	70	48	75	63	25

在等概率情况下成功的平均查找长度为：

$$(1\times7+2\times5+3\times1+4\times1)/14=24/14$$

(6) 构造的散列表如下：

0	1	2	3	4	5	6	7	8		10	11	12	13	14	15
	1	14	55			19	20	84		23					

① 元素 84 存放在散列表中的地址是 8。

② 搜索元素 84 需要的比较 3 次。

第 9 章

1. 填空题

(1) 稳定　不稳定

(2) 内部　外部

(3) 免去查找过程中每一步都要检测整个表是否查找完毕，提高了查找效率

(4) $n(n-1)/2$

(5) ① i<n−i+1　② j<=n−i+1　③ r[j].key<r[min].key　④ min!=i　⑤ max==i　⑥ r[max]<-->r[n−i+1]

(6) ① 1　② a[i]=t　③ (i=2;i<=n;i+=2)　④ 1　⑤ flag

2. 选择题

(1) A　(2) B　(3) B　(4) C　(5) A

(6) C　(7) D　(8) C　(9) C　(10) A

(11) C　(12) A　(13) A　(14) B　(15) B

(16) A　(17) A　(18) A　(19) D　(20) A

(21) A　(22) C　(23) B　(24) D　(25) A　(26) B

3. 简答题

(1)

初　始：[503],087,512,061,908,170,897,275,653,426

第 1 趟：[087,503],512,061,908,170,897,275,653,426

第 2 趟：[087,503,512],061,908,170,897,275,653,426

第 3 趟：[061,087,503,512],908,170,897,275,653,426

第 4 趟：[061,087,503,512,908],170,897,275,653,426

第 5 趟：[061,087,170,503,512,908],897,275,653,426

第 6 趟：[061,087,170,503,512,897,908],275,653,426

第 7 趟：[061,087,170,275,503,512,897,908],653,426

(2)

初　始：503,087,512,061,908,170,897,275,653,426

第 1 趟：170,087,275,061,426,503,897,512,653,908

第 2 趟：061,087,275,170,426,503,897,512,653,908

第 3 趟：061,087,170,275,426,503,512,653,897,908

(3)

初　始：[503,087,512,061,908,170,897,275,653,426]

第 1 趟：[426,087,275,061,170],503,[897,908,653,512]

第 2 趟：[170,087,275,061],426[],503,[512,653],897,[908]

第 3 趟：[061,087],170,[275],426,503,512,[653],897,908

第 4 趟：061,087,170,275,426,503,512,653,897,908

(4)

初　始：503,087,512,061,908,170,897,275,653,426

第 1 趟：908,653,897,503,426,170,512,275,061,087

第 2 趟：897,653,512,503,426,170,087,275,061,908

第 3 趟：653,503,512,275,426,170,087,061,897,908

第 4 趟：512,503,170,275,426,061,087,653,897,908

第 5 趟：503,426,170,275,087,061,512,653,897,908

第 6 趟：426,275,170,061,087,503,512,653,897,908

第 7 趟：275,087,170,061,426,503,512,653,897,908

第 8 趟：170,087,061,275,426,503,512,653,897,908

第 9 趟：087,061,170,275,426,503,512,653,897,908

第 10 趟：061,087,170,275,426,503,512,653,897,908

(5)

初　始：[503],[087],[512],[061],[908],[170],[897],[275],[653],[426]

第 1 趟：[087,503],[061,512],[170,908],[275,897],[426,653]

第 2 趟：[061,087,503,512],[170,275,897,908],[426,653]

第 3 趟：[061,087,170,275,503,512,897,908],[426,653]

第 4 趟：[061,087,170,275,426,503,512,653,897,908]

参 考 文 献

[1] 张红霞，白桂梅. 数据结构与实训[M]. 北京：电子工业出版社，2010.

[2] 程杰. 大话数据结构[M]. 北京：清华大学出版社，2014.

[3] 严蔚敏. 数据结构(C 语言版)[M]. 北京：清华大学出版社，2004.

[4] 殷人昆. 数据结构(用面向对象和 C++ 语言描述)[M]. 北京：清华大学出版社，2006.

[5] 朱战立. 数据结构——Java 语言描述[M]. 北京：清华大学出版社，2016.

[6] 张永. 算法与数据结构[M]. 北京：国防大学出版社，2010.

[7] 王立柱. C/C++ 与数据结构[M]. 北京：清华大学出版社，2010.

[8] 王庆瑞. 数据结构与算法基础[M]. 北京：机械工业出版社，2010.

[9] MCMILLAN M. Data Structures An Algorithms Using C#[M]. Cambridge：Cambridge University Press，2007.

[10] 曲建民，刘元红，郑陶然. 数据结构[M]. 北京：清华大学出版社，2005.

[11] 梁作娟，唐瑞春. 数据结构习题解答与考试指导[M]. 北京：清华大学出版社，2004.

[12] 耿国华. 数据结构——C 语言描述[M]. 北京：高等教育出版社，2005.

[13] 宁正元，易金聪. 数据结构习题解析与上机实验指导[M]. 北京：中国水利水电出版社，2000.

[14] 王路群. 数据结构(C 语言描述)[M]. 北京：中国水利水电出版社，2007.